生态文明视阈下中国环保政策的政治经济学分析

聂国卿 等著

中国财经出版传媒集团

经济科学出版社
Economic Science Press

图书在版编目（CIP）数据

生态文明视阈下中国环保政策的政治经济学分析 /
聂国卿等著 . —北京：经济科学出版社，2019.10
ISBN 978 - 7 - 5218 - 0955 - 8

Ⅰ.①生… Ⅱ.①聂… Ⅲ.①环境保护政策 - 政治
经济学 - 研究 - 中国 Ⅳ.①X - 012

中国版本图书馆 CIP 数据核字（2019）第 204076 号

责任编辑：周国强
责任校对：齐　杰
责任印制：邱　天

生态文明视阈下中国环保政策的政治经济学分析
聂国卿　等著
经济科学出版社出版、发行　新华书店经销
社址：北京市海淀区阜成路甲 28 号　邮编：100142
总编部电话：010 - 88191217　发行部电话：010 - 88191522
网址：www. esp. com. cn
电子邮件：esp@ esp. com. cn
天猫网店：经济科学出版社旗舰店
网址：http：//jjkxcbs. tmall. com
固安华明印业有限公司印装
710 × 1000　16 开　18.25 印张　280000 字
2019 年 12 月第 1 版　2019 年 12 月第 1 次印刷
ISBN 978 - 7 - 5218 - 0955 - 8　定价：89.00 元

本书出版得到湖南工商大学学术出版基金、国家社科基金一般项目（20140241）、国家社科基金重点项目（17AJY010）、湖南省社科基金重点项目（14ZDB07）与湖南省软科学重点项目（2007ZK2016）的资助。

前　言

　　回首人类社会的发展历程，我们从漫长的茹毛饮血状态的原始文明中走出，历经了上万年自给自足式农耕文明的积淀，再经数百年物质生产力飞速发展的工业文明的洗礼，至今终于开始走向了生态文明发展的新纪元。纵观人类上百万年的文明发展史，可以发现，尽管不同阶段文明发展所呈现出的核心特征不同，生产与生活的方式迥异，经历的时间与取得的发展成就更是无法相提并论。但是，发展的逻辑主线却是一以贯之的稳定明晰，概括起来就是这样一句话：人类文明的发展历史就是一部如何认识人与自然关系、如何解决人与自然矛盾的历史。原始文明阶段，人是自然的奴隶，敬畏自然，依附自然是原始人类社会理解人与自然关系的主流。农耕文明阶段，人与自然是伙伴关系，日出而作、日落而息这种顺其自然的自给自足生产生活方式成为人类社会的主流，这一阶段也是人与自然矛盾最缓和的阶段。工业文明阶段，技术进步成为人类征服自然的利器，工业化的快速推进在极大满足了人类生活物资需要的同时，也让人与自然的矛盾开始空前尖锐，毫不夸张地说，在整个工业文明发展阶段，人类征服改造自然的能力有多强，开始遭受自然界无情的报复就有多狠。在伟大的工业革命带给人类物质层面空前繁荣的同时，工业文明发展的可持续性风险及其给自然生态系统可能带来的不可逆的灾难性后果也深深地引发了人们对人类社会发展未来走向的忧思。可喜的是，在面对人类未来发展道路与发展模式选择的紧要历史关口，人类的智慧与理性再次显示出无与伦比的巨大力量，生态文明建设的战略思想逐步开始取代传统的工业文明理念。人与自然不是主宰与被主宰、征服与被征服的关系，人类社会的发展必须顺应自然发展规律，必须维护自然生态系统的功能才能推动人类自身的不断发展，已经成为越来越多的人的共识。中国作为一个新兴崛起的发展中大国，虽然错过了起源于西方发达国家的工业革命推动工业文明发展的黄金阶段，但是凭借后发赶超优势，我们也大大缩短了西方国家经历了上百年才得以完成的工业化进程，在改革开放后短短的不到 40 年的时间，中国迅速从一个传统的农业国家转变成了一个工业化大国，中国的制造业规模已经迅速崛起成为世界第一。但也正因为如此高度压缩的工业化过程使得我国的生态环境压力与西方发达国家相比面临着更加复杂和严峻的形势。所以，站在从工业文明向生态文明迈进的新的历史发展视角，重新审视人类社会自身发展与自然生态环境系统之间的关系，重新塑造人与自然和谐共进的格局是一项具有紧迫现实需要和深远历史意义的课题，特别需要我们广大哲学社会科学工作者为之提供创新性理论贡献。本书就是因应这一宏大历史背景而作，在对生态文明视阈下的环境经济关系进行全面深入阐释的基础上，主要聚焦于环境政策这一研究对象展开深入系统研究。因为环境政策是引导人与自然关系走势的最关键因素，政策研究越深入，政策制定越合理，越有利于引导推进人与自然关系、环境与经济关系的良性互动。基于这样的认识出发点，本书本着问题导向的研究理念，主要围绕着"环境政策好坏的判断标准"问题、"环境政策的决策机制"问题、"环境规制对经济运行发展及技术创新的影响"问题、"中国环境政策的演绎发展及其影响效应"问题、"生态文明视域下环境政策体系的优化"问题等主题展开了系统的理论与实证分析，对上述这些问题的广泛深入探讨大大拓展并深化了环境政策的经济学分析研究视野，有利于决策者及社会公众更加全面深入理解我国环境政策的运行原理及其实施效应，有利于大家认识环境管理决策的本质，也有助于澄清和解决困扰大众已久的一些现实难题，例如，了解什么样的环境政策才是最优的环境政策？为什么某些更有效率的环境政策不能得以普及推广？为什么公众一方面关注自身的环境利益，另一方面却对参与环境治理显得漠不关心？为什么政府对待公众参与环境治理会表现出一些矛盾的态度？为什么企业的环境责任很难在现实得以落实？等等，笔者期待着广大读者在阅读完本书后能找到上述疑问的正确答案，期待本书的完成既能进一步推动我国环境经济学学科的建设与发展，也能为政府部门的科学环境决策提供理论参考依据，还能给有志于环境经济理论研究的学者和学生的研究学习提供有益借鉴与帮助。

目　　录

第1章 导　　论

1.1　研究背景与意义

从现代经济学的角度来看，真正意义上对环境问题进行经济分析的经济学家当首推庇古。1920 年，庇古在其所著的《福利经济学》一书中提出的外部性理论不仅为环境问题的产生提出了一个合理的经济学解释，也为环境问题的解决提供了一个经济分析思路。按照外部性理论，环境问题是由于市场在环境资源的配置上失灵所致。因此，必须通过政府干预来纠正这一市场失灵。政府只要对造成负环境外部影响的行为征税和正环境外部影响的行为进行补贴，就能使外部影响内部化，从而使环境问题上的市场失灵得以解决。时隔 40 年之后，庇古解决环境问题的思想受到了科斯的质疑。1960 年，科斯发表了《社会成本问题》一文，从产权的角度提出了解决外部性问题的新的思路。科斯认为，只要明确产权，在交易成本为零的情况下，通过产权协商交易，市场本身可以解决因外部性产生的市场失灵问题而无须政府干预。以污染为例，科斯认为只要污染权被界定清楚了，则无论是污染的受害者有权索赔还是厂商有权排放污染，在不考虑交易费用的情况下，这两种产权制度安排都会在自由买卖排污权的市场上取得最优的经济效果。当然，虽然庇古思路与科斯思路路径不同（前者强调政府的干预，后者更看重市场的力量），却殊途同归，都是为了解决外部性导致的市场失灵问题。以这两种理论思想为基础，经济学家们开出了以建立在庇古理论基础之上的排污税（补贴）和建立在科斯理论基础之上的排污权交易为主的治理环境的政策"药方"，但这一"药方"在相当长一段时期内并没有被环境决策部门所采用。在 20 世纪六七十年代环境问题日益突出之时，各国政府纷纷建立专门的环境保护机构来负责环境保护，但无论是美国还是欧洲国家，都基本上是通过政府的直接管制方式，即通常所谓的运用命令 - 控制政策（command and control，CAC）来作为环境治理的基本政策，而并没有采用经济学家们所推崇的排污税、排污权交易等建立在市场基础之上的经济激励政策（market-based instrument，MBI）。这样一种政策状况一直饱受经济学者们的质疑。环境经济学家认为，传统的环境管制政策不可能以成本有效（cost-effective）的方式来保护环境，即以最低成本来实现既定的环境政策目标。按照经济学原理，只有当每个企业控制污染的边际成本都一致时，污染控制总成本才会最小。但在传统的管制模式下，每个企业几乎都面临相同的控制污染的目标却又具有不同的技术与管理水平，其控制污染的成本曲线是不一样的。因此，当每个企业都面临相同的污染控制目标时，其边际污染控制成本肯定是不一致的。这样，就不可能实现全社会污染控制成本最小化的结果。20 世纪 70 年代崛起的公共选择理论进一步加深了人们对环境问题的认识，"政府失灵"观点的提出更加促使许多环境经济学家认为，如果不采用经济激励方式来治理环境，改变传统的无效率的环境治理模式，环境政策将是不可持续的。但在不少政策决策者的眼里，经济学家们似乎过于注重政策的经济效率而忽视了政策实施所面临的复杂的现实困难，所以，尽管环境经济政策发挥的作用越来越大，但是命令 - 控制型政策一直是各国环保政策体系的主体。这一现实促使经济学家们开始反思其大力推崇的政策主张，而正是这种反思使经济学家们似乎开始从纯抽象的世界中走出来转向更多的关注"现实"的世界。当前，越来越多的学者已经认识到经济激励方式政策也不是万能的，每一种政策都有优势与劣势，并不存在能解决所有环境问题的单一的政策方式。但是，怎样的环保政策设计才是最优的？怎样才能使某种形式的最优政策能得到普遍认同并被有效实施？这些都是环境政策研究领域中亟待解决的关键问题，也是本书写作所面临的基本理论和现实背景。

　　生态文明战略思想的提出，使得环境保护问题在我国经济社会发展进程中的影响得以进一步凸显，如何在新的时代背景下改革和完善我国环保政策体系，使之适应生态文明建设的需要，助推生态文明建设进程，也是摆在社科理论工作者面前的一个现实意义重大的课题。在我国不断创造经济奇迹的同时，日益严峻的环境形势与不断涌现的重大环境事件无不在提醒我们，中国环保政策的制度创新必须跟上时代发展的步伐，才能摆脱被动应付所导致的环境风险层出不穷的窘境。有鉴于此，本书拟运用新政治经济学分析方法对环境保护政策的决策机制进行分析，破解环境决策过程中的利益"矛盾"密码，探讨如何构建与生态文明战略思想相吻合的，符合我国现实国情的，更有效率和效果并可切实执行到位的环保政策新体系，这对于真正推进包括生态文明建设在内的五位一体战略布局，实现"经济－社会－环境"之间的和谐演进，既有重要理论指导意义，也必将产生重大社会效益和经济效益。

1.2　研究思路、方法及创新之处

1.2.1　研究思路与框架

　　本书遵循"提出问题—分析问题—解决问题"的基本研究逻辑，紧紧围绕研究对象和研究目标，按照"现状—理论—实证—对策"的研究步骤，在准确研判新的历史发展阶段我国"环境－经济"关系的基础上，首先从理论上探讨了环境政策的决策机制及其面临的利益"冲突"，然后，结合中国实际情况，对我国环境政策体系进行了总结和评价，并就环境规制对我国经济发展的影响做了相应的理论与实证分析。最后，提出了构建与生态文明战略思想相吻合的我国环保政策新体系的一系列对策。研究路线图概括如图 1－1 所示。

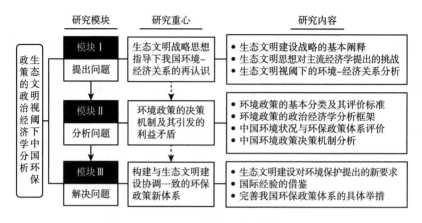

图 1-1　本书研究路线

1.2.2　主要研究方法和研究手段

概括而言，全书将遵循理论分析与应用研究相结合、定性分析与定量研究相结合、规范分析与实证研究相结合的原则展开相关研究，特别注重理论研究的前瞻性、对策分析的针对性、技术手段的先进性与政策建议的可行性。具体来说，根据研究内容的特征，本书主要运用了以下研究方法及手段展开研究。

（1）文献分析法。通过互联网、学校期刊数据库和图书馆、学科资料库等平台，广泛搜集、整理和鉴别与研究主题相关的文献和数据材料，重点研究和分析国内外最新关于生态环境治理方面的研究成果，并对相关理论研究、数据分析、模型方法等进行归纳总结，为本书的后续研究奠定坚实的文献基础。

（2）博弈分析方法。运用博弈论方法，构建相关模型来分析环境决策机制中不同利益主体之间的决策行为及其影响。针对研究内容的不同特性设计不同的博弈模型，充分考虑参与博弈各方的具体情形的不同，创建不同的分析模型，全面深入剖析我国环境决策中的各利益主体诉求及行为特征。

（3）计量回归分析方法。这一方法主要是以经济理论与数据为基础，综合运用数学、统计与计算机技术对经济活动的演化趋势进行定量分析研究。科学运用这一方法构建我国环境政策—经济发展—技术创新之间相互影响的分析模型，利用省际环境、经济指标的面板数据，对我国区域之间的环境差异及其影响效应进行理论分析与实证检验。

（4）比较分析方法。主要在两个方面运用这一方法：一是对各种生态环境治理政策手段进行比较分析评价，为构建一个政策效应综合评估体系服务；二是将我国环境政策体系与欧美发达国家进行比较，为构建符合生态文明建设发展需要的环保政策新体系提供经验借鉴。

1.2.3　主要创新之处

（1）突破了传统主流经济学分析方法对"环境－经济"关系分析的局限性，从生态文明的视阈出发，对"环境－经济"关系进行了新的理论诠释，为新的历史发展阶段下科学认识"环境－经济"演进规律奠定了基础。

（2）利用新政治经济学的理论范式并结合中国经济改革的政治经济学问题来分析环境保护的决策机制，拓展并深化了现有理论研究对环境政策的认识。

（3）紧密结合中国的现实国情，构建了与生态文明建设战略相吻合的我国环保政策新体系，提出了新时代促进我国环境经济协调发展的一系列综合性的新举措。

1.3　研究内容框架

本书除导论外，主要由以下四个部分内容组成：

第一部分：主要从生态文明建设战略思想的视角对"环境－经济"关系进行了系统的分析。首先，梳理了生态文明建设提出的时代背景；

其次，主要侧重从经济学维度对生态文明的深刻内涵进行了解读；最后，在生态文明视阈下探讨了"环境－经济"相互制约、相互促进的内在机理。这部分内容集中体现在本书的第 2 章。

第二部分：主要是从理论上探讨环境政策的优劣标准及其决策机制问题。首先介绍了环境政策的基本分类及其优劣判断，在对典型环境政策进行简要分类的基础上主要探讨了关于环境保护政策的选择标准问题，目的是为优化环境政策选择提供相应的理论依据。然后主要为环保政策的政治经济学分析提供了一个一般的理论框架，从理论上回答了环境政策决策背后的政治经济利益考量及其内在逻辑关联。在此基础上进一步分析了包括政府、企业及社会公众在内的中国环境政策决策机制中的各利益主体的行为特征。这一部分内容主要涵盖了本书的第 3 章到第 5 章，目的是为后面的中国问题分析提供理论基础。

第三部分：主要针对中国面临的生态环境压力及环境政策的影响效应展开研究。首先以全要素生产率为切入点，通过构建"环境－经济"相互影响的计量分析模型，探讨了中国工业进程中环境质量的演变趋势，为全面理解评价中国环保政策体系提供了分析背景。接下来主要分析了我国环境政策的实施对工业转型发展和技术创新的影响效应。一是通过构建一个环境规制对我国制造业创新转型升级影响效应的计量分析模型，重点阐述了环境规制对制造业创新转型能力的影响机制和影响效应。二是在对中国环境政策的地区差异进行比较分析的基础上，探讨了环境政策的技术创新效应。并从技术创新的角度指出，环境政策并不是越严格越好。由于技术创新门槛效应的存在，只有强度适中的环境政策才能真正实现经济发展、环境质量改善及技术进步之间的良性互动。这部分内容主要涵盖了本书的第 6 章到第 8 章。

第四部分：主要探讨如何优化中国环境决策体系，促进我国"环境－经济"关系按照生态文明建设战略的要求协调发展。首先对以美国、日本和德国为代表的发达国家在环境保护、资源节约与利用政策方面进行了分析总结，为借鉴发达国家生态环境治理经验提供了背景资料。然后主要就中国环境决策机制的优化问题进行阐述。在简要回顾了中国环境政策体系的基本发展历程及其在新的历史时期面临的主要挑战的背景下，重点结合中国实际，提出了坚持公平与效率并举的原则，从科学制定环境保护目标、加强政府主导作用完善政府环境管理机制、发挥市场关键作用突出市场机制在环保领域中的地位、强化企业环境责任、鼓励公众参与等方面提出了全面改革完善我们环境决策体系的战略举措。最后主要探讨了如何在生态文明建设战略背景下，推进我国新时代经济发展与环境保护协调统一的对策建议。这一部分是建立在前面分析基础上的综合性、系统性与全面性相结合的对策总结，从多方面提出了生态文明视域下中国"环境 – 经济"协调发展的对策建议。

1.4　国内外相关研究的学术史梳理

尽管最近生态文明建设战略的提出进一步凸显了人们对环境保护的重视，但生态环境问题纳入经济学家的视野却由来已久，特别是自 20 世纪 60 年代以来，随着西方工业化程度较高的国家经济快速发展所引发的环境问题愈益严重，生态环境治理的研究也开始引起越来越多的经济学者们的关注和重视，并随着人们对这一问题认识的不断深化而得以迅速发展。下面，我们将主要以时间顺序为轴线，对国内外有关生态环境问题的经济学研究学术脉络发展进行系统梳理。

1.4.1　古典经济学先驱者们关于生态环境问题的思考

虽然生态环境问题在 20 世纪五六十年代才开始引起世人的普遍关注和重视，但其纳入经济学研究的视野却可一直追溯至古典经济学的形成时期。古典经济学所分析的对象主要集中在农业生产方面，围绕着土地等自然资源的产出率进行研究。例如，英国古典经济学家的奠基者威廉·配第就已认识到自然条件对财富的制约，提出了著名的"土地为财富之母，劳动为财富之父"的论断。因此，古典经济学家对自然环境的关注与自然环境对农业生产的影响是分不开的。马尔萨斯、李嘉图、穆勒是最早对环境问题进行经济学思考的先驱者。

马尔萨斯的观点在其撰写的《人口原理》和《政治经济学原理》中做了系统的阐述,其核心思想是,对自然资源的需求是以人口和收入的指数增长为基础的,而资源的供给却只能以线性形式增长,甚至零增长。无论人口和收入的增长率有多低,任何以指数形式增长的需求都会超过任何以固定的或线性增长的供给。因此,资源的稀缺是绝对的,它不会因技术进步和社会发展而改变。马尔萨斯的这一思想也被称为"绝对稀缺论"。其理论虽然忽略了技术进步在提高资源生产力方面的作用,低估了人类社会的自我控制能力,但是,它所表明的"如果不正确认识和处理好经济增长与人口、资源、环境的关系,那么,人类将面临灾难性后果"的思想却给后人敲响了必须重视环境资源保护的警钟。李嘉图也认识到了人口对生活资料的压力,他在《政治经济学及赋税原理》一书中指出,随着人口的增长,社会对农产品的需求将会不断增加,在土地数量固定的情况下将会出现两种趋势:一是人们将不得不耕种肥力和位置愈来愈差的土地;二是在原有土地上不断追加投资,并会因此而产生土地边际报酬递减的现象。李嘉图的思想建立在萨伊定律、土地收益递减规律以及马尔萨斯的人口法则的基础之上,但对其又有所发展。与马尔萨斯一样,李嘉图对人类社会在自然环境约束下的经济增长前景持悲观态度,但与马尔萨斯不同的是,他认为并不存在自然资源的绝对稀缺,而只存在生产率较高的自然资源的相对稀缺。并且他也认识到了技术进步在促进生产增长方面的积极作用,实际上承认了技术与稀缺土地资源之间存在一定程度上的可替代性。与马尔萨斯的理论相对,李嘉图的思想被称为"资源相对稀缺论"。穆勒继承并拓展了马尔萨斯和李嘉图关于资源稀缺的观点,认为劳动、资本和自然资源是任何社会生产都必不可少的三要素。根据马尔萨斯的人口原理,人口增长率几乎是无限的,因此人口并不构成对经济增长的制约,但资本和土地的稀缺却构成了对社会经济增长的双重约束。而且穆勒将稀缺的概念延伸到更为广义的环境,第一次探讨了关于人类社会的经济增长与自然环境的承受界限问题，从哲学的高度提出了建立"静态经济"的概念。他认为自然环境、人口和财富都应该保持在一个静止稳定的水平，并且这一水平要远离自然资源的极限水平，以防止出现食物缺乏和自然美的大量消失。"静态经济"的思想将环境保护及其影响的时间维度拓展到了更为长远的未来，暗示了如果人类社会的产出超过了自然所允许的限度，那么社会就会出现失衡。这一思想表明穆勒对环境问题的认识比马尔萨斯与李嘉图又要深入了一步。另外值得指出的是，与马尔萨斯和李嘉图对于人类社会经济增长所持的悲观态度不同，穆勒对人类未来的前景是充满乐观的。他所倡导的静态经济实际上是资本、人口和物质资料生产都处于零增长的一种平衡状态。他认为这种状态并不意味着人类社会进步趋于停滞，因为在这种状态下，精神文明以及道德水平的进步会和以往任何时候有着同样的机会，并且会比以往有更大可能性提高"生活艺术"的质量水平。

1.4.2 新古典经济学框架内的微观"环境－经济"分析发展演化

生态环境治理的微观经济分析主要是在新古典框架内探讨环境问题产生的根源、治理的途径以及与治理措施相关的费用效益等内容。按照新古典经济学的观点，生态环境问题产生的经济根源在于环境资源配置上的"市场失灵"以及政府干预不当产生的"政府失灵"。

1.4.2.1 外部性理论与"市场失灵"

与古典经济学相比，新古典经济学大大深化了对生态环境问题的经济分析。1920 年，庇古在其《福利经济学》一书中阐述的外部性理论不仅对生态环境问题产生的经济根源做出了合理的解释，而且也为生态环境治理提供了明确的经济学分析思路。按照外部性理论，市场机制在环境资源配置问题上存在失灵，失灵的原因在于与环境资源配置有关的经济活动有着显著的外部性。所谓外部性是指经济活动中的私人成本与社会成本或私人收益与社会收益的不一致现象，又有负外部性与正外部性之分。前者是指某一经济活动的私人成本小于社会成本的情况，而后者则是指私人收益小于社会收益的情况。一般认为，生态环境问题的产生就是由于负环境外部性所致。例如，工厂向外排放废气对空气造成的污染，虽然损害了周围居民的利益，但工厂却往往并没有因此而承担相应的成本，而是将其直接转嫁给社会。这样一来，工厂就没有动机去减少废气排放，从而造成空气的过度污染。由此，经济学家们提出了以下三条解决问题的途径：

（1）新古典主义的"庇古税"途径。其基本政策思路是用国家税收办法解决负外部性问题。即通过对排污企业征税来抵消私人成本与社会成本之间的差异使二者一致，这种税也被称为"庇古税"。显然，庇古主张通过政府主导的经济机制使外部成本内部化来解决环境资源配置上的市场失灵问题。鲍莫尔（Baumol，1970）等人继承与发展了庇古的观点，并运用一般均衡分析方法寻求污染控制的最优途径。他们认为，要使企业排污的外部成本内部化，需要对企业污染物排放征税，以实现帕累托最优，征税的税率取决于污染所造成的边际损失，并不会因企业排污的边际收益或边际控制成本的差异而有所区别。污染税只是相对于排污量而征收的，与企业的产量没有直接关系。与征税相对应的政策是补贴，通常认为补贴也可以达到与征税同样的减污效果。例如，对二氧化硫的排放而言，如果对企业每减少 1 单位排放补贴 10 美分可以得到与对企业每增加 1 单位排放征税 10 美分同样的激励效果。但是，克内斯和鲍尔（Kneese & Bower，1968）等认为，税收与补贴对排污企业的利润影响却是完全不同的，税收使企业的利润减少，而补贴则使企业的利润增加。因此，从长期来看，两种具有完全不同的效果。在补贴的情况下，将会有更多的企业加入排污产业，虽然每家企业的排污量可能减少了，但社会总排污量却可能比以前更多，而税收方式的效果却刚好相反。所以，从长期来看，税收比补贴控制污染的效果要更好。

（2）新制度学派的产权途径。1960 年，科斯在《社会成本问题》一文中对外部性、税收和补贴的传统观点提出了挑战。科斯认为，与某一特定活动相关的外部性的存在并不必然要求政府以税收或补贴的方式进行干预，只要产权被明确界定，且交易成本为零，那么，受到影响的有关各方就可以通过谈判实现帕累托最优结果，而且这一结果的性质是独立于最初的产权安排的。科斯所代表的新制度学派为解决外部性问题所提出的政策思路是用市场的方法来解决"市场失灵"的问题，强调政府没有必要对市场进行干预。图维（Turvey，1963）甚至认为，在满足科斯定理的市场条件下，引入庇古税本身就是导致市场扭曲的源泉之一。关于科斯定理，科斯本人并没有对其准确地给予说明，而是斯蒂格勒等经济学家根据科斯论文中的主要结论概括出来的。其基本表述如下：在交易成本为零时，只要产权初始界定清晰，并允许当事人谈判交易，就可以实现资源的有效率配置。以污染为例，科斯强调，初始的产权安排既可以是污染的受害者有权索赔，也可以是厂商有权污染，在没有交易费用的情况下，这两种产权制度安排都可以在自由买卖排污权的市场条件下实现帕累托最优结果。科斯还强调，对外部性问题必须从一般均衡的角度去分析，例如，若法律规定工厂有权污染并不见得就是一件坏事，因为工业区的人如果不愿意或者付不起买通工厂减少排污的费用，就可以选择迁移，这会导致工业区地价与其他地区的地价发生相对变化，由此最终形成的工业区与居民区的地理分布可能比政府强制不准排污效果更好。当然，对科斯定理还有另外的一种解读，即如果交易费用为正，那么权利的初始界定将会影响资源配置的效果。在现实市场经济运行与经济发展过程中，个人所拥有的权利在相当大程度上取决于法律制度的初始界定，这就要求法律体系尽可能地把权利分配给最能有效运用它们的人，并通过法律的明晰性和简化权利转移的法律规定，维持一种有利于经济高效运作的权利分配格局。比较而言，庇古途径更注重纠正外部性的局部均衡效果，而忽略了外部性问题的一般均衡效果。同时，庇古也没有看到外部效果与产权界定的内在关系。但这并不意味着科斯途径比庇古途径就更优越，能完全取代庇古途径。因为，科斯途径在很多生态环境问题上面临很大的局限性。首先，生态环境资源如空气、水体的产权本身就很难明确。其次，很多生态环境影响涉及的市场主体非常多，导致交易费用非常大，在这种情况下，科斯途径就不一定是最有效的解决方式，而庇古途径则可能更有效。

（3）国家直接干预方式。克内斯等人认为，既然市场在环境资源配置上是失灵的，那么，政府就应该以非市场途径对环境资源利用进行直接干预。他们指出，许多公共资源根本不可能做到明晰产权，即使明确了产权，由于环境污染或生态破坏往往具有长期影响，后代人的利益也很难得到保证。因此，从可持续发展的角度来看，国家对生态环境问题的干预也是很有必要的。与宏观调控不同，国家的干预主要是通过对微观经济主体的行为进行规制，以纠正"市场失灵"。规制是从英文"regulation"翻译过来的，表示有规定的管理或有法规制约的意思。具体对生态环境问题的规制而言，主要是通过禁止、限制、许可证制度、标准认证制度等方式来控制生态环境质量。当然，克内斯等人也承认，国家的直接干预也需要成本，并非在任何条件下国家的干预都优于市场机制。

1.4.2.2 公共选择理论与"政府失灵"

在相当长一段时期内，市场失灵理论一直是人们讨论生态环境治理的前提。尽管在解决"市场失灵"的途径上，政府被赋予了不同角色，却没有人对政府在解决这一问题上的作用提出质疑（即使是对纠正市场失灵的科斯途径而言，政府在产权界定、制订交易规则等方面的作为对于生态环境治理也是必不可少的）。换句话说，无论政府在干什么，政府总是正确的。然而，这一普遍的看法受到 20 世纪 70 年代兴起的公共选择理论的挑战。以 1986 年诺贝尔奖的获得者布坎南为代表的公共选择学派重新审视了政府的性质和作用，将"经济人"的概念进一步延伸到那些以投票人或国家代理人身份参与政策或公共选择的人们的行为中，强调政府在对经济生活干预并制定公共政策的过程中也存在失灵的现象。按照公共选择学派的理论，公共决策失误或政策失败的主要原因来自公共决策过程本身的复杂性以及现有公共决策体制的缺陷，具体说来主要有以下方面：第一，社会实际上并不存在作为政府公共政策追求目标的所谓公共利益。这一点阿罗（Arrow）在 1951 年出版的《社会选择与个人价值》一书中所提出的"阿罗不可能性定理"实际上就已经进行了证明。阿罗认为，试图找出一套规则或程序来从一定的社会状况下的个人选择顺序中推导出符合某些理性条件的社会选择顺序是不可能的。社会偏好并不能通过对个人偏好的简单的加总来表示。布坎南也指出，在公共决策或集体决策中，实际上并不存在根据公共利益进行选择的过程，而只存在各种特殊利益之间的"缔约"过程。第二，现有的各种公共决策体制与决策方式存在重大缺陷。按照韦默（Weimer）和维宁（Vining）在《政策分析》一书中的分析，无论是直接民主制还是代议民主制都有其内在的缺陷，前者中的固有问题包括周期循环或投票悖论和偏好显示不真实等问题，后者的主要缺陷是存在被选出的代表由于其"经济人"特性而追求自身利益的最大化，而不是选民或公共利益的最大化的问题。现有的多数投票表决方式也远非是完美的，多数原则不可避免地会出现多数人对少数人的强制，而且，即使按照多数原则做出的决策也未必反映了大多数人的偏好。邓肯（Ducan）在《委员会与选择论》中提出的"中间投票人"定理就很好地说明了这一点。该定理解释了为什么多数选择制最终是人们选择的政策成为只符合"中间"选民之偏好的政策。当然，这并不意味着一致决策就会更好，因为一致决策的成本太高，且容易贻误决策时机。所以，迄今为止，没有一种完美的民主制能有效解决个人与集体利益之间的冲突。第三，信息的不完全使公共决策产生偏差。任何决策信息的获取都是需要成本的，无论是选民还是政治家所拥有的信息都是有限的，因此，许多公共决策实际上是在信息不完全的情况下做出的，这就很容易导致决策失误。特别值得指出的是，由于对公共决策的未来效果的判断有着很大的不确定性，无论是选民还是政治家都存在短期的"近视"倾向。其结果是政治家或政府官僚为了自己的政绩表现或获得升迁等个人利益而迎合选民的短视，制定一些从长远的角度来看弊大于利的政策。第四，政策执行上的障碍。即使是好的政策，如果不被执行，也同样会导致政策失效。政策的有效执行依赖于各种因素或条件，包括政策本身的特性，政策执行机构与执行人员的执行能力、技巧及决心，政策出台时所面临的社会政治经济状况等都是决定政策执行成败的所要考虑的因素。这些因素中的任一方面或它们之间的配合出了问题都可能导致政策执行的失效。

公共选择理论的兴起为人们分析与解决生态环境问题提供了又一经济学理论工具，进一步拓展与深化了相关研究。首先，"政府失灵"的理论观点表明，政府本身也是导致生态环境问题产生的根源之一。这主要表现在政府制定的一系列不利于有效利用生态环境资源的政策上。如不适当的资源开发补贴、化肥农药补贴、能源与农产品价格补贴等政策，这无疑助长了资源的过度开发利用。其次，"政府失灵"的观点也表明，政府在生态环境治理中的作用也是值得怀疑的，如果政府只是从自身利益最大化出发而不是从全社会利益最大化出发的角度来考虑问题，政府有关当局就不可能真正有动机去制定与执行好有关生态环境治理的政策，政策就根本起不到使负环境外部成本内部化的作用。当然，就像市场失灵理论并不能完全排除市场在环境治理中的作用一样，政府失灵理论也并不是要完全否定政府在环境管理中的积极作用，其真正的意义在于提醒人们不要迷信政府的作用，如果生态环境问题主要是由于政府不当干预所造成的，那么纠正"政府失灵"对生态环境治理而言也是必不可少的。

1.4.3　生态环境问题的宏观经济分析进展

生态环境治理的微观经济分析遵循新古典传统，主要从资源配置效率的角度对其进行分析，使经济学在解释与解决这一问题上取得了突破性的进展。但随着全球整体生态环境形势的日趋严峻，一些学者开始意识到生态环境问题的恶化与经济规模迅速扩大是分不开的，很有必要从宏观的角度来探索环境系统与经济系统之间的相互关系，揭示其相互影响的内在规律，并提出协调环境与发展的战略措施。

1972 年，美国麻省理工学院教授梅多斯等发表了一份名为《增长的极限》的研究报告，得出了"如果世界人口、工业化、污染、粮食生

产以及资源消耗按现在的增长趋势持续不变，这个星球上的经济增长就
会在今后一百年内某个时候达到极限"的可怕结论。该报告的发表，在
全球范围内引起了关于人类增长前景的大讨论，也标志着生态环境问题
开始正式纳入宏观经济理论模型的分析之中。1987 年世界环境与发展
委员会在《我们共同的未来》报告中提出了可持续发展理念，引发了人
们对经济发展过程中环境破坏后果的持久性担忧，也激发了学者们对宏
观环境经济分析的研究热情。在上述背景下，宏观环境治理的学术研究
自 20 世纪 90 年代开始迅速兴起并呈现出加速趋势，其标志性现象就是
环境库兹涅茨曲线的提出。格罗斯曼 - 克鲁格（Grossman-Krueger，
1991，1995）、沙菲克 - 班卓（Shafik-Bandyo，1992）和帕纳约托
（Panayotou，1993）等学者通过借鉴库兹涅茨（Kuznets，1955，1963）
研究收入分配提出的库兹涅茨曲线研究成果，提出了环境库兹涅茨曲线
（EKC）假说，该假说基于经验研究认为，在经济发展的初期阶段，随
着人均收入的增加，环境污染水平会由低趋高，到达某个临界点（拐
点）后，随着人均收入的进一步增加，环境污染水平又会由高趋低，从
而使环境质量逐步得到改善和恢复，即人均收入与环境污染程度之间会
呈现倒"U"形关联。EKC 假说的提出，对人们从宏观层面理解经济发
展与环境变化之间的关系并就如何实现经济发展与环境质量改善的"双
赢"开拓了一片新天地，也将环境经济学的研究推向了一个新高度。此
后，围绕着 EKC 的解释与验证开始成为国内外学者在宏观环境治理领
域的研究主题并演化延续至今。阿卜杜勒和赛义德（Abdul & Syed，
2009）运用自回归分布滞后模型对二氧化碳排放与经济增长的关系做协
整分析后认为二者存在 EKC 长期关系；沙赫巴兹（Shahbaz，2013）通
过建立土耳其 1970 ～ 2010 年二氧化碳排放量与经济发展 VEC 模型认为
该国二氧化碳排放与经济发展不仅存在 EKC，还存在双向影响关系。当
然，另一些研究却表明两者之间只是单调关系，例如，门德斯
（Méndez，2014）通过将能源资源相对价格纳入经济学分析框架，发现
能源相对价格变动的出现使二氧化碳与 GDP 间呈现单调递增的关系。
还有学者认为两者之间并不存在长期关系，例如，王（Yi-Chia Wang，

2013）认为二者不存在长期 EKC 协整关系。国内早期相关研究主要集中在宏观层面验证 EKC 理论，例如，彭水军和包群（2006）较早通过实证方法检验了我国经济增长与包括水污染、大气污染与固体污染排放在内的六类环境污染指标之间的关系。他们的实证结果发现，环境库兹涅茨倒"U"形曲线关系很大程度上取决于污染指标以及估计方法的选取。杨芳（2009）运用中国 1990～2006 年的时间序列数据，采用格兰杰因果关系检验和 VAR 模型检验了中国经济增长与环境污染的关系，指出我国经济增长引起的污染加剧程度超过了经济增长速度，并不能实现环境污染水平的降低。随着研究的不断深入，目前我国学者也开始关注各地区的环境 EKC 形状及其所处位置差异的探讨，例如，臧传琴和吕杰（2016）实证检验经济增长与环境污染水平之间的关系后发现，在 EKC 曲线部分，东部地区拐点出现得较晚，但拐点位置较低，EKC 曲线较为扁平；中西部地区拐点出现得较早，但拐点位置较高，EKC 曲线较为陡峭。王勇等（2016）对人均收入水平与主要大气污染物排放的关系进行回归拟合后发现，虽然大部分东部省份已经越过环境库兹涅茨曲线的拐点，但环境质量改善仍然缓慢，而多数中部省份仍处于峰值阶段，西部省份则大都处于经济增长与环境质量恶化的矛盾阶段。

综上所述，我们可以发现，随着环境问题本身的不断演化与经济学理论的不断发展，关于环境治理政策的经济学分析也在不断深入。古典经济学所处的时代，农业生产居主导地位，环境问题还不是很突出，因此，古典经济学先驱者们关于环境问题的思考也显得相对简单与朴素，对于环境问题的治理也基本上持一种"无为而治"的消极思想。新古典经济学所处的时代，人类已进入工业社会，环境问题具有了与以前完全不同的性质，特别是 20 世纪 50 年代以来，环境问题已经成为从根本上影响人类社会生存与发展的重大问题，环境治理已是人类面临的紧迫任务，同时，经济学本身也有了很大的发展，各种新的理论与分析方法不断涌现。在这样一种时代背景之下，环境治理的经济分析不仅在理论上不断深化，在各国环境治理政策实践中也得到了越来越多的应用，在环境治理中所发挥的作用也越来越显著。环境问题的解决思路从"市场失灵"到政府干预，再到"政府失灵"，人们又重新重视市场的力量，看似从终点又回到了起点，但实际上却体现了经济学家们对环境问题的分析的不断深化。因为这意味着人们已从单一的依靠市场或政府的力量来治理环境的狭隘思维模式中逐步解脱出来。强调市场与政府的结合，实现环境治理制度的不断创新不仅反映了经济学家们对环境治理的政策主张，也逐步得到世界各国政府的认同。自 20 世纪 80 年代以来，越来越多的国家的环保机构认识到经济激励方式在解决环境问题中的作用，从而开始对传统的以单一的"命令－控制"方式治理环境的政策体系进行改革，引入了新的以市场为基础的经济激励方式，大大提高了环境政策的效率，缓解了越来越大的环境治理的财政压力。但是，由于环境问题本身的复杂性以及各国的政治、经济、文化背景方面的差异，环境治理政策也不可能千篇一律，无论是传统的"命令－控制"方式政策还是以市场为基础的经济激励方式政策都不是万能的，有着各自的优势与劣势。因此，在环境治理制度的创新中并不是要全部否定原有的制度形式，而是要在对原有制度进行扬弃的基础上寻找更优的制度。从这个意义上来说，尽管关于环境政策的经济分析无论在理论研究还是在政策实践方面都取得了很大进展，但还远远没有达到成熟的地步，很多的研究空白还有待于我们去探索，本书的完成将为推进这一进程做出进一步贡献。

第2章 生态文明视阈下的环境 – 经济关系分析

总体来说，生态文明是人类在反思工业文明发展进程中对征服、掠夺、破坏自然的严重后果基础上提出的一种新的文明发展思想和理念，是继工业文明之后推动人类社会迈向更高发展阶段的文明形态，代表着人类文明演化发展的最新进展。生态文明的核心理念就是提倡在人与自然和谐共处基础上不断推动人类社会的进步，实现人类社会的永续发展。生态文明思想的提出，为我们重新审视经济发展与生态环境保护之间的关系提供了新的平台与视角，对于从根本上扭转人类社会在工业文明阶段重物质资料生产轻生态环境质量改善的传统发展理念，以及从根本上缓和经济发展与生态环境恶化之间的矛盾冲突具有重要意义。

2.1 生态文明建设战略提出的时代背景

毋庸置疑，自1978年中共十一届三中全会提出的"以经济建设为中心"这一具有重大战略历史地位的指导思想以来，中国经济开始迅速增长，经济总量从1978年的2307亿美元增长至2012年的8.3万亿美元，人均国内生产总值从241美元增加至6100美元（2018年达到90.03万亿元，人均6.46万元），实现了收入从基本温饱向全面小康的跨越式发展，也创造出了举世瞩目的"中国经济增长奇迹"。但是，在中国经济总量"超常"增长的"奇迹"背后，经济结构矛盾也开始日益累积并一直没有得到有效缓解，这种结构矛盾具体可以从以下四个方面的失衡来进行解读。一是经济总量增长过程中地区之间的发展严重失衡。改革伊始，"先富带后富"的指导思想固然解除了平均主义思想的桎梏，使东南沿海地区挟政策优势迅速成为中国经济增长的"领头羊"，并在此后凭借这种"先发优势"进一步巩固了"一步领先，步步领先"的地位。反观中西部地区，在丧失了政策方面的"先发优势"后，也并没有实现"后发赶超"；相反，由于人才、资金等自身优质资源不断加速流向东部沿海发达地区，中西部地区的经济发展后劲进一步相对削弱，使得我国中西部地区与东部地区之间的经济发展不平衡持续加剧。显然，这种地区之间的持续发展失衡如果不能逐步扭转，那么，不仅不能实现当初设想的先富地区带动后富地区发展的初衷，持续下去，反而会进一步出现后富地区拖累先富地区发展的严重后果。二是经济增长过程中的内外失衡。内外失衡的突出表现是中国经济增长长期依赖出口和外商直接投资的带动作用，内需相对不足已经成为中国经济增长的隐患，但在此期间却没有得到足够的重视。1978～2012年期间，中国 GDP 年均增长约 9.92%，而外贸年均增长却达到 16.8%，中国外贸依存度在 2003 年曾超过 60%，2012 年虽下降为 47%，但仍远高美国、日本、巴西和印度等大国，也远高于世界平均水平。作为一个发展中的大国，对外需的过度依赖足以产生危及国家经济安全的隐忧，世界经济的波动尤其是欧美等发达国家经济的波动都将对中国经济的增长产生重要影响。所以，如果内需扩张不能与经济增长保持协调，不仅经济稳定发展难以为继，而且很容易"受制于人"。三是经济增长与收入分配之间严重失衡。相关资料表明，中国的基尼系数 1978 年为 0.28，2012 年则达到 0.474，已经大大超过了国际公认的 0.4 的警戒水平。①收入分配差距伴随经济高速增长持续扩大的结果表明，中国经济发展成果并没有得到国人的充分共享，收入分配的现状与实现共同富裕的梦想

---

① 上述数据统计资料分别来自 1978 年、2012 年、2018 年国民经济和社会发展统计公报。

似乎越来越远，而当大多数老百姓不能同步分享经济增长带来的社会财富的增加时，经济危机和社会危机的集中爆发将毫无疑问会成为不可避免的结果。四是追求经济增长与注重环境资源的保护之间严重失衡。从历史的眼光来看，改革开放40多年来的经济高速增长呈现出典型的高能耗、高污染特征，这种所谓"粗放式"增长模式是典型的工业文明阶段的产物，与生态文明所遵循的可持续发展理念是完全背道而驰的。我国环境资源状况的恶化速度远远超出了生态环境系统自身的修复能力，不仅直接降低了人们生活质量、减少了经济增长带来的福利效应，也极大地破坏了经济发展的物质基础。正是在上述非常严峻的"环境－经济"矛盾面前，2007年中共十七大首次提出了"建设生态文明"的战略理念，并将其与经济建设、政治建设、文化建设、社会建设相提并论，成为社会主义建设的有机组成部分。在此之后，2012年中共十八大报告中，将"生态文明建设"独立成章进行了阐释，提出了要求"把生态文明建设放在突出地位，融入经济建设、政治建设、文化建设、社会建设各方面和全过程，努力建设美丽中国，实现中华民族永续发展"。2017年中共十九大报告进一步明确了加快生态文明体制改革，建设生态文明是中华民族永续发展的千年大计，强调必须牢固树立和践行"绿水青山就是金山银山的理念"，推动形成人与自然和谐发展的现代化建设新局面。2018年3月，十三届全国人大一次会议表决通过中华人民共和国宪法修正案，并把发展生态文明、建设美丽中国写入宪法。这标志着生态文明理念开始在全社会得以牢固树立，为我国在新的历史发展阶段为保护生态环境、实现可持续发展指明了方向。

生态文明战略思想的提出，突破和深化了关于发展问题的本质认识，澄清了关于发展问题的一些模糊思想，也大大有利于防止未来对"发展就是硬道理"的片面理解。从根本上来说，为解决中国经济长期累积起来的新矛盾提供了全新的指导思想，是在新的历史发展阶段引领中国经济继续向前健康发展的理论保障，对我国新时期经济社会发展继往开来、继创辉煌有着深远的历史和现实意义。

2.2　生态文明建设战略思想的经济学解读

2.2.1　生态文明的基本内涵

生态文明建设战略提出以后，专家学者们对其内涵进行了非常丰富的阐述，综合各家的看法，其内涵主要包括以下要点：第一，生态文明是人类文明的一种形态，是以尊重和维护自然为前提，以人与人、人与自然、人与社会和谐共生为宗旨，通过建立可持续的生产方式和消费方式来引导人们走上持续、和谐的发展道路。第二，生态文明强调人与人及人与自然环境之间的相互依存、相互促进、共处共融。既追求人与生态的和谐，也追求人与人的和谐，而且人与人的和谐是人与自然和谐的前提。第三，生态文明是人类对传统文明形态特别是工业文明进行深刻反思的成果，是人类文明形态和文明发展理念、道路和模式的重大进步。

2.2.2　生态文明建设所蕴含的经济学思想

（1）生态文明思想理念与经济学研究所强调和坚持的不断优化资源配置效率的信条本质上是相容统一的。经济学作为一门独立的学科产生以来，无论经历了怎样的发展演变，其最核心的基础始终都是没有动摇的，这个基础就是如何在稀缺资源的约束下最大限度满足人们不断增长的物质文化需要，最大限度提高全社会的物质文化发展水平。为此，追求资源配置效率的不断提高一直以来是经济学研究的核心任务。如果把经济学定义为研究资源配置规律的一门学科，显然生态文明建设内容体系也涵盖了这一最核心的经济学思想。因为生态文明是针对传统工业文明所无法摆脱的发展困境背景下所提出的一种新的文明思想，是对工业文明发展后期不可持续发展模式的一种纠偏。生态文明的提出，并不是要否定工业文明时代下的发展成就，而是要对其发展模式进行一场革命式的扬弃，让经济社会发展从人与自然对立的不可持续状态下彻底摆脱出来，走上人与自然和谐共进的可持续发展道路。基于这一根本出发点，生态文明建设依然需要把经济社会发展摆在核心位置，这样才能在继承、巩固和发扬人类在工业革命以来取得的文明成果基础上，创造更加灿烂的文明未来。显然，任何发展都是与特定的资源配置机制相联系的，有什么样的资源配置效率，就决定了什么样的经济发展。从这个意义上来说，忽视资源配置效率的发展绝对不可能是科学合理的可持续发展，也绝对不可能结出生态文明之果。因此可以说，资源配置规律是内化于可持续发展观理论体系之中的，也必然包含在生态文明建设的体系之中。无论是通过"看不见的手"即市场还是通过"看得见的手"即政府来配置资源，都必须尊重资源配置规律，这是实现科学的可持续发展所必须遵循的基本要求，也是生态文明建设战略在中国未来经济领域改革发展进程中发挥引领作用的必然要求。

（2）生态文明的思想理念与促进经济社会公平发展是内在一致的，是追求发展效率与发展公平的有机统一。生态文明强调社会的发展进步必须不断满足人民群众日益增加的对美好生态环境向往的需求，强调保护好生态环境就是最普惠的民生。社会公平发展的实质就是发展的成果要能为广大老百姓所共享，人与人之间的和谐共处才会有坚实的基础。但在传统的工业文明发展模式里，由于人类对自然资源的开发利用背离了人与自然和谐共进的基本原则，不可避免地导致了很多地方的生态环境遭到严重破坏，进而使当地人们的生活甚至生存的基础遭到破坏，导致发展的不平衡与不公平现象比较突出。显然，如果经济社会发展过程中背离了公平原则，就不可能实现从工业文明向生态文明过渡。因为单纯追求经济总量的扩张而忽视生态环境代价的必然后果是，老百姓不仅不可能从经济发展过程中得到更优美的生态环境享受，甚至会面临未来经济社会发展基础得以不断动摇的风险，显然这与生态文明建设的核心理念完全背道而驰。所以，生态文明建设实际上在追求经济发展所带来的物质文明成果的基础上也高度重视生态环境质量改善给公众带来的普惠效应，本质上是对经济发展成果及其分享进行了统筹考虑。没有发展当然不能提高人们的生活水平，但是如果只注重发展的速度和规模，发展的成果不能转化为所有老百姓能实实在在感受到的生活幸福水平的提高，发展就会背离"人与人及人与自然的和谐"的初衷。从这个意义上来说，生态文明建设战略思想的提出，有利于从根本上将经济学范畴里的公平和效率有机统一起来，并从根本上解决了"公平优先"还是"效率优先"这一跨世纪发展难题。

（3）生态文明建设与可持续发展理念在逻辑上是一脉相承的。可持续发展是 20 世纪 80 年代基于人类在推进工业化进程中不断面临的生态环境危机的挑战而提出的一种发展新理念，其核心思想就是强调当代人的发展不能削弱人类未来的发展基础，解决人类发展动力的永续性问题。而生态文明建设体系思想，也是在对传统工业文明进行反思基础上建立起来的一系列关于人类社会如何实现未来永续发展的基本原理的组合。二者在对人类未来的发展目标及发展前景的思考上是高度一致的，都是试图突破传统工业化发展模式的局限，为实现经济社会的永续发展找到一条新路。当然，从经济学的视角来解析，生态文明认为"生态兴，则文明兴；生态衰，则文明衰"的认识显然吸收并且超越了可持续发展思想。一是在经济发展的基础层面上更加突出了保护生态环境对人类经济社会未来发展的基石作用，从文明兴衰的高度提醒我们在经济发展过程中不注重建设保护好生态环境将要付出的巨大代价；二是对人类未来的发展突破了西方主流环境经济学将环境问题主要置于微观框架内讨论的局限，主张从宏观的视角将经济系统和生态环境系统统筹考虑来推进人与自然的和谐演进，也更加突出了政府在事关人类未来发展道路选择上的"统筹谋划"作用。

2.2.3　生态文明建设与经济高质量发展的逻辑辩证关系

（1）二者的内涵在本质上有着共同的指向，核心要义都是致力于解决好人类社会发展进步过程中经济系统与自然生态系统之间的协调关系。我国传统经济发展模式的基本特征是以高投入、高能耗、高污染、低效益的方式片面追求物质财富的增长，强调的是"以物为本"，产生的后果是生态环境代价过大，经济发展后劲不足，人们最终不能公平公正地享受发展带来的成果。而高质量发展方式实质上就是要将这种"以物为本"的增长理念转化到"以人为本"的发展理念上来，就是要高度重视物质财富增长过程中人的全面发展，而不是为增长而增长。换句话说，经济高质量发展的终极目标是要为人服务的，也就是要让最广大的人民群众能充分分享经济增长所带来的物质文明成果，全面提高生活质量和幸福指数。从这个意义上来说，推动经济高质量发展就是在发展问题上的正本清源，是对传统发展方式把"物"与"人"本末倒置的一种彻底纠正，使经济发展真正走到健康的可持续的轨道上来。生态文明是人们基于对传统的工业文明在新的历史时期所面临的人与自然关系困境寻找出路的背景下提出来的，其核心要义就是要将人类发展从单一追求物质财富的创造转向物质财富创造与生态环境改善并重上来。所以，生态文明建设本质上就是一种生产方式的绿色转型，是面对人与自然的突出矛盾和资源环境的瓶颈制约，使经济增长主要由依靠增加物质资源消耗向主要依靠科技进步与效率提升转变，使科技含量高、资源消耗低、环境污染少的产业取代传统产业成为发展的主要动力源泉，而这也正是经济高质量发展的内在要求。当然，生态文明建设不只是要求节约资源、保护环境那么简单，而是坚持生产发展、生活富裕、生态良好的文明发展道路，实现速度、结构、效益相统一，经济发展与人口资源环境相协调，使人们在良好生态环境中生产生活，实现经济社会的永续发展。所以，无论是强调生态文明建设还是经济高质量发展，都必须处理好人与自然和谐相处、经济发展与生态环境改善齐头并进的关系。

（2）二者相互制约相互强化，是目标和手段的统一。一方面，促进经济高质量发展是建设生态文明的必由之路，是实现生态文明的重要保证。传统经济发展路径与发展方向与生态文明的本质要求是背道而驰的，当今人类社会发展所面临的严峻形势如气候变暖、资源耗竭、环境污染、生态危机等无不都是传统发展模式下累积的矛盾爆发的必然表现。所以，只有尽快从根本上转变传统的发展方式，实现高质量发展才有可能摆脱我们面临的危机，使经济社会发展朝着可持续方向迈进。另一方面，生态文明建设也是推动发展方式转变，实现高质量发展的必然要求，如何保证高质量发展的方向必须由生态文明建设来引领。例如，生态文明建设的基本前提就是要处理好人与自然、人与社会的关系，这就要求我们的经济发展方向在任何情况下都不能以牺牲生态环境、社会和谐为代价。所以，只有符合生态文明建设基本要求的经济发展才有可能是我们要追求和肯定的高质量发展，脱离生态文明的指引，传统发展方式的转变就极有可能走入歧途，高质量发展就会偏离正轨。基于上述分析，我们认为，建设生态文明与经济高质量发展是相互制约和相互强化的关系，如果经济发展方式的转变方向与生态文明建设的本质要求一致，那么其转变的必然结果就是实现了高质量发展；反之，则会背离正确的发展道路。同时，生态文明建设也是实现发展方式转变的现实有效的切入点和突破口。只要我们在经济社会发展过程中真正把生态文明建设摆在突出的战略地位，把生态文明作为引领发展的灯塔，传统的经济发展方式就必然在现实中逐步退出主体地位，高质量发展就必然会逐步实现。

（3）二者都是党和政府在新的历史条件下审时度势提出来的战略目标和任务，也必须依赖政府强有力的而且科学合理的宏观调控才能得以顺利实现。传统发展方式累计起来的矛盾实质上是"市场失灵"与"政府失灵"双重叠加的必然结果，因此也不可能靠市场机制去自动纠正和扭转。因为，在公共资源的配置和关系到人类长远发展利益的领域，单纯依靠自由市场的自动调节功能而没有政府的介入是不可能实现经济社会发展的最优结果的。但是，如果政府介入经济社会发展的方式不正确，则不仅无助于解决市场失灵导致的矛盾，反而会加剧问题的严重性。所以，无论是生态文明建设还是转变经济发展方式都对政府的功能定位及其行为方式提出了更高的要求，政府既不可无所作为，也不可无所不为和随便作为。换句话说，政府在推动经济高质量发展和生态文明建设的战略进程中扮演着举足轻重的角色，其调控和引导经济社会发展的行为方式科学合理与否，是决定生态文明建设和经济高质量发展能否取得成效的关键所在。

2.3 生态文明战略思想的提出给西方主流经济学理论发展带来的挑战和反思

生态文明建设是人类社会发展在经历了工业文明建设之后迈入的一个新阶段，这对于主要在工业文明发展阶段建立起来的西方主流经济学理论而言，生态文明战略思想的提出，必然给其带来很多新挑战。

2.3.1 生态文明战略思想的提出深化了人们对资源稀缺性的认识

经济学源于稀缺性，稀缺性是研究一切经济问题的基本出发点。但长期以来，西方主流经济学过于强调技术进步所带来的对资源稀缺性约束的摆脱，认为不断进步的技术会使人类社会对资源的稀缺性约束始终是相对的而不是绝对的，这在一定程度上助长了对稀缺资源的无"节制"的开发和利用。而且，忽视了技术进步的未来不确定性和技术进步本身对资源过度开发利用的"副作用"，无疑会使人类未来社会的发展面临的不确定性风险大大增加。生态文明倡导"人与自然和谐相处"的理念显然颠覆了"技术决定论"观点对稀缺性的认识，实际上主张资源的稀缺程度从根本上取决于资源的利用方式。例如，传统经济模式下，基本经济流程是"资源—产品—污染排放"，在这样一种经济过程中资源利用基本上是一次性的，资源的消耗也始终是绝对的，技术进步或者资源配置效率的提高只能缓解而不是摆脱资源稀缺的绝对性约束。但是，如果按照生态文明建设要求的经济模式，基本的经济流程为"资源—产品—再生资源"，即开采资源、生产产品、回收废旧物品、资源重新利用的过程。当有限资源能得到不断循环利用时，资源的稀缺才真正有可能由绝对稀缺转向相对稀缺。所以，生态文明的提出为人类社会经济发展过程中不断突破资源稀缺性约束提供了新的思路。

2.3.2　生态文明战略思想的提出更加凸显了价值标准在人类经济发展中的地位

西方主流经济学一直崇尚"效率至上"的理念，新古典经济学家们并不怎么去关注经济发展过程中的道德、政治和伦理，他们认为市场机制就是合乎道德的体系，经济过程中最关键的问题是总收益是否超过总成本，至于谁受益、谁承担经济过程中的成本则是政治问题而不是经济问题。这样一种理念下的经济学研究也更加注重所谓"经验检验"，忽视规范分析，对价值观的引入在人类经济社会长远发展中的重要意义认识严重不够。显然，在人类社会发展实践过程中，如果没有了合乎人们普遍认可的价值准则和道德规范约束，单纯的经济增长必然引发"经济危机"和"社会危机"，正如工业革命以后，人类社会生产力虽然提升到了前所未有的高度，但是各种各样的发展危机如"贫困危机""环境危机""金融危机"等重大社会矛盾却从未离我们远去。生态文明理念强调人与自然、经济与环境的协调统一，从发展的价值维度出发，认为只有有利于人的全面发展的经济社会发展才是值得称道和肯定的，回答了发展成果对人的意义的问题，顺应了这个危机频发时代的要求，也促使那些被西方主流经济学长期忽略的价值标准开始凸显在人们面前。让价值维度回归经济学研究领域，使人们更多地从价值维度来考虑经济实践活动的合理性，或许是让经济行为真正合乎人类理性的要求，避免人类社会发展过程中重大危机发生的唯一出路。

2.3.3　生态文明战略思想的提出对西方主流经济学长期以来过分注重"短期"分析提出了重要挑战

凯恩斯那句名言"从长期看，我们都死了"充分道出了西方主流经济学长期以来在应对经济危机时所采取的态度，即关注短期的经济疗效而忽视短期治疗带来的长期"副作用"。事实上，凯恩斯主义在应对"危机"时屡试不爽也恰恰验证了事情的另一面，长期的"短期"治疗已经让全世界经济开始变得越来越不稳定，人类经济发展所面临的未来不确定性风险越来越大已经成为一个紧迫的既成事实。生态文明战略思想的提出正是这一时代背景的产物，它从根本上开始警示我们必须用长远的眼光和战略高度来应对人类未来经济社会发展面临的挑战。生态文明所蕴含的"可持续"理念本身就是立足于人类社会发展的长远利益之上，因此，如何克服经济学研究中的"短视"现象是生态文明思想对西方主流经济学理论未来发展提出的又一挑战。例如，一些西方主流经济学者认为，只要留给后代人的自然资本和人造资本的总和不少于我们这一代人所拥有的资本总和就可实现可持续发展。从生态文明建设的视角来看，这仍然是一个"短视"的观点，因为这一观点忽略了自然资本和人造资本的可替代性问题，在生态文明思想体系里，只有实现资源的循环和永续利用才能保证人类社会的可持续发展。

2.3.4　生态文明战略思想的提出对经济规模的无限制扩张提出了质疑

在西方主流经济学分析框架里，自然环境主要承担着资源的提供者和废弃物的吸收者角色，只要经济运行过程中环境外部性问题得到控制，经济系统的扩张就可以相对独立于自然环境系统之外。而生态文明所倡导的人与自然和谐统一的理念实际上强调了自然环境系统与经济系统之间的平等地位和相互制约关系。按照这一理念，经济系统的扩张必然受到生态环境系统的制约，不能无限制地扩大其规模边界。但迄今为止，关于宏观经济增长在长期内是否需要控制在一个"适度"规模范围内的思考在西方主流经济理论里面依然没能得以体现。

2.4　生态文明视阈下的环境 – 经济关系分析

在生态文明建设的战略思想体系里，"人与自然、经济与环境的协调统一"是逻辑相容的概念，这实际上突破了传统发展理念中关于"环境 – 经济"关系的研究局限，为解决经济发展过程中的环境矛盾提供了新的理论分析平台和思维视野。

2.4.1　环境是经济发展的基础并制约着经济发展

所谓环境是指影响人类生存和发展的各种天然和经过人工改造过的自然因素的总体，包括大气、水、海洋、土地、矿床、森林草原、野生动物、自然遗迹、人文遗迹、自然保护区、风景名胜等。对人类经济活动而言，环境的基础作用主要体现在以下方面：

第一，环境是人类生存发展的前提。在人类产生以前，环境就客观存在并成为孕育人类诞生的生命支持系统。人类出现以后，人们为了生存而利用和改造自然环境的过程中才有了人类经济活动。因此可以说，如果没有合适的环境，就不会有人类社会的诞生，自然也不可能有人类的经济活动出现了。

第二，环境为人类经济活动提供了必需的物质基础。在环境经济学的概念中，环境被认为是能为人们提供各种服务的资本之一，是人类经济活动的资源库。正是因为环境系统向经济系统中提供了大量的资源作为人类生产过程中的原材料和动力，人类经济活动才能得以不断维持下去。

第三，环境为人类经济活动提供了废物吸纳场所。经济活动中的生产和消费活动，总有一定的废弃物排入环境系统之中，环境系统则通过各种各样的物理、化学及生物反应容纳、稀释、分解、转化这些废弃物，使之能重新进入环境系统内的物质循环之中。正是环境具有的这种自净能力大大减少了人类处理废物的成本。当然，环境的这种自净能力是有限的，一是因为环境不能分解转化所有的物质特别是某些人工合成的有毒物质；二是环境的自净功能需要时间，如果在短期内废物太多也不可能得以及时净化。也正是由于环境自净能力的有限性在很大程度上形成了环境对经济的硬性约束，如果人类经济活动中所排放的废弃物超过了环境的承受能力，环境功能就不可能充分发挥，经济基础将因此而动摇。

第四，良好的环境有利于人类身心健康，直接提高人类福利水平。严重的环境问题不仅会降低人们生活质量甚至将直接危及人类的生存发展，所以，经济活动如果产生了严重的环境恶果其本身将是违背"人类经济活动是为了最大限度满足人们自身物质文化需要"这一本质要求的。

2.4.2 经济发展会影响和主导环境变迁

随着人类经济活动规模的不断扩大，人类对自然界的干预力度逐步加大，干预能力也不断加强，对环境的影响也越来越大。特别是如果人类不尊重客观规律，不合理利用和改造自然，将会使环境系统的正常功能得到破坏，环境质量将不断下降。工业革命以来，尤其是20世纪50年代以来，随着科学技术的不断进步，生产力水平和人口数量的不断增加，人类对自然资源的开发速度大大加快，同时向自然界排放的废弃物也越来越多，但是由于在经济发展过程中没有充分重视环境保护，忽略了人与自然和谐相处乃客观规律的要求，导致环境质量的急剧下降，环境污染、生态破坏、资源枯竭的现象日益严峻，环境的恶化也严重影响了人们的生活质量，并在60年代引发了西方发达国家一浪高过一浪的环保浪潮。在这种背景下，西方国家终于开始反思传统增长模式的弊端，逐步调整了经济增长方式，并采取一些积极的措施保护环境，保证维持环境系统的正常功能的维持运转。在70年代以后，一些发达的西方国家环境质量恶化的趋势得以遏制，环境质量开始朝着好的方向发展。由此可见，如果人类经济活动违背自然规律，必然对环境质量造成很大的负面影响；相反，如果人类经济活动能充分尊重客观规律，能合理开发利用自然资源，就可以维持较好的环境质量。这充分说明，人类经济活动对环境的变迁起着重要的影响和主导作用。

2.4.3　环境和经济可以在矛盾冲突中追求协调统一

在生态文明建设战略思想的体系里，环境保护与经济规模扩张都可以统一到"以人为本"的科学发展目标上来，二者都是为促进和改善人们生活水平服务。这样，我们就可以摆脱为增长而增长或者为环境而环境的单一线性思维的局限，而是统筹兼顾，实现共同目标价值最大。事实上，良好的生态环境可以为经济活动提供良好的外部条件，可以为经济系统提供更多的资源，可以保持资源的再生能力来满足经济增长对资源的不断需要，也可以更多吸纳经济系统产生的各种废弃物，从而推动经济的持续发展。反之，经济发展了，经济基础雄厚了，社会则可以将更多的剩余产品用于环境建设和环境治理，如建立自然保护区、进行污染防治等。同时，随着经济的发展，人们生活水平的不断提高，人们对环境质量的要求也会越来越高，追求舒适的环境将成为社会的普遍共识，这在客观上有利于人们主动采取行动来保护和改善环境状况，使环境质量逐步提高。相反，如果环境遭到严重破坏，不仅将导致社会遭受巨大的经济损失，而且会因为资源耗竭、环境自净功能受损而从根本上动摇经济发展的基础。当然，如果经济上不去，人们的环保意识必将停留在低层次水平，破坏环境为代价来换取经济利益将成为社会普遍价值取向，在这种情况下要保持环境质量的稳定自然是不可能的。另外，环境的改善在一定程度上需要经济投入，经济发展水平很低时，社会将不可能有很多的剩余产品用于环境保护建设，那么，改善环境质量自然也会成为空谈。由此可见，环境和经济既有矛盾的一面，也有统一的一面。因此，只要人们能正确处理二者的这一辩证关系，充分利用它们相互促进的一面，完全可以实现经济发展和环境质量改善的双赢。

第 3 章　环境保护政策的基本分类及其评判标准

对环境政策的分析而言，确定在不同情况下哪种环境政策更好是一件很重要的事，某一政策可能比其他政策更有效率，但在其他方面，如公平性、灵活性、执行难度等方面却要差一些。本章的主要目的就在于通过对一系列环境政策评价标准的阐述来说明怎样的环境保护政策才可能最成功地实现环境保护目标。

3.1　环境保护政策的基本分类

从环境政策发挥作用的动力机制来看，我们可以把其大体上分为两大类：一类是命令 – 控制型环境政策（以下简称 CAC 政策），另一类是经济激励型环境政策（以下简称 MBI 政策）。前者主要是通过政府的行政命令及制定的法律法规对当事人的环境行为施加影响的政策，这种政策的动力源泉主要来自政府的行政权力。其主要表现形式是各种各样的环境标准，最常见的形式是污染物数量排放限制标准和环境技术标准这两种形式。而后者则是通过利用市场力量以经济刺激的方式来影响当事人环境行为的政策，其动力源泉是与当事人环境行为密切相关的经济利益。在经济利益的驱动下，这种政策能改变当事人环境行为的相关费用及效益，使环境成本内部化，其主要表现形式包括排污税（费）、补贴、排污权交易等。由于环境保护目标是由所有不同的经济主体共同完成的，所以，政府为了有效地实现某一政策目标，必须采取相应的政策措施来强迫或诱使具有理性的经济主体从以前狭隘的自利中摆脱出来，使之在新的约束下改变以前的行为方式来实现相应的环境目标。在某些情况下，命令 - 控制型环境政策可能是必需的。例如，如果污染排放很难或者根本不可能被监测，那么，至少政府可以采用某一技术标准来控制污染。如可以要求电厂安装过滤设施，汽车装配催化剂转换器等。而在另外一些情况下，这种政策则有可能被经济激励型政策如排污税、补贴或排污权交易等所取代。因此，全面的了解不同环境政策的基本特征是我们选择更有效率的环境保护政策的基础。

3.2　环境保护政策的费用效益分析标准

人类的任何社会经济活动都会对环境造成一定影响，但是，从经济学的角度来看，并不是对所有的环境破坏行为造成的后果都应该使之避免或加以纠正，因为任何对环境的保护行为如同环境破坏本身一样会给社会带来相应的成本。所以，环境质量越高也并不一定代表对社会就越有利。换句话说，我们对环境保护目标的制定一定要综合衡量环境保护所带来的潜在收益与其所要付出的相应的代价这两方面的因素，过高或过低的政策目标从经济意义上来说都是不可取的。环境费用效益分析就是对环境质量变化所带来的损失或收益进行价值评估的一门技术，在环境决策与管理中有着重要的作用，也是我们在选择环境政策时所要考虑的一个重要参照标准。

3.2.1　环境费用效益分析的产生及发展

费用效益分析（cost-benefit analysis）有时又称成本效益分析、国民经济分析或国民经济评价。它主要用于对项目方案或政府决策的可行性分析。随着环境问题日益引起人们的关注，环境变化的费用效益分析在

20 世纪 70 年代也迅速发展起来。下面对其产生与发展的历史作简要回顾。

环境费用效益分析的产生可追溯到 19 世纪。早在 1808 年,美国财政部秘书盖莱汀（Albert Gallatin）就提出在水利工程项目中要比较费用和效益,比法国人杜波特（Jules Dupuit）整整早了 35 年,但后者被公认是最早对费用效益分析进行研究的奠基者,被尊称为费用效益思想之父。1844 年,杜波特发表了《公共工程的效益评估》一文,提出了"消费者剩余"的思想,这一思想后来成为费用效益分析的基础,他的观点也被人们广为引证。1902 年,美国政府颁布了《联邦开垦法案》,该法案要求对土地开发项目进行费用效益的比较分析。随着水资源开发在联邦政府公共支出中愈来愈重要,1936 年颁布的《洪水控制法》要求美国工程兵军团对所有水利项目的费用效益进行评估,以检验洪水控制项目的可行性,只有当"对任何人收益的增长都大于费用",该项目才是可行的。[①] 早期对水资源开发的费用效益分析方法虽然不是很完善,但大大促进了经济学分析方法在其他决策领域中的应用。二战期间,费用效益分析被应用于军事工程项目,战后进一步扩展到交通运输、文教卫生、城市建设等广泛领域。随着应用范围的不断拓展,费用效益分析方法也不断得以完善与发展。

1950 年,美国联邦流域委员会发表了《流域项目经济分析实践建议》的报告,这是一个被称为"绿皮书"的对费用效益分析进行纲领性指导的文件。这一绿皮书发表之后不久,1952 年,联邦预算局也发表了一个类似绿皮书的 A-47 号预算公告,这一公告的发表不仅为费用效益分析提供了实际指导,也激起了对这一领域的学术研究的兴趣。这一时期出现了很多有着重要影响的著作,如埃克斯坦（Eckstein）1958 年出版的《水资源开发:项目评估经济学》一书以福利经济学为理论基础,并利用市场信息来对效益进行评估。同年,他与另一位学者克鲁迪

---

① 王金南. 环境经济学:理论、方法、政策 [M]. 北京:清华大学出版社,1994:222.

拉（Krutilla）合著的《河流开发的多重目标：应用经济分析》一书将系统分析应用于水资源管理，揭示了河流系统的相互作用。1962 年，麦斯（Mass）出版的《水资源系统设计》一书则将计算机辅助系统分析应用于费用效益分析技术。1965 年，多夫曼（Dorfman）出版的《测度政府投资收益》一书则超出了水资源领域，从更一般的意义上探讨了费用效益分析。

20 世纪 60 年代以后，随着大坝的建造速度放缓，人们的注意力开始从水资源转向别的领域，如野生动物、空气质量、人类健康等领域。环境质量逐步成为新的关注焦点，对环境变化的费用效益分析研究也日益丰富起来。最早把费用效益分析原理应用于污染控制的是哈曼德（Hammond），他在 1958 年出版的《水污染控制的费用效益分析》一书中系统分析了水污染控制的费用与效益评估技术原理，继而在水和空气污染控制的环境质量管理中得到广泛的应用。随后，未来资源研究所这一 1952 年成立的世界上最早的从事环境与资源研究的独立研究机构，为费用效益分析的发展开辟了更广阔的领域，在费用效益分析的理论和方法上做出了重大贡献，并使之在美国受到了广泛的重视与应用。从 1969 年美国国家环境政策法要求对环境影响进行评估到 1981 年总统行政令第 12291 号明确指出在新的政策管制中要使用费用效益分析，费用效益分析的应用有了长足的发展。在环境法律体系中，行政命令强化了对环境效益评估的必要性，某些特殊环境问题，如向公共水域倾倒有毒物质也要求进行费用效益分析。这意味着费用效益分析在政府环境决策中也起着越来越重要的影响。与美国相比，欧洲在费用效益分析的理论研究与实践进展方面都相对滞后。例如，在英国，费用效益分析大多只应用于交通运输领域。从 1961 年 M1 高速公路项目开始，随后是铁路环线项目，到 20 世纪 70 年代的隧道项目、伦敦第三国际机场以及泰晤士河与塞纳河上的桥梁项目等都运用了费用效益分析。虽然运输部门提供了项目环境影响的评估手册，但实际评估程序却并未包括对环境影响的评估，普遍的观点认为环境考虑不应被纳入货币评估之列。当然，这种观点也不断受到了批评。1990 年，受皮尔斯（Pearce）报告的影响，英国政府开始修订有关环境费用效益分析的程序，发表了《共同的遗产》这一新的白皮书，提到要尽可能地将环境影响纳入正规的评价程序，并在 1991 年推出了对政策环境影响评估的具体指导性文件。这标志着环境费用效益分析在英国政府决策中也开始发挥着越来越重要的影响。

我国近年来也开始强调对社会经济活动的环境影响进行费用效益分析，并在建设项目环境影响费用效益分析的尝试中也取得了一定的进展。但总体上来说，无论在理论研究还是实际应用方面都还很不成熟，有待进一步完善。

3.2.2　费用效益分析的基本原理

费用效益分析主要是通过对项目或政府决策所可能产生的费用与效益进行对比分析，以确定是否可行。因此，其最终目的是要对一项决策的结果好坏做出判断，其判断的最基本依据就是福利经济学理论。福利经济学研究的首要出发点是关于社会福利改善的判断标准问题。这些标准也是我们进行费用效益分析的理论基础。

帕累托最优是早期福利经济学判断社会福利改善与否的重要准则。其核心思想是如果某种经济变化的结果可以在不使其他人境况变得更坏的情况下，使一些人或至少一个人的情况变得更好时，社会的福利就会得到改善。帕累托标准除了包含资源配置效率上的含义外，实际上还隐含着对收入分配状况的严格的判断标准，即以不损害任何既得利益者为基本前提。帕累托标准的这一严格性要求使其在费用效益分析中的应用似乎受到了很大的制约，因为几乎任何投资项目或政府决策都会既有"好"的影响，也有"坏"的影响，如果仅仅因为某一决策行为存在"坏"的一面而不管它有多"好"就否定它，那么既不明智，也绝非公正可言。正因为如此，主流环境经济学家都反对把帕累托准则应用于环境费用效益分析，而"卡尔多 – 希克斯（Kaldor-Hicks）潜在补偿原理"则解决了这一难题。这是对帕累托准则的一种改进，也是现代福利经济学的基础。该原理认为，如果某项决策的受益者能足够补偿受损者的损失，那么，不管这种补偿是否实际发生，该决策就被认为是对社会福利的改进。卡尔多－希克斯原理包含了两个含义：一是收益必须超过费用；二是受益者对受损者的补偿仅仅是设想的，其是否实际发生并不影响对结果的判断。如果一项决策的收益与费用具有跨时影响，那么，必须对费用与效益进行折现，并且收益的净现值要超过费用的净现值。当然，折现时，代际补偿也仅仅是设想的。当面临一系列项目选择时，卡尔多－希克斯原理也可以稍微拓展，即我们可以按项目的净现值排序，选择净现值最大的项目（当然净现值必须为正）。这样，按照卡尔多－希克斯补偿原理，如果一个项目通过了净现值的检验，并且潜在补偿是可行的，那么，该项目就有利于社会福利的改善。卡尔多－希克斯补偿原理与帕累托标准相比，只注重于整个社会经济效率的改善，而对收入分配状况的变化却漠不关心。因为受益者对受损者的补偿仅仅是假设的，所以如果某一项目的实施使富者愈富，贫者愈贫，也完全有可能满足卡尔多－希克斯标准。如果受益者对受损者的补偿实际发生了，使受损者的福利状况在得到补偿后并没有下降，那么，卡尔多－希克斯补偿原理实际上与帕累托标准就是一回事了。由于环境变化常常会使一部分人受益而另一部分人受损，所以与环境有关的费用效益分析通常是以卡尔多－希克斯补偿原理为理论基础进行分析的，下面我们以污染控制行为为例进行说明。

污染控制通常会产生两方面的影响，一方面是因环境质量改善而带来的效益，另一方面是因污染控制活动导致的费用。为了判断某项污染控制决策是否可行，我们可以运用费用效益分析方法对其进行评估。根据上面提到的福利准则，如果控制污染带来的效益超过控制费用，那么该决策就是可接受的。而且效益越是大于费用，对社会福利的改善越有利。当净效益达到最大时，该决策行为也达到了最优，同时我们也就确定了一个最优的污染控制水平。具体分析如下：设想污染控制提供的是一种清洁服务，一方面，随着该服务的供给不断增加，其带来的总效益也会不断增加，但总效益增加的速度会越来越慢，即边际效益递减；另一方面，生产该服务的费用也会不断增加，而且增加的速度会越来越快，即边际费用递增。我们可以用图 3 - 1（a）、图 3 - 1（b）来分别表示总费用与总效益以及边际费用与边际效益的关系。从图 3 - 1 中我们可以很容易看出，当污染控制的边际费用与边际效益相等时，总效益与总费用之差即净效益最大，此时对应的污染控制 Q^* 就是使社会福利最大限度改善的污染控制量。这一最优污染控制水平体现了环境效益与经济效益的统一，并且符合社会净效益最大化的福利准则。对最优污染水平进行更深入一点的分析，我们会发现它与环境容量密切相关。环境容量可以理解为环境的一种自净能力，即一定范围内的污染水平可以不需要采取任何人为措施而由环境本身将其稀释到不造成损害的程度。从这个意义上来说，环境容量也是一种资源，而所谓最优污染水平则是对环境容量资源的一种有效利用。从更宏观的角度来看，一国经济增长与环境保护之间的矛盾普遍存在，环境保护常常在一定程度上要求对经济增长活动进行抑制，因此，权衡经济增长与环境保护之间的利害冲突，选择合适一国国情的环境政策目标对国家经济发展也是非常重要的。

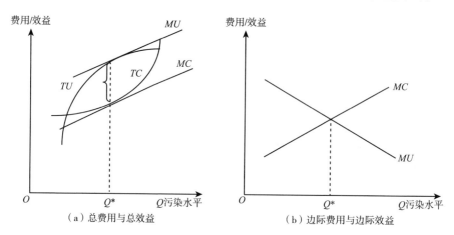

图 3 - 1　污染控制的费用与效益

3.2.3　环境费用效益分析应用的局限性

由于环境问题本身的极其复杂性，环境费用效益分析也面临不少的挑战，主要包括以下三个方面。

（1）生态系统复杂性所带来的挑战。费用效益功能的发挥与市场属性是分不开的。由于生态系统运行特性与市场经济运行体系相比有着很大的不同，因此，将生态系统纳入市场体系进行分析尚有很大困难。首先，准确地预测人类活动对生态系统的影响是一件很困难的事情。在经济模型中，如果要对环境费用与效益进行货币评估必须先明确环境破坏（或改善）程度与环境功能损害（恢复）的关系，即剂量－反应关系。这是进行费用效益分析的关键，意味着我们必须准确地知道特定数量的污染排放或生态资源利用会导致特定水平环境损害，而且可将损害程度用货币来表示。虽然我们不能完全否认通过科学实验或调查统计方法来确定上述关系的事实，但大部分情况是我们并不知道特定数量的污染排放究竟对生态系统意味着什么。因为，人类活动对生态系统的影响具有累积效应、门槛效应及合成效应的特征。例如，如果湖水已包含某一特定水平的污染物，那么，当其他污染物继续排向湖泊时，其对湖泊的破坏影响往往比所有污染物单独所造成的影响之和会更大。实验也表明，混合污染物比单一污染物造成的损害要严重得多，包含二氧化硫、氮氧化物及氨气的酸雨对蔬菜产量的影响比三次只包含单一上述酸性物质的酸雨造成的影响之和要大得多。[1] 这一事实表明，我们并不能明显界定污染物排放水平与生态破坏程度的剂量－反应关系，而这一关系是我们对生态系统功能损害货币评估的物理基础。所以，人类活动对生态系统的不可预料的影响意味着我们常常不能准确计量环境影响的物理效果，因此，更不用说对其进行货币评估了。

（2）现有经济理论的局限性所带来的挑战。保护自然环境与环境的内在价值强烈相关，通常认为这是为了保护后代人的利益。然而，这一概念并不能转化成经济理论，因为市场价格并没有反映后代人关于自然

---

[1] Tonnei J K. Research on the Influence of Different Air Pollutants Separately and in Combination in Agriculture, Horticulture and Forestry Crops [R]. IPO Report Wageninge, The Netherlands, 1981: 262.

环境问题的观点。这意味着传统经济理论很难解决这一问题。有人认为可以通过引入贴现率来解决这一难题，但是，关于如何"正确"使用贴现率水平却一直存在着很多争议。另一个理论难题是对不确定性的处理问题，尽管那种认为经济理论不能处理不确定性问题的观点并不正确，但这并不意味着我们能解决所有的不确定性问题，尤其是生态系统中的不确定性问题，因为它与市场过程中的不确定性是显著不同的。后者可以在传统经济系统模型中运用概率来表述，然而，由于人类对生态系统认识的有限性，我们不可能准确地预测出生态系统发生变化的概率。此外，不可逆性也是一个需要关注的问题，尽管生态系统完全可能发生不可逆的变化，但这一问题在传统经济理论与市场运行过程中却并没有引起足够的重视。①

（3）环境政策本身所带来的挑战。上面谈到的是理论与概念上的难题，同样不能忽略的是起源于环境政策本身的难题。这些难题与理论出发点及现代国家的角色密切相关。环境和经济政策是建立在经济理论的基础之上的，这意味着自然环境难题也只有融入经济理论中才能被认识。目前，经济理论面临的主要挑战就是如何将这些问题纳入其中，然而迄今为止却并没有做到这一点，因为大多数人（包括一些政治家与经济学家在内）并没有充分认识到环境问题可能给未来社会带来的很高成本，这使得环境费用效益分析的应用受到很大影响。国家的角色对环境费用效益分析也具有重要影响。通常认为现代国家不应干预市场运行，然而却必须对市场运行结果负责。例如，当 GDP 下降与失业率上升时，政府常常会被指责。当严格的环境政策有损于传统经济参数时，政府就会处于相对弱势的地位。因此，政府通常并不乐意执行严格的环境政策，这意味着与传统经济相关的经济参数比与自然环境相关的参数通常会受到政府更多的关注。在这种情况下，如果对某些项目进行费用效益分析，政府通常会提供更多的关于传统经济参数的数据而不是关于自然

① Krutlla J A, Fisher A C. The Economics of Natural Environments [M]. Resources for the Future, Johns Hopkins Press, Baltimore, 1985: 225 – 228.

环境资源方面的数据，这无疑会使环境费用效益分析的合理性大打折扣。

3.3 环境保护政策的费用效果分析标准

环境费用效益分析在帮助人们确定环境政策的目标时，无疑有着重要的指导意义，但在实际应用中，其所面临的最大困难是如何计量环境影响货币价值评估。环境费用效果分析则在一定程度上避免了对环境影响进行直接货币价值评估的困难，因此在环境决策中的应用尤其是在对不同环境政策的评价中起着越来越重要的作用，费用效果评价因此也成为人们到底选择什么样的环境政策来实现既定环境目标的基本参照标准。

3.3.1 环境费用效果分析的基本含义及其应用

最初人们把费用效果分析理解为一种特殊的费用效益分析，即认为费用效果分析就是对效果或者说效益不给予货币评估的费用效益分析。这种观点显然有失偏颇，因为事实上，很多时候投入与产出一样是难以货币化的。随着费用效果分析在实践中的不断应用，人们对其含义的认识也更加深刻，目前比较合理的一种理解是，费用效果分析是通过对多种方案的投入费用和其所能达到的效果进行比较，从而选出解决问题的最优途径。这一解释实际上包含两方面的含义：一方面，在投入费用相同的情况下，比较各方案实施的效果，从中确定具有最佳效果的方案；另一方面，在方案实施效果相同的情况下，比较各方案所投入的费用的大小，费用最小的方案即是最优方案。前者通常称为最佳效果法，而后者则被称为最小费用法。当然，在实际应用过程中，由于很难满足费用相同或者效果相同的假设条件，所以一般就用费用效果比来作为各方案的评价指标，这一指标越小则代表该方案越好。在更为复杂的情况下，也会综合技术、文化、管理等因素来考虑。

由于在费用效果分析中，效果通常是以非货币的其他计量单位来计算的，因此，这一分析原理在那些难以对效果进行货币估价的领域的应用非常有效。并且由于其实用性与灵活性的特点，在实践过程中被广泛地应用于环境领域的决策与管理。以污染控制为例，虽然政策目标通常事先已经确定，但实现既定目标的环境政策却有着多种选择，而且不同的政策如命令－控制型政策与市场激励型政策在实施过程中所需要付出的污染治理成本及最终获得的治理效果是很不一样的。在这种情况下，要判断哪种政策的运用更有利，就需要在实践中对这两种政策实施所付出的成本大小与最终的环境效果进行综合比较以后才能确定。当然，这也跟我们对环境效果本身的评价有关，如果环境结果事关人们的生命与健康（如有毒物质的排放），则环境效果通常比成本要更重要。相反，在环境破坏所引起的后果并不十分突出的情况下，则治理成本就会显得更重要一些。类似的，其他环境政策如技术标准与数量标准、污染税与排污权交易等也有着各自的优点与缺点，通过对其实施的费用效果进行比较分析可在一定程度上为环境决策提供相应的判断标准。

3.3.2 环境费用效果分析的决策原理

上面的论述表明，环境费用效果分析的核心就是对环境保护实施的各种方案的费用与相应的效果这两个目标进行权衡取舍，以确定相对最优的政策方案的过程。我们可以通过图3－2对其决策原理进行阐述。

一般说来，在环境保护实践活动中，费用与效果是两个相互冲突的目标，即要想取得较好的环境效果，通常需要较多的投入费用，而要想节约环境治理费用，则往往会以牺牲一定的环境效果为代价。在图3－2中，M_1 与 M_2 分别代表环境治理投入费用与环境破坏带来的损失（损失的大小可以代表环境效果的好坏）这两个指标。显然，它们之间存在一种利害冲突关系，即环境破坏损失越小，所需要投入的环境治理费用就越高。通常来说，在技术水平不变的条件下，随着环境质量改善程度

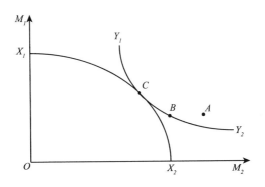

图 3 - 2　环境费用与效果的取舍

越大，其所需要投入的边际治理费用就越高，因此，图 3 - 2 中 X_1X_2 曲线是凹向原点的代表对 M_1 与 M_2 进行取舍的技术组合可能性曲线，即在特定技术条件约束下，环境治理费用与治理效果之间的所有可能性组合。而 Y_1Y_2 则是反映决策者对政策目标的决策偏好的无差异曲线，即在这条曲线上的点都是可能的选择对象，因为每一点都无法在环境治理费用与治理效果这两个目标上都同时优于曲线上其他的点。现在我们假设有三种可供选择的政策方案，它们各自的环境投入费用及相应的环境效果分别用图 3 - 2 中的 A、B、C 三点来表示。显然，方案 A 应当排除在选择范围之外，因为从图 3 - 2 中可以直观地看出，方案 B 在费用投入与环境破坏损失这两个指标上都要优于方案 A（即相对于方案 A，方案 B 可以用更少的环境投入取得更好的环境效果）。但是，方案 B 与方案 C 则暂时无法做出优劣判断，因为虽然方案 B 在费用投入上要优于方案 C，但方案 C 在环境效果方面却要优于方案 B。在这种情况下，最优政策的选择就需要综合考量政策决策者的决策偏好与决策所面临的技术约束。显然，如果联合上述两个因素来综合判断，我们就可以确定最优的方案会是方案 C，因为 C 点恰好位于无差异曲线与技术选择可能性曲线的切点位置。当然，在实际的环境决策过程中，我们通常并不知道无差异曲线的确切位置，在这种情况下，往往可以通过对费用与效果这两个目标所进行的某些限制来确定相应的选择范围，增加环境决策的可靠性。例如，在图 3 - 3 中，若决策者确定的最大投入费用为 C_{max}，最大

环境破坏损失值为 $S_{\max}$，那么显然，决策者的偏好无差异曲线的位置就应该局限在这两个极点范围之内。

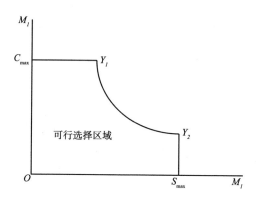

图 3 - 3　费用效果选择范围

3.4　非效率标准

上面主要是从经济效率的角度对环境政策进行评价，接下来进一步将评价维度拓展到非经济效率标准，因为这些非经济因素如政策的监督与执行、信息强度、灵活性及政治因素等对环境政策的效果好坏也有着非常重要的影响。

3.4.1　监督与执行难易程度

非效率标准主要涉及两个方面内容：一是指管制者判断被管制者是否遵守某一政策的难易程度；二是对违规者进行惩处以使其回到正常的状态，包括行政处罚、法律处罚、经济制裁或其他更间接的方式，如上"黑名单"等。监督与执行状况如何对于环境政策的选择也至关重要，因为任何再好的政策，如果不能对其实施情况进行监控也会如同虚设。对政策进行有效监督的必要条件是拥有足够的有关污染者行为的信息。

但是，一个相对合理的假设是政府不可能无成本地知晓每个经济主体在任何时期到底在干什么，换句话说，政府对经济主体进行监督是需要成本的。这里我们把监督理解为政府检查与发现被管制者是否违背了相应的管制规则，而随后的执行则是对违规者进行处罚。在许多情况下，获得有关的精确信息几乎是不可能的或至少是成本非常高的，因此，完全的监督与执行是不太可能的，也没有必要，我们现在关注的重点是哪一种政策更容易被监督及执行。按照以前的假设，每个经济主体影响环境的方式和程度都不一样，如果政府能充分了解这一情况，并且针对某一经济主体的具体特征制定相应的措施，那么污染控制将是最有效率的。然而，这样的政策制度安排所需要的信息及其计算量也将是十分惊人的，甚至不可能实现。所以，也正因为信息的获得需要成本，并且对不同政策进行监督需要的信息量是不一样的，因此对不同政策的监督与实施的难度也会不一样，这使尽量选择容易监督与执行的政策不仅有可能，也十分有必要。以排污权交易与污染税为例，通常认为，排污权交易的监督比排污费的监督要更困难，因为前者除了必须具备与后者一样的监督任务外（即要对排放水平准确监督），还必须额外对排污权交易系统进行监督。为了降低监督成本，管制者常常用产出税或投入税来代替排放税。① 这种方法不仅不需要对排放水平进行监督，而且，可以通过现有的税收系统来执行，因此也不需要额外建立一个污染税系统。这种替代方式虽然存在效率损失，但在政策制定者看来，行政成本节约却可能足够对其进行补偿。相反，在排污权交易体系中，却不可能存在这样一种替代方式。因为，虽然在理论上投入许可交易也是可行的，但是要确定与总投入许可相一致的排污水平却是十分困难的，而如果总污染水平不能确知，那么许可交易也就失去了其基本的意义。这种状况实际上也强化了污染税在监督与实施成本方面比排污权交易更有优势。进一步分析，如果直接甚至间接对污染排放的监督不可靠、不可行或成本太高时，那么，要求污染者采用某一指定技术可能是更好的选择。例如，

---

　　① 只有当投入或产出与污染排放水平密切相关时，这一方法才是可行的。

对空气污染或噪声源常常很难监督，测度废水中的生化需氧量（BOD）成本太高，在这些情况下，对生产者的生产过程或投入进行限制就是必要的。通常，生产者会被要求安装指定的净化设备或者是采用"最好的可获得排污技术"（best-available technology）。当然，要求所有企业都采用单一指定的技术可能产生资源配置扭曲与效率损失。

3.4.2　信息强度要求

信息强度要求标准主要是指管制者为了使政策能有效运行所必须拥有的信息量。例如，为了实现最优污染水平的政策目标，管制者必须了解有关污染控制的边际成本函数及污染损害的边际成本函数。否则，社会最优水平的排放目标也就无法实现。但在大多数情况下，政府所拥有的信息是有限的，这种信息的有限性会使其在制定政策时必须考虑由于信息不完全可能导致的潜在损失，最优的政策选择当然是使这种潜在损失最小化。还是以排污权交易与污染税这两种政策为例进行说明。图 3 – 4 与图 3 – 5 描述了当边际污染控制成本曲线 MC 不确定时，污染税与排污权交易这两种政策的损失情况。

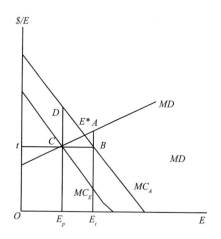

图 3 – 4　MC 比 MD 更陡时的损失比较

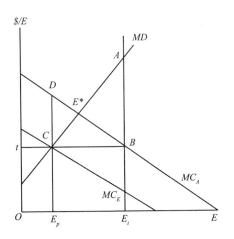

图 3 - 5　*MD* 比 *MC* 更陡时的损失比较

图 3 - 4 和图 3 - 5 中 MC_E 代表管制者对公司边际污染控制成本的预期，MC_A 代表公司实际的边际污染控制成本。如果政府采用污染税政策来控制污染，那么政府会制定 t 的税率，这一税率会使边际污染损害成本曲线 MD 与 MC_E 相交，在这种情况下，企业将按税率与其真实边际污染控制成本 MC_A 相等的原则来控制污染，因此实际的排放水平将是 E_t 而不是管制者所预期的 E_p，实际上 E_p 也不是社会最优污染控制水平，社会最优污染控制水平是 E^*。在这种情况下，显然污染税所造成的损失是 E^*AB 的面积。同理，如果政府想采用排污权交易政策来控制污染，那么按照其预期，政府会把排污权总量限制在 E_p 的水平，而由于社会最优污染控制水平是 E^*，因此排污权交易政策所造成的效率损失是 E^*DC 的面积。从图 3 - 4 中可以很直观地看出，MC 曲线比 MD 曲线要陡，E^*AB 面积比 E^*DC 面积也要小，这说明当边际污染控制成本曲线比边际污染损害成本曲线更陡时，如果边际污染控制成本曲线是不确定的，那么，采用污染税政策要比采用排污权交易政策造成的损失要小。图 3 - 5 则说明了边际污染损害成本曲线比边际污染控制成本曲线更陡时的情况，其结论正好相反。

3.4.3 灵活性标准

灵活性标准主要是要判断当外部因素如偏好、经济增长、资源状况、物价水平等因素发生变化时，环境政策能相应调整保持理想环境目标的难易程度。有些调整可以由分散的被管制者来完成，有些则必须由政府根据实际变化状况来完成。但任何调整都是需要成本的，调整的成本通常涉及两个方面：一是当经济情况发生变化时，决策者为适应新情况所进行的调整所必须具备的信息及相应的有关计算的工作量；二是政策调整在政治决策过程中会遇到的一些阻力。按照灵活性标准，排污权交易政策要比污染税政策更有优势，因为排污权交易体系一旦建立，在比较完善的监督与实施情况下，这一政策能自动保持既定的环境质量目标而不需要管制者经常的干预行动及重新计算工作。[①] 如果由于经济增长、衰退或增长不平衡等原因使企业对排污权需求的状况发生变化时，这种要求会自动通过排污权价格的变化反映出来，这种价格的变化能使排污权重新配置。而同样当上述经济情况发生变化时，除非管制者对税率进行调整以适应新形势的需要，税收系统本身不会自动调整来满足既定环境目标，而对税率调整不仅需要大量的重新计算工作，而且在政治决策过程中也可能遇到阻力。上面对灵活性的分析主要是针对管制者而言，在排污税政策下，保持既定环境目标的调整任务主要是由管制者来承担，因此调整过程不可避免地涉及大量的行政成本，而在排污权交易体系下，调整的任务主要是由企业来承担的，自然不会有什么行政成本，因此从这个角度来说，污染税比排污权交易相对不灵活。但是，我们也应该注意到排污权交易系统下调整的行政成本虽然低，但交易成本却不一定低。因为，要发现潜在交易对象及其相关信息也并不是一件很容易的事情，而且潜在交易市场规模及范围越大，搜寻的成本也可能越

① Bohm P, Russell C S. Comparative Analysis of Alternative Policy Instruments ［M］//Kneese A V, Sweeney J L. Handbook of Natural Resource and Energy Economics, Volume I. Amsterdam： North Holland, 1985：395 - 460.

大。但是如果交易市场规模与范围较小，那么市场所反映出来的价格信息也可能失真。所以，如果因为交易成本太高而导致交易行为太少或根本就没有交易，调整过程也自然无从谈起。在这种情况下，就很难说排污权交易政策比污染税政策更有灵活性。

3.4.4　政治上可接受性

这一标准主要考虑三个方面的因素：第一，公平性因素，这是指环境政策的实施所导致的费用或效益应该在社会成员中以一种比较合理的方式来进行分配。包括两个层面的公平，一是代内公平，即体现当代人之间的一种平等关系；二是代际公平，即环境政策的实施，不仅要考虑当代人的利益，同时也要反映后代人的福利要求。相对代内公平来说，代际公平的实现要更加困难，因为事实上并不存在一个代表后代人利益的集团的存在，所以由于"代理人"缺位，后代人的利益实际上很难得到保证，这样的结果将会使环境政策的可持续性要求很难得到满足。与其他政策领域一样，在环境政策实施过程中，公平与效率同样具有两难性。例如，从公平的角度来看，污染税收入应该用来补偿污染受害者的损失。但是，很多经济学家认为，这样做的结果将是无效率的。[①] 因为既然污染者已经对其造成的边际损失进行了支付，实际上外部成本已经被内部化。如果再对受害者进行补偿，那么受害者就不会有动机去采取任何必要的防护措施来避免损害，甚至会诱使一部分受害者更多地暴露于污染地区以获取相应的补偿收益，这样无疑会产生新的扭曲。另外，如果某项环境政策的实施将使大多数"投票人"或强有力的利益相关者受损，那么，可想而知，这项政策的实施会有多么困难。第二，道德因素，这主要是对经济主体在不同政策选择方面的伦理限制。例如，一个被广泛接受的道德观认为，环境政策应该对污染行为进行谴责，因为污

---

① 持这一观点的经济学家主要有鲍莫尔（Baumol）、奥茨（Oates）以及费希尔（Fisher）、泽克豪泽（Zeckhauser）等人。

染是对自然或人类社会的一种犯罪。① 在这种道德观里，违反管制应得到法律的惩处，如果仅仅是通过罚款则无异于用金钱可以购买"犯罪"，这是很不道德的。可以预见，如果这种道德观在社会上占统治地位，那么环境经济政策得以实施机会将会很少。第三，宏观经济的稳定。在很多情况下，环境政策的实施如环境税、环保基础设施的投资等都有着广泛的宏观经济影响，因此应该联系宏观经济运行的现实来进行相应的选择。例如，在经济萧条时期采取补贴以促进环境基础设施的投资既有利于经济复苏，也会有利于环境保护；而在通货膨胀时期，则不会存在这种一箭双雕的效果。

3.5 最优环境政策组合分析

3.5.1 政策组合的必要性

显而易见，上面的分析表明，没有任何政策在任何情况下都是最优的，决定最优主要取决于与政策目标相关的评价标准。这些评价标准包括效率标准、效果标准、政治可行性以及其他一些社会经济目标等。不同的人对评价标准的偏好也不一样，经济学家们强调效率与成本有效标准，官僚及政府官员关心预算约束、政治可行性及执行成本等，环境保护主义者则只关心环境最终目标。上述不同的偏好可能是冲突的，因此试图设计能满足所有这些要求的政策可能面临很严峻的考验。环境政策的选择除了考虑各种评价标准外，还必须考虑各种政策实施的约束条件。所谓约束即是由于 A 的原因，必须排除选择 B，否则就会导致结果 C，而 C 是不可接受的。例如，若行政成本与监督成本都非常大，我们将不可能选择通过排污权交易政策来控制污染，否则，无论是管制者还

---

① 持这一观点的经济学家主要有鲍莫尔（Baumol）、奥茨（Oates）以及费希尔（Fisher）、泽克豪泽（Zeckhauser）等人。

是被管制者都会不堪重负。确定约束条件也就是确定什么是不能做的，为什么？当然，约束条件也并不总是一成不变的，随着时间的推移，有些约束条件会消失或变得不重要，而同时也会产生新的未曾预料到的约束。政策选择的可行性分析就是确定所有实际的或潜在的约束因素并分析这些约束对不同政策设计的潜在意义，包括对那些不是绝对约束条件的放松的费用效益评估。政策的可行性建议也只有在明确约束条件下才能进行判断。所以，在进行政策设计时，我们必须考虑存在哪些约束因素，为什么它们对政策选择是重要的，它们是怎样影响政策选择的。就环境政策的选择而言，主要的约束条件包括两个方面，一是制度因素的约束，二是技术与经济发展水平的约束。一些发达国家的实践表明，制度因素对环境政策选择的影响非常大，如环境经济政策的运用在很大程度上与市场经济制度的是否完善有关。另外，环境政策的选择也不能脱离一定的现实技术和经济基础。如只有当对污染排放进行实时监控在技术上可行时，污染税政策的实施才有可能。也只有当一国经济水平发展到一定阶段时，环境政策目标才有可能被重视，很难想象一个能温饱都没有解决的社会有动机去保护环境。

已有许多关于政策设计的文献主要考虑单一政策的设计，如排污权交易政策或排污税政策的设计，而相对来说，这些文献研究却较少考虑不同政策之间的相互影响及其组合效应。这对于我们从整体上把握环境政策的发展趋势显然是不够的。政策组合具有两个层面，一是两种或更多政策在解决同一政策目标中的组合；二是两种或更多政策在解决不同政策目标之间的组合。格拉尚（Glachant，2001）认为，政策设计及实施必须考虑以下因素：第一，灵活性。这是指当外部因素特别是非环境政策因素发生变化时，环境政策能根据变化了的情况做出相应的调整以获得预先设想的环境目标。第二，综合性。灵活性毕竟是对已经发生的变化的一种被动的调整方式，格拉尚认为也可以通过综合性的政策设计来主动实现政策目标与政策手段之间的相互协调，这种综合性的政策设计能有效帮助管制者减少不确定性因素对政策遵守的影响。第三，协作性。这主要是指不同政策领域中的政策设计要相互协调以避免政策之间的负面冲突。第四，与现实条件的一致性。即政策设计不只是要考虑经济效率因素，而且要综合考虑经济、政治、技术及制度等各方面因素，并与之相协调一致，因为事实上任何成功的政策都是建立在上述特定因素基础之上的。下面的分析主要探讨多种政策综合运用条件下的环境政策设计问题。

3.5.2　政策组合的基本理论

对一定的政策目标而言，是否存在适当的政策形式来保证其实现实际上涉及系统的可控性问题，这一问题也是我们进行政策选择的基本前提。一般来说，系统的概念是一个相对性的概念，从控制论的角度，我们可以把一个系统分为受控系统和控制系统，这为研究系统内部与系统之间的关系提供了方便。一般地，对于可控性的判定应该首先区别两种不同的情况：一种是根据控制系统的功能是否正常来判定，如风筝在一般情况下是可控的，但断线的风筝就是不可控的。另一种是根据受控系统本身的特征来判断，有些受控系统是有规可寻的，因此只要建立适当的控制机制就可对其进行控制；但有些系统是根本不可控的，如随机变量。根据控制论的原理，一个受控系统可以用一个线性的方程组来描述：

$$\begin{cases} x_1 = a_{11}v_1 + a_{12}v_2 + \cdots + a_{1m}v_m \\ x_2 = a_{21}v_1 + a_{22}v_2 + \cdots + a_{2m}v_m \\ x_n = a_{n1}v_1 + a_{n2}v_2 + \cdots + a_{nm}v_m \end{cases}$$

其中，a_{ij}为常数；x为目标变量，n维；v为控制变量，m维。如果指定目标变量的值，即$x_1 = x'_1$，$x_2 = x'_2$，$\cdots$，$x_n = x'_n$，那么我们是否能确定所有的控制变量v_1，v_2，$\cdots$，v_m？这个问题实际上就是上述方程组的解的存在性问题。

荷兰著名经济学家丁伯根（Tinbergen）最早利用系统论知识对政策的组合选择进行了分析，并发现了目标变量与控制变量之间存在着一定的关系。丁伯根的思想可以通过丁伯根法则来简单表述出来：当决策者要实现某一数量的独立的政策目标时，至少要拥有等量的有效的政策手段，即有多少政策目标就应该有多少同样多的政策手段。如果有效的政策手段的数量少于政策目标的数量，则不可能使所有政策目标都实现，而如果政策手段的数量多于政策目标的数量，则不仅所有政策目标都能实现，而且实现的途径会有多种选择。就环境政策而言，对于一定的环境保护目标，是否存在适当的环境政策方式来保证其实现，实际上涉及环境经济系统的可控性问题。环境政策的组合运用就是要按照环境保护和经济发展的目标，统筹规划各种环境政策的使用，使之能够发挥最佳的组合效应，实现环境与经济的协调发展。但由于环境经济系统远比一般的可控系统要复杂，因此环境政策对环境经济系统的影响会存在很大的不确定性，完全的可控性几乎是不可能的，而一旦政策失效，造成的潜在损失可能会非常严重，为降低这一政策风险，尽可能避免过度使用单一政策，使政策多样化是十分必要的。

3.5.3 环境政策组合应遵循的基本原则

（1）环境政策的组合，必须以环境保护的目标为依据，其最终目的是为了保证环境与经济的协调发展，脱离环境保护目标的环境政策是没有任何意义的。因此，环境政策的组合应从全局的利益来考量，各方面的利益要统筹兼顾，不能顾此失彼。如在控制污染排放的同时，也要考虑与污染相关产品的生产及消费状况。按照环境保护目标来组合运用各种政策形式，会有多种组合方案，最佳的组合至少要满足以下的要求：一要有利于环境整体效益的提高，但不能妨碍经济的不断发展；二是对环境经济系统的波动影响较小，能保持系统的相对稳定；三是有利于充分发挥各方面的积极性，促进政策效率的提高。

（2）环境政策的组合要充分考虑每种政策的特性，发挥不同政策之间的互补性，避免其相互排斥性，进而实现政策组合"1＋1＞2"的效应。前文的分析已经清楚地表明，没有任何一种政策是十全十美的，某种政策的运用往往既会带来收益，也会不可避免地带来一些副作用。例如，从理论上来说，命令－控制型政策的优势在于：简单与直接、目标明确；从道德的角度看，管制显得更符合伦理与公平的要求（即对污染者一视同仁）。而其潜在缺陷在于：首先，要制定一个有效率的环境标准必须知道污染损害函数及污染控制成本函数，而这实际上几乎是不可能的；其次，一视同仁的态度不具有经济效率；再次，特别对技术标准而言，由于没有选择的余地，被管制者也没有动机去做得更好；最后，管制标准越严，执行成本也越高，因为需要更多的资源来保证更严格的标准能实现。与命令－控制型政策相比，经济激励政策的主要优势在于效率及灵活性方面，而缺点是实施起来所面临的困难如技术、制度等方面的要求更严格。因此，我们在考虑政策的选择时，不能孤立地看问题，只满足某一项环境经济规律的要求，而应该按照各种政策不同的特征进行合理搭配，形成合力。

（3）环境政策的组合运用也要充分考虑时机的选择。由于环境经济活动常常处于不断的变化之中，因此，环境政策的组合运用也必须准确把握时机，根据不同时期的环境经济发展状况和客观规律的要求来选择。也就是说，要在掌握环境经济发展动态的基础上，选择政策运用的时间。时间过早，客观条件尚未成熟，容易出现徒劳无益、事倍功半的情况；而时间过晚，则可能丧失机遇，造成被动。例如，环境经济政策在发展中国家的运用就要特别注意时机的选择，如果技术与制度条件尚未成熟就贸然大量采用，则根本达不到同样政策在发达国家的效果；相反，如果技术与制度条件都相对成熟了还排斥经济激励政策的引入，则改善环境政策的效率就根本不可能实现。所以，从某种意义上来说，准确地把握各种环境政策运用的时机也是政策组合成功的关键。把握政策时机的另一个含义是环境政策的组合是随着时间的变化而不断变化的，不可能存在一个一劳永逸的最佳组合方案。换句话说，环境政策之间的组合是随着环境经济状况的变化而不断调整的。在某一特定时期可能以命令－控制型政策为主，经济激励型政策为补充；而在另一时期却可能恰好相反。某种政策应不应该被另一种政策所取代，不仅取决于其自身的特征，也与特定的环境经济条件有关，当环境经济条件变化后，环境政策也要进行相应调整。

（4）环境政策的组合运用，必须掌握政策调节过程中的各种数量界限。一是各种环境经济参数变动幅度之间的数量界限。由于各种环境政策之间具有一定的相关性，某一环境经济参数的变动必然会相应地引起其他环境经济参数的变动。为保证政策组合能实现预期调节目标，掌握上述各种参数之间恰当的变动界限就是必需的。二是各种环境经济参数的调节强度与所要调节目标之间的数量关系。如利用污染税政策来调节污染排放水平时，掌握与污染排放相关产品的供给与需求弹性就是必要的。三是重要的环境经济参数变动的临界值，这对于我们防范重大的环境风险具有重要意义。

3.5.4　环境政策组合选择过程

一般地，当环境经济体系中具有多个环境经济目标和多种环境政策进行选择时，环境政策组合的选择可以分为以下三个步骤进行：

（1）进行环境经济计量分析。对环境经济状况做出分析预测，了解各种环境经济参数变量之间的相互关系，然后针对具体问题给出适当的环境经济计量模型。在这样的环境经济计量模型中，包含了外生变量与内生变量这两组变量。其中，外生变量是由模型的外部条件决定的变量，内生变量是由模型自身的运作所决定的变量。环境经济模型确定后，外生变量与内生变量之间关系的结构系数也随之被确立，于是，就可以通过外生变量的各种不同值推断出内生变量的各种相应的值。

（2）建立决策模型。在建立了环境经济计量模型，掌握各种环境经济变量之间的内在联系后，要根据环境经济的实际状况、环境经济目标的实现程度、能够运用的环境政策种类及其有效程度，建立环境经济决策模型，并在此基础上根据环境经济的目标值来确定必要的环境政策类型及其最优效果。在环境经济决策模型中，同样包含外生与内生这两组变量。其中的外生变量又可进一步分解为"条件变量"和"工具变量"，内生变量也可以被分解为"目标变量"和"中间变量"。条件变量是环境经济政策模型赖以建立的外部条件，是环境政策决策主体（如政府有关部门）所无法控制或至少在短期内无法控制的那些变量，如资源禀赋、人口规模等因素。工具变量是指那些政府可以控制和操作的变量，即各种环境政策手段。目标变量是指那些能显示环境经济目标实现程度的变量。中间变量则是指那些与环境经济政策体系没有直接联系，但却可以通过它们把目标变量与工具变量相互连接起来的变量。在完成了外生变量与内生变量的相关设定后，我们就可以通过简单的数学操作从环境经济决策模型中消除那些中间变量，这样就可以使环境经济决策模型变成只有目标变量（T）、工具变量（M）及条件变量（D）的函数。下面我们考虑只有两种目标 T_1 和 T_2，两种政策手段 M_1 和 M_2 的简单情形的政策组合选择问题。根据上面的分析，这一简单情形下的环境决策模型可以表示为

$$T_1 = f_1(M_1, M_2, D) \tag{3-1}$$

$$T_2 = f_2(M_1, M_2, D) \tag{3-2}$$

如果条件变量（D）被给出，则我们就可以根据环境政策变量 M_1 和 M_2 的各种组合来求得所能实现的环境经济目标 T_1 和 T_2 的值。这一过程也可称为环境决策的模拟过程，即根据环境政策的不同组合，来考察环境经济目标各种可能的满足程度的过程。通过这一模拟过程，我们就可以根据在特定的环境条件下所能接受的环境保护政策的实施效果，来确定环境经济目标的最优组合，并了解各种环境政策对于环境经济目标的边际贡献率。

（3）求解最优环境政策组合。当我们根据价值判断和目标选择程序，已经知道 T_1^* 和 T_2^* 是环境经济目标 T_1 和 T_2 的理想实现程度后，对环境政策的选择工作就可以进行了。在式（3-1）、式（3-2）中分别代入 $T_1 = T_1^*$ 和 $T_2 = T_2^*$，并将 M_1 和 M_2 作为未知数，就可以通过求解上述联立方程组得到环境政策变量 M_1 和 M_2 的最优组合解：

$$M_1^* = g_1(T_1^*, T_2^*, D)$$

$$M_2^* = g_2(T_1^*, T_2^*, D)$$

这样，便得到了最优的环境政策组合。

第4章 环境保护政策政治经济学分析的理论框架

环境保护政策的政治经济学方法摒弃了传统主流经济学对政策外生性的假定，主要从政策涉及的利益主体角度来分析政策制定的内生政治过程，为政策的形成机制添加了更多政治学和社会学因素的考察，更加贴近政策面临的现实约束，能更好地解释现实中政策保护形式及各种政策扭曲的存在及其演变。关于环境保护的政治经济学分析理论，主要分为两类：马克思主义政治经济学理论和现代主流经济学理论，下面就从这两方面分别进行回顾分析。

4.1 马克思政治经济学对环境保护的分析理论回顾

马克思、恩格斯关于环境保护主要体现在关于人与自然辩证关系分析的基础上。首先，马克思、恩格斯认为人既是自然的产物，又是自然界的一部分，人的生存和发展离不开自然。马克思认为，自然界处于优势地位；① 马克思在《哥达纲领批判》中提出，地球是我们存在的首要条件，也是一切人类事物的基础；② 恩格斯认为，"我们连同我们的血、

---

① 伊格尔顿. 马克思为什么是对的 [M]. 北京：新星出版社，2011：229.
② 伊格尔顿. 马克思为什么是对的 [M]. 北京：新星出版社，2011：225.

肉和头脑都属于自然界，存在于其中"①，这充分说明环境保护的重要性和必要性，一个好的自然环境就有利于人类的生存和发展，而一个污染严重的自然环境不利于人类的生存和发展。其次，自然界对人类活动的制约性，这种制约性不仅体现在人类所需要的原始资料都来自自然界，而且体现在人类的生存空间和自然界的污染程度密切相关。例如，温室气体的排放导致水平面上升，淹没了一些海拔低的岛屿，从而使人的生产空间变小；人类对森林过度砍伐，导致土地沙漠化等。再次，人类活动对自然界存在影响，人类采取对环境友好的"高产出、低能耗、低排放"的实践活动会促进环境朝良性的方向发展，而人类采取"低产出、高能耗、高排放"的实践活动，会导致环境污染恶化。马克思认为，"社会化的人，相互联系的生产者，将合理地调节他们和自然之间的物质交换"②。最后，人类要尊重自然规律，按自然规律办事，否则就将受到自然的报复与惩罚。任何无视环境、任意排放的生产活动，最终会导致生产的不可持续性，会承担污染环境所带来的恶果。

同时，马克思在《资本论》相关章节中也体现了循环经济学思想。循环经济学的3R原则，即减量化、再利用和资源化原则，马克思也有过相关论述。第一，减量化原则。"应该把生产排泄物的再循环与生产废料再使用所带来的节约区别开来，后一种节约是把生产排泄物减少到最低限度和把一切进入生产中去的原料和辅助材料的直接利用提到最高限度"③，这说明应该充分利用生产过程中的物质资源，体现了减量化的思想。同时，马克思强调工人的节约意识在实现减量化的重要作用。"只有结合工人的经验才能发现并且指出，在什么地方节约和怎样节约，怎样用简单的方法来应用各种已有的发现"④，所以，作为生产过程的直接参与者，工人的节约意识直接关系到原材料的消耗；只有提高工人的节约意识，才能实现减量化生产，有效降低原材料的消耗。第二，再

① 恩格斯. 自然辩证法 [M]. 北京：人民出版社，2004：291-292.
② 马克思. 资本论：3卷 [M]. 北京：人民出版社，2004：102.
③ 马克思. 资本论：3卷 [M]. 北京：人民出版社，2004：117.
④ 马克思. 资本论：3卷 [M]. 北京：人民出版社，2004：120.

利用原则。马克思举例说明企业对生产废料再利用，"收集废毛和破烂毛织物进行再加工，过去一向认为是不光彩的事情，但是，对已成为约克郡毛纺织工业区的一个重要部门的再生产企业来说这种偏见已经完全消除"。导致这一现象的主要原因是"原料的日益昂贵，成为废料利用的刺激"①，根据马克思的剩余价值理论，企业的利润率取决于企业的剩余价值与预付总资本的比值，而原料是预付总资本的一部分。根据马克思劳动价值论，在正常生产条件下，商品价值包含着原料的正常损耗，随着生产过程的结束，原料的价值已经完全转移到新产品中，生产过程中所产生的废料没有任何价值。但是如果企业能够利用这些废料生产新产品，那么企业节省了原本需要支付的原材料费用，降低了企业相应的预付总资本，在剩余价值率不变的条件下，促进利润率上升，因此企业会逐渐转变经济生产方式，采用废物再利用原则进行生产，实施循环经济。第三，资源化原则。将一些企业的生产废料或者副产品作为其他的生产原料，这就是循环经济的资源化原则。马克思认为："一个生产部门的废料是另一个部门的原材料，反过来也一样。……最后，进入直接消费的产品，在离开消费本身时重新成为生产的原料，如自然过程中的肥料、用废布造纸等等。"② 通过对废料资源化，以降低环境污染，从而达到实现经济发展和自然生态的协调发展。要对生产废弃物进行资源化，马克思认为必须具备两个条件。第一个条件是，科学技术进步推动了生产工艺的改进和机器设备的改善，进而能够更加有效地利用原材料，降低原材料的浪费。科学技术的发展同时增强了人类对生产排泄物的再利用能力，"化学工业提供了废物利用的最显著的例子。它不仅找到了新的方法来利用本工业的废料，而且还利用其他各种各样的工业废料"③。第二个条件是，对生产废弃物的再利用应该以大规模的社会劳动为基础，马克思指出，"由于大规模地社会劳动所产生的废料数量很大，这些废料本身才成为商业的对象，从而成为新的生产要素。这种废

---

①③　马克思. 资本论：3 卷 [M]. 北京：人民出版社，2004：117.
②　马克思恩科斯全集：46 卷下 [M]. 北京：人民出版社，1979：260.

料只有作为共同生产的废料，因而只有作为大规模生产的废料，才是对生产过程有意义的"①。综上所述，马克思的经济学思想中已经涉及循环经济最重要的 3R 原则，并对循环经济的可行性和必然性进行了论证。

随着资本主义的发展，环境污染、生态失衡等一系列生态问题，使人类已经陷入严重的生存危机。在此背景下，很多马克思主义理论研究学者利用马克思主义的理论和方法分析生态问题，形成了生态马克思主义理论。基于生态危机产生的根源，生态马克思主义观点主要可以分为四类：技术的资本主义使用论、异化消费论、资本主义制度论和生态社会主义创建论（李月，2013）。

技术的资本主义使用论的主要观点如下：第一，科学技术的资本主义使用是生态危机的根源。资本主义研发技术主要是获取更多财富，以暂时满足资本家无限的欲望，因此技术革新其实质是表达资本家对财富的进一步掠夺，以及对自然资源的进一步掠夺和破坏。因此，资本主义企图通过依靠科技的发展和创新来解决生态危机完全是一厢情愿的，生态危机的根源并不在于技术进步本身，而在于技术的资本主义使用。第二，资本主义制度导致固有矛盾产生。詹姆斯·奥康纳认为，"绝没有先验的理由可以保证生产技术将会是以生态原则为基础的，除非各个资本或产业相信那是有利可图的，或者生态运动和环境立法逼迫他们那样去做"。资本家的目的是利润最大化，因此，资本主义采用各种新技术，主要目的是在尽可能短的时间内获取尽可能多的利润，突破界限、不顾规则、疯狂掠夺是其突出特征，这显然违背了自然原则。第三，技术进步促进了资本主义政治、经济的发展，但是技术的这种工具性作用也加剧了环境恶化。一方面，资本主义的技术选择与运用有其自身的政治特点。"对自然的完全统治必然通过技术的统治而发展到对人的统治"②。另一方面，科技的发展能够提高单位时间内的产出，进而为资本家创造更多的剩余价值。

---

① 马克思. 资本论：3 卷 [M]. 北京：人民出版社，2004：117.
② 具体见《生态政治学》（*Ecology as Politics*），Pluto Press UK，1983 年，第 21 页。

　　异化消费论首先强调资本主义生态危机产生在消费领域。其次，异化消费论认为，资本主义的新型异化消费观推动了生态危机的产生。莱斯认为，此时资本主义存在异化消费观，这种消费观将高消费作为幸福的判断标准。高消费并不是消费者真实的需求，而是为了填补内心的虚假幸福感，这种消费观成为助推生态危机的观念力量。工业社会发展的规模化、生产专业化、产品多样化、高产出导致高投入、高消耗，为这种幸福观念的产生提供了温床。在这种大生产与消费主义观念的相互作用下加速了资本主义对自然的索取，促进了生态危机的产生。最后，异化消费论又进一步强调"广告"对于资本主义推行异化消费的重要作用。

　　资本主义制度论的主要代表人物有奥康纳、贝拉米、高兹。生态马克思主义认为，资本主义存在双重矛盾和双重危机。马克思认为，资本主义存在的生产力与生产关系的矛盾运动导致生产过剩危机。而奥康纳则指出，马克思对资本主义基本矛盾的分析忽视了生产条件的作用。随着资本主义的发展，生产条件更加复杂化，它的影响也更为突出，因此，除了马克思所说的基本矛盾，资本主义还存在生产力和生产关系与生产条件之间的矛盾运动，即所谓的"双重矛盾"。在此基础上，奥康纳提出了资本主义存在经济危机与生态危机相结合的"双重危机"，并揭示了双重矛盾与资本主义制度之间的必然联系。奥康纳将资本主义的双重矛盾与双重危机相结合，揭开了由资本主义制度引起的生态危机产生的根本原因。首先，资本积累导致生态危机的必然性；其次，资本主义发展不平衡性造成的物质循环断裂，导致双重危机。

　　随着资本主义的发展，资本主义危机扩大到全球，生态马克思主义学者试图寻找一种新的危机解决方案，通过他们不断努力，建立了一种系统完善的制度理论——生态社会主义理论。生态社会主义理论反对生态乌托邦主义，通过深入分析生态危机根源，坚定社会主义立场，并提出以下变革战略：首先，坚定马克思的社会主义理论的思想指导地位；其次，重视工人阶级的力量，与工人阶级结成联盟实现生态正义；最后，生态马克思主义提出了暴力革命和非暴力革命两种社会变革途径。

4.2　西方现代主流经济学对环境保护的分析理论回顾

追根溯源，西方现代主流经济学关于环保政策的政治经济学分析起源于更广泛的政府管制理论，这一理论在对政府管制进行解释时主要有三种模式：需求驱动解释、供给驱动解释以及需求与供给混合驱动解释。

4.2.1　环境保护政策的需求分析

管制经济理论最初是由斯蒂格勒（Stigler）创立，然后由波斯纳（Posner）、佩尔兹曼（Peltzman）以及贝克尔（Becker）进一步发展。这一理论认为，许多管制政策并不是政府强加于公司的，实际上是公司本身对其需求的反映，因为公司可以利用政府管制的强制力量来获得进入壁垒、支持价格、提供直接货币补助等好处。[①] 与此相关的文献研究主要体现在寻租理论上，在大量的分析中，供给方（即政治过程本身）往往被忽略了。典型的分析只是提供了关于产业利益相关者偏好政府直接管制的解释，并且简单地假设他们的偏好会在政策决策中体现出来。同样，另一关于在利益相关者竞争条件下资源配置决策模型的分析方法也只强调了利益相关者对决策者施加的相对压力大小在政策决策中的作用。即使那些对政治过程进行了模拟的相关研究，也认为是由于公司的需求推动才导致了政府管制的出现。在斯蒂格勒和佩尔兹曼的分析中，政府为了获得最大的政治支持，往往会迎合利益相关者的需要。同时，在这些研究中，政策决策者也被看成经济人，他们除了获取最大的政治

---

　　① 斯蒂格勒在其1971发表的论文 "*The theory of economic regulation*" 中，首次提出了这一新观点。而在此之前，占统治地位的观点认为，政府管制的目的主要是为了纠正市场失灵，斯蒂格勒的这一新观点的提出为解释政策的形成提供了一个新的分析视角。

支持外没有别的利益。而且，政府也通常被看成是由单一政党控制的垄断者，因此他们并没有来自宪法及其他立法机构的压力。

4.2.2　环境保护政策的供给分析

与上述研究思路不同的是，研究管制供给方面的政治学家与经济学家却将精力主要集中于研究投票行为。政治学家对投票行为的研究主要是通过调查与访谈数据进行，这些研究表明，国会议员的投票主要受同事及宪法的影响。卡尔特和朱潘（Kalt & Zupan，1984）的研究表明，政策制定者的投票行为不仅取决于其选民的利益，也与自身的意识形态相关。米切尔和芒格（Mitchell & Munger，1991）则把投票行为与竞选资助联系起来。然而，上述分析虽然都承认利益相关者的作用，但却认为政策决定主要是由供给方面决定的，即主要是由政策制定者对利益相关者提供相关法律来决定政策，"供给价格"是关键。国会的决策不仅与个别投票者的偏好有关，也与决策规则、投票次序及委员会控制投票议程的权力大小有关。

4.2.3　环境保护政策的均衡分析

很少有文献同时联系供给与需求两方面对政府管制政策进行均衡分析。考虑这方面的文献主要集中于竞选资助方面，如本 - 锡安和艾坦（Ben-Zion & Eytan，1974）的研究主要从利润最大化的公司或票数最大化的政治家的行为出发来对其进行分析。在他们的模型中，候选人的最优策略是在保证获得足够的票数与竞选资助这两方面保持平衡。而坎波斯（Campos，1989）则直接将利益相关者对某一政策的需求与政策制定者对其供给这两方面的影响结合起来进行了分析，在他的模型中，政策的决定是供求双方博弈均衡的结果。前者选择花费多少资金来游说使其所喜欢的政策得以通过，而后者则最大化其从利益相关者中获得相应的政治支持。

　　总体说来，有关环境保护政策政治经济分析的文献迄今为止虽然并不是很多，但却在逐步地增加。这一领域最经典的文献可以追溯至布坎南和图洛克（Buchanan & Tulloc, 1975）的研究。他们的研究表明，产生污染的竞争性产业更偏好于命令－控制型环境政策而不喜欢污染税，而且它们的这一偏好得到了政治上的支持。理由是，命令－控制型政策如排污标准的实施将会使产业的总产出减少，从而提高产品价格使之高出平均成本，并使企业获得超额利润。换句话说，政府的污染管制从某种意义上促成了企业间"卡特尔"式的勾结，使它们获得了在完全竞争条件下本来不存在的利润。另外，污染税则会使企业遭受利润上的损失，直至足够的没有竞争力的企业因不堪亏损而离开该行业为止。[①] 布坎南和图洛克进一步认为，那些支持污染税政策的普通大众在政治上的影响要远远小于那些精心组织的小的利益相关者，所以他们的声音很难被政治家们所听到。另外值得一提的是，布坎南和图洛克只对污染数量限制标准与污染税进行了比较，而艾德和杜塔（Aidt & Dutta, 2001）则进一步考虑了排污权交易政策，并认为在排污权交易系统的交易费用比较低、减污技术进步及环境政策目标越来越严格的情况下，排污权交易政策有可能成为政治均衡的结果。此外，戴克斯特拉（Dijkstra, 1998）分析了在寻租过程竞争中命令－控制型政策与市场激励型政策的选择问题。他认为，在寻租竞争中，不同类型政策的支持者与反对者都会增加对政治家们的游说，以使他们所偏爱的政策得以通过。他发现由于以市场为基础的政策主要是由政治影响力相对较小的普通大众所支持，其在寻租竞争中明显不如有组织的产业利益相关者。因此，这一类型的政策在政治均衡中被选择的可能性并不大，这一分析实际上与奥尔森（Olson, 1965）提出的小的集团通常更具有政治影响力的观点是一致的。上述理论主要是解释了为什么我们看到的环境政策主要是命令－

[①] 马洛克和麦考密克（Maloney & McCormick, 1982）进一步分析了污染控制标准能使被管制企业获得利润的条件。而德威斯（Dewees）则做了另一个重要的补充，他认为工人也偏好管制工具，因为这会对新进入者产生更严格的要求，从而使他们的就业压力减少。所以在这一点上，工人与资本家的利益是一致的。

控制型政策而不是市场激励型政策的事实，尽管后者也是可行的。同时这些理论也并没有直接解释目前所正在发生的政策转变趋势，即从传统的命令－控制型政策向更有效率的建立在市场基础上的政策转变的现象。首先对这一现象正式进行分析的是博伊尔和拉芬特（Boyer & Laffont，1999），他们的主要贡献在于建立了一个在信息不对称条件下的不完全合约模型来进行分析。在他们的模型中，污染者拥有关于污染控制成本的私人信息，由于这一信息不对称的因素，负责对污染者进行管制的政治家们必须让渡一部分租金给污染者。而政治家在分散租金时会因不同政策类型而有所不同。例如，考虑污染税和排放标准这两种政策，那么显然，后者虽然没有效率但是能减少租金转移范围，而前者却正好相反。一般情况下，污染者会出于利益分配上的考虑而抵制污染税，但博伊尔和拉芬特进一步指出，如果污染税所带来的事后效率非常高同时因管制而产生的效率损失足够大时，采用污染税政策就是有可能的。因此，政策的转向实际上就是由上述因素的相互作用所引起的。

当然，尽管西方现代主流经济学关于环保政策的政治经济学分析的文献并不多见，但政策市场的比喻在公共选择理论文献中却比较普遍。本章后面的分析也将沿引这一比较流行的概念来组织论述，即试图构建一个新的涉及政策制定者、选民及其他利益相关者的政策市场模型来研究环保政策的决策机制问题。模型将考虑需求、供给及均衡的结果等方面内容。

4.3　环保政策的决策机制分析：一个市场分析框架

为了建立一个综合的环境政策决策机制的理论框架，我们以美国作为考察对象，首先对一个只包含单一商品即政策制定者在特定政策背景下对某一特定政策的支持的市场进行分析。对特定政策支持的需求主要来自不同的利益相关者，包括环境保护组织、私人公司及贸易协会等。这一市场的通货采用金钱、捐助及其他便利于政策制定者再当选的形式。但总需求并不是个别需求的简单加总，因为管制的公共性使某些成员存在"搭便车"的倾向。然后，我们假设每个政策制定者追求预期效应最大化，其主要效应函数目标是保住自己的政治地位。政策制定者的政治支持供给函数的形状取决于其意识形态、对选民偏好的感知、提供对某一政策额外支持所增加的机会成本等。由于每个政策制定者都提供相同的产品，即"有效支持"，所以，所有政策制定者的供给函数的总和即总供给函数。对每一种政策而言，均衡就是由总供给与总需求相互作用的结果。政策制定者个人的有效支持水平与均衡价格相一致，均衡价格由总供给函数与总需求函数的交点决定。总支持是所有个别政策制定者有效支持的总和，决策结果即政策的选择则取决于对不同政策的相对支持程度。下面的论述将首先描述这一"政策市场"的商品与货币，然后详述环境政策的需求与供给，最后讨论这一"政策市场"的均衡性质及其结果。

4.3.1 "政策市场"中的商品与货币

在"政策市场"上，通常认为每个政策制定者都会对某一政策提供某种程度的支持，而利益相关者则在这一市场中追求为保证该政策被选择的最低水平来自政策制定者的有效支持。政策制定者所提供的支持被认为是同质的，这一商品被称为"有效支持"，主要是由其影响力而不是政策制定者所付出的努力所决定的。可以肯定的是，不同政策制定者提供同样 1 单位的有效支持所要付出的努力是不一样的，这是由于每个政策制定者的影响力是不一样所决定的。而且政策制定者的努力不只是简单地就某一政策进行投票，还包括参加听证会、起草某些文件、在相关会议中发言、提出修正意见、力图对同事施加影响等活动。"政策市场"中的通货是足以使政策制定者保住其政治地位的资源：不仅是票数，还包括金钱或其他捐助。例如，一个环境利益相关者可能以公开支持某一候选人竞选某一职位、免费为其在某一地区宣传或花时间为其起草文件、搜集有关信息等方式来支持某一政策制定者的再当选。

4.3.2　环境政策的需求分析

一般来说，对环境政策的需求主要包括以下四个主体：公司、环境保护主义者、工人及消费者。下面分别加以论述。

4.3.2.1　公司对环境政策的需求

公司所需要的环境政策是使其利润最大化或损失最小化。虽然任何环境政策的实施都可能增加公司的成本，但并不是所有的政策都提供同样的成本。公司对环境政策需求的政治经济解释可以从以下三个方面来分析：

（1）政策的实施能降低产业的总成本。假定其他条件相同，那么，公司无疑将偏好那些能降低产业总成本的政策。市场激励政策可能对社会来说比命令－控制型政策更成本有效，然而，对私人产业来说，全社会的总成本最小并不意味着其所在的产业的总成本最小。换句话说，对全社会总成本有效的政策可能会对某一产业施加更大的成本。因此，运用市场激励政策并不能保证私人产业的成本最小化。例如，污染税遭到企业一致反对的主要原因就是因为这一政策的实施不仅要求企业支付遵守的私人成本，而且还要支付残余污染物的税收。虽然这对减少全社会的污染控制成本是最有效的，但私人企业因此而承担的成本却大大超过其他非社会最优政策实施对其施加的成本。同样，如果实施拍卖方式的排污权交易政策，那么私人企业将面临与实施污染税政策一样的成本，而免费发放的排污权交易政策则大大减少了私人企业的成本，并为其提供了一种免费的租金。这样，我们就不难理解为什么公司通常会更喜欢免费发放方式的排污权交易政策及排污标准，而不愿意实施污染税及拍卖方式的排污权交易政策的原因。

（2）政策的实施能给企业带来租金及设立行业进入壁垒。某种类型的管制政策实际上会通过创造租金与设置进入壁垒而有利于企业利润的增加。一般来说，如果政府管制能使企业定价高于平均成本，那么企业就能获得相应的租金。现在让我们来考虑一种命令－控制型政策，如排放标准的实施给企业带来的影响。在这一政策方式下，企业的最大污染排放水平被限制，如果不考虑技术进步的因素，那么企业要遵守这一标准的主要途径就是减少产量。进一步假设该产业最初是由很多同质企业组成，每个企业面临同样的需求曲线，有着同样的平均成本与边际成本曲线。在没有任何管制的情况下，每个企业的产量水平都会固定在边际成本与平均成本相交的水平，此时，企业获得的利润为零。现在，如果实施了环境政策标准，那么每个企业为了遵守这一标准将不得不减少产出水平，这样整个市场的产品供给就会相应减少。如果环境标准不是特别的严格，在需求状况不变的情况下，产品价格必然会上升，超过每个企业的平均生产成本，从而使企业获得相应的租金，即平均成本与价格之间的差价。只有当在利润的激励下，新的企业加入这一产业，并重新在新的价格下实现竞争均衡，该产业中企业的利润才会消失。进一步假设如果新企业进入污染产业被限制，那么现存企业将会继续获得利润。上述分析表明，与没有任何管制相比，公司更偏好于实施管制，而且排污标准比污染税要更好，因为后者的实施将会减少一部分公司所获得的利润而前者所带来的结果却恰好相反。更现实的情况是公司不仅可以通过削减产量，而且可以通过采用新技术、改变投入结构来减少污染排放。考虑到这些因素及污染控制标准的严格程度，企业仍然可能会因为管制而获得租金。马洛尼和麦考密克（Maloney & Mccormick，1982）的分析表明，管制增加了公司的平均成本与边际成本，每个被管制企业将会生产边际成本曲线与其所面临的需求曲线相交的产出水平。在这种情况下，被管制企业能获取租金的充分必要条件就是这一交点位于平均成本与边际成本曲线交点的右边。需要进一步说明的是，被管制企业长期获得租金的条件是存在进入壁垒，即如果一个能产生租金的政策如排放标准与某种意义上的进入限制结合在一起，那么，被管制企业就会因管制而长期获得租金，这样的管制政策无疑是公司所期望。从理论上来说，完全的禁止新企业进入污染产业对公司来说是最有利的，然而更现实的情况是对新进入者实施更严格的标准。上面的理论解释了为什么私人公司及其协会对命令－控制型政策有着强烈的偏爱，因为这种政策能为其创造租金，尤其是当污染控制标准对新进入者产生进入壁垒时更是如此。这样就不难理解为什么即使在美国的环境控制法律中，命令－控制型政策也是如此盛行的原因。而且，上述分析也表明，在某些情况下，政府管制甚至比公司在非管制情况下的状况要更好。虽然对上述关于管制需求的理论分析存在着强烈的争议，然而却没有任何有效的实证检验来证明这些理论争论谁对谁错。事实上，可能根本就不可能有关于公司对管制需求的直接的实证检验，例如，分析游说所花费的资源与实行某一政策的关系。这一领域的很多的所谓实证检验实际上只是简单地计算政府管制条件下管制产业所获得的收益，而这样的检验并不是针对政策需求本身，而是这一需求下的假设的产品。① 上面的分析也对美国采用的市场激励政策为什么总是采用免费发放的排污权交易而非更有效率的拍卖方式排污权交易这一事实提供了一个政治经济解释，因为前者不仅为企业创造了稀缺租金（免费获得排污权），而且也设置了进入壁垒，即新进入者需要购买排污权才能进入。当然，上面的分析并没有对为什么企业更偏好于排污标准而不是免费发放的排污权交易提供解释，因为两者实际上都为企业提供了租金，这表明这一理论需要进一步拓展来解释这一问题。

（3）政策实施成本差异。同样政策的实施对不同公司所施加的成本是不一样的，正因为这一差异的存在，在公司看来，只要某一政策对其施加的成本要低于产业平均成本，那么支持这一政策的实施并不是一件坏事，因为这会增加它在产业中的竞争力。例如，那些能以较低成本减少铅含量的炼油厂比那些只能以更高成本才能减少铅含量的小的炼油厂更倾向于支持减少铅含量的管制政策的实施。同样的例子是，美国国家

---

① 好几个研究运用金融市场的事件来分析管制对公司的影响，基本的思路是分析被管制企业的市值变化情况是否与管制数量正相关这一经济理论分析所得出的结论。马洛尼和麦考密克的研究表明，美国职业安全与健康机构（OSHA）颁布的棉尘标准增加了棉花生产企业的资本市值，显然这一结论与管制为企业创造了租金并使其获利的理论分析是一致的。然而，更多的综合研究却得出了完全相反的结论（Hughes & Magat，1986）。

煤炭协会（NCA）在对待统一安装催化转换器这一环境技术标准上的分歧，东部煤炭生产商强烈支持这一政策，而西部煤炭厂商却明确反对。因为东部煤炭的含硫量要高于西部煤炭，安装催化器能使东部煤炭厂商的市场需求不会受到影响，还会因为其生产成本较低而强化其竞争地位。还有一个例子是，美国最大的氯氟烷（CFC）生产者——杜邦公司也愿意支持全面禁止 CFC 的生产的限制政策，原因是它比竞争对手能更容易发展相应的替代品。环境政策实施带来的另一种形式的成本差异是进入壁垒对不同企业有着不同的影响。通常来说，由于管制带来的进入壁垒对新进入者比老企业要更严格，因此那些不打算扩张生产规模的厂商比准备扩张的厂商更倾向于支持具有进入壁垒的管制政策的实施，因为它能从进入壁垒中获得更多的收益。可交易的排污权配置机制也在产业中产生了不同的获益者与受损者，例如，在免费发放排污权的方式中，排污权的获得是根据厂商以前的排污记录来分配的，以前排污多的企业所获的免费指标也相应越多，这种方式对那些在政策管制以前就投资了减污设备的企业而言是极其不利的，其竞争力将明显低于那些以前没采取任何污染控制措施的同样的企业。所以显然，后者将更偏好于这种免费方式的政策。

4.3.2.2　环保组织对环境政策的需求分析

正如前文所述，环境保护利益相关者的效用受组织福利与环境质量这两方面的影响。首先，组织的福利部分可由其预算资源测度出来，而预算资源又取决于捐助者的贡献。这一财务上的考虑可能影响该组织对某一特定政策的需求程度，因为这种需求有可能使该组织吸引更多的成员、募集更多的捐助资金以及获得更多的社会影响与声誉等好处。因此，在其他条件不变的情况下，一个环保组织对环境政策的需求可能受以下多个方面因素的影响：政策被政策制定者选择的可能性大小；该组织支持该政策的努力能被明确区分的程度；明确支持该政策可能带来的捐助额；支持该政策能使捐助者及组织成员感知到环境质量改善的程度等。一个著名的例子是，美国环境防护基金（EDF）对二氧化硫排放交易政策的支持，使该政策在 1990 年的清洁空气法案的修正案中被采用。

由于老布什政府迫切地需要履行"环境总统"的诺言，以及参议员中有着强烈的支持以市场为基础的政策来控制污染的倾向，大大增加了该政策建议成功实施的可能性。EDF 也因此而成为促进以市场为基础的方式来保护环境的急先锋环保组织，并使这一组织与其他组织鲜明地区分开来。更重要的是 EDF 成功地使人们逐步认识到运用经济激励政策比其他形式政策能更好地保护环境。当然，EDF 在所有环保组织中还是一个例外，许多环保组织对环境经济政策还持相当敌视的态度，这并不奇怪，因为他们的首要利益在于强调环境质量。因此，无论从哲学、战略还是技术的角度看，他们都自然更偏向于有着比较确定的环境保护结果的命令－控制型政策的使用。从哲学的意义上来说，环保组织通常把污染税或排污权交易等环境经济政策看成是向污染颁发执照，这无疑是不道德的甚至是对人类与大自然的一种犯罪。而且，他们也认为，对污染所造成的损害（如人类健康的影响及生态破坏）的代价是无法用货币来衡量的，因此污染税是根本不可行的。从战略的角度看，环保组织也反对以市场为基础的环境保护政策。他们认为，在实施环境经济政策的情况下，许可证数量或污染税水平比命令－控制型政策更难调整。因为一旦许可数量确定下来，污染权就会成为公司所固有，如果政府想要进一步减少污染水平，将不得不给予污染企业以补偿。当然，这一现象的严重性可以通过相应的法令来明确许可证不是产权来减轻。同样，如果新的信息表明提高污染税能产生更好的环境效果时，这一调整也不太容易实现，因为调整税率在政治上会面临很大的困难。而且，环境保护组织也害怕政治家们为了其他利益减税而损害环境利益。另外，环保组织反对经济激励政策的运用也有技术上的理由，他们认为，无论是污染税还是排污交易的运用都可能导致环境"热点"地区的形成，这虽然也可以从理论上对其进行解释，但设计能避免产生"热点"的环境经济政策却并非一件容易的事情。

4.3.2.3　劳工组织对环境政策需求的分析

工会的目标通常是保证就业，因此他们极有可能反对任何有损于就业的环境政策的实施，这些环境政策的实施通常会要求关闭工厂或迁移厂址。例如，排污权交易政策的实施，很可能使企业关闭那些污染严重地区的工厂转而出售污染权或将其迁移至新的排污权价格比较便宜的地方。相反，命令-控制方式的政策通常倾向于保护老的公司。来自工厂将发生动乱的威胁可能是解释为什么美国东北部地区的国会议员支持清洁空气管制法案的原因，该法案并不鼓励产业从污染比较严重的北部城市地区迁移至环境质量相对较好的西南地区，从而保护了东部地区工人的利益。同样的例子是在美国1977年的清洁空气法案的修正案中，东部地区议员与西部地区议员在是否支持在汽车上统一安装催化转换器上的争论，因为如果实施这一政策，东部地区相对廉价的高硫煤就仍然具有比西部地区相对昂贵的低硫煤的竞争优势，从而避免因煤矿企业关闭所带来的失业的冲击。美国1990年的清洁空气法案的修正案允许二氧化硫许可证交易也遭到了东部煤矿工人的反对，因为这一政策的实施使得对西部低硫煤的需求大大增加了。考虑到就业与环境保护目标的冲突，劳工组织有可能会支持对新进入者采用更严格的控制标准的政策。

4.3.2.4 消费者对环境政策的需求分析

在很大程度上，消费者对环境政策的关心主要来自环境政策实施对消费产品或劳务价格的影响，或许大家会预期消费者将会偏好于那些使价格上涨最小的政策类型。但实际上，消费者对环境政策的需求却很不强烈。这主要是由于"搭便车"与信息的不完全使分散的消费者很难像环境保护组织那样有效组织起来，这使得消费者在环境政策的需求方面往往保持沉默。而且，环境政策也并不是大多数消费者所关心的主题，通常只有当涉及消费安全与健康方面的主题时，消费者利益与环境保护组织的利益才可能发生联系。当然，要求实行更成本有效的政策或许是纳税人所关心的问题，但其重要性仍然是不值一提的。正因为上述原因，环保组织通常不太可能遇到来自其他公共利益组织如消费者团体的反对之声。

4.3.3　环境政策的供给分析

考虑一个政策制定者的效应函数，其效应可能来自很多方面：参与公共政策的制定，为国家及家乡做好事，满足意识形态的需要，享受职位所带来的威望与津贴等。为了继续获得上述效用，政策制定者必须使自己能再当选。假设政策制定者追求预期效用最大化，他必须提供相应的有利于他再当选的对某一政策的支持。政策制定者对某一政策的供给函数包括三个部分：要求对某一政策提供某种程度支持所付出努力的机会成本；支持某一违背自己意识形态政策的心理成本；支持某一政策而违背其他不喜欢这一政策的选民意愿导致的减少再当选可能性的机会成本。第一个组成部分与政策制定者提供支持的生产效率有关，如图 4 - 1 所示，政策制定者的投入是"努力"，而相关的产出即"有效支持"，一些政策制定者可能由于其资历、在决策委员会中的地位及其所在集团的影响力等原因而比另一些政策制定者具有更大的产出效率。通过赋予时间及努力程度机会成本以价值，可以得到机会成本函数（见图 4 - 2），从这一函数中，可以进一步导出向上倾斜的边际机会成本曲线。然后，我们再来考虑政策制定者因支持某一与自己的意识形态不一致的政策而产生的心理成本，当然，如果政策制定者支持的政策与其意识形态恰好一致，那么其心理成本可以为负。无论哪一种情况，心理成本将随着支持程度的提高而递增或递减。但为简单起见，我们在图中都将其画成了水平线。政策制定者供给函数的第三个组成部分即支持某一不被其选民喜欢的政策所带来的减少再当选可能性的机会成本，这些选民可能因为不满意政策制定者的这一立场而拒绝投他的票，这会直接影响到政策制定者再当选的可能性。当然，如果支持某一政策恰好也反映了选民的立场，那么，这一成本就是负的。因此，总边际成本函数或者说政策制定者的供给支持函数就是以下三个部分的垂直相加，即努力成本、意识形态成本及选举成本（可能为正，也可能为负），我们可以用图 4 - 3 来表示。政策制定者在没有得到任何有利于其目标实现的捐助情况下对某一政策的支持水平可以通过图4-4中的偏好点来表示，这一偏好点即供给函数曲线与水平轴的交点。可想而知，如果政策制定者被提供更多的捐助，那么他就会相应的提供对某一政策比偏好点更多的捐助。这样，我们就可以得到政策制定者的向上倾斜的边际机会成本曲线或供给函数曲线，曲线的起点是其对某一政策的偏好点，而且这一偏好点可以是正也可以是负。如果政策制定者对这一政策强烈反对，那么其偏好点就是负的。对这样的政策制定者而言，如果要他对该政策提供支持，则必须对其进行足够的"政治补偿"（如图4-4中的A点）。

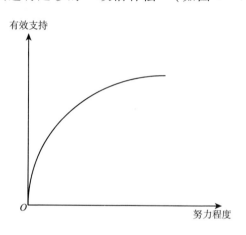

图4-1 政策制定者生产函数

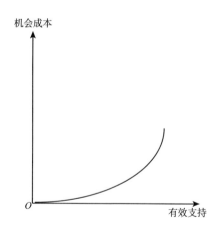

图4-2 政治支持成本函数

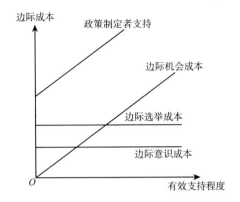

图 4 - 3 政策制定者机会成本与政治支持关系

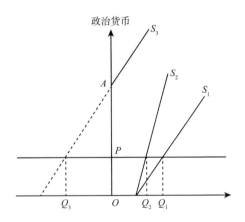

图 4 - 4 政治制定者提供支持的供给

政策制定者的供给函数受到好几个外部因素的影响。第一，如果某一政策的实施会对政策制定者选民产生负的外部影响，那么，政策制定者支持该政策如污染税的机会成本也会相应增加，例如，在政策制定者的家乡建立一家新工厂将要征收污染税。相反，如果某项政策的采用会增加政策制定者选民的效益，那么，政策制定者支持该政策的机会成本就会减少。例如，在政策制定者的家乡扩建一个指定性的减污技术设备厂。第二，政策制定者所在政党的地位也对政策制定者的供给函数产生影响。如果政策制定者所在的政党具有支配的地位，将会大大增加政策制定者提供支持的效率；相反，则会减少其效率。第三，其他政策制定者的行为也会影响政策制定者的供给成本。例如，一个政策制定者可能更多地关注环境保护水平而不在意采用何种环境政策，而另一个政策制定者则不怎么关心具体的环境质量结果而更关心控制环境质量的政策，如强烈要求采用污染税而非排放标准来控制污染。在这种情况下，如果双方互投赞成票，则会降低各自的对某一政策支持的供给成本。第四，游说活动本身的意图及其结果也会改变政策制定者对某一政策的供给支持函数。换句话说，利益相关者除了自己对某一政策的偏好外，也试图通过各种方式来改变政策制定者的立场，使之与利益相关者的立场尽量一致。例如，游说者会试图通过宣传某一政策的优点，并让政策制定者感知从而影响政策制定者的意识形态；游说者也会让政策制定者感知其支持者的政策偏好而影响政策制定者对某一政策的支持；还有，通过提供信息或技术方面的帮助而提高政策制定者的有效支持效率。

此外，关于政策制定者对环境政策的供给分析方面，还有以下观点值得关注。第一，政策制定者及其同事们被认为是主要接受了传统的法律培训，对经济学知识并不是很理解，因此他们在制定政策时自然会更偏好于传统的命令－控制型政策。另外，如果政策制定者对其所并不十分熟悉的政策提供支持，那么首先得花费时间去学习，而这显然是需要付出成本的。不过，随着政策制定者们对经济学知识得越来越了解，增加对经济激励型政策的支持也会相应地越来越多。事实上，经济学家们对环境政策的影响已越来越大，这既表现在对政策的需求方面，也表现在政策的供给方面。例如，增加对市场激励政策的认识，即使利益相关者增加了对这一政策的需求，也减少了政策供给者的学习成本。因此，环境经济政策运用的越来越多与经济学家们对这一政策的推崇是分不开的。第二，政策制定者的意识形态在环境政策的选择中也扮演着重要的角色。在其他条件一致的情况下，一个保守派的政策制定者由于更信奉市场的力量，因此自然也更倾向于支持以市场为基础的环境政策的实施。相反，那些更相信政府作用的政策制定者们却更倾向于支持命令－控制方式的环境政策。第三，政策实施所带来的成本及收益的被感知程度也影响政策的选择。通常，选民只对自己所感知到的成本与收益做出反应，而不管政策实施所带来的真实成本的多少。成本越明显，收益越隐蔽，政策受支持者的欢迎程度就越少；反之，政策实施的成本越隐蔽，收益越明显，则政策就越受支持者的欢迎。为了迎合公众的这一利益倾向，政策制定者们自然会更倾向于支持命令－控制方式的政策。因为，虽然从理论上来说，命令－控制方式政策实施的社会总成本要大于市场激励政策，但后者所带来的成本却很容易被公众所感知，而效益却比较分散。例如，无论是污染税还是拍卖方式的排污权交易政策的实施都很容易直接通过产品价格的上涨表现出来。相反，命令－控制方式政策所带来的成本往往不容易被直接感知。① 第四，政治官员很容易利用投票者的有限理性为自己的当选服务，即由于投票者并不会真正认识到政策的效果，因此政治官员们很容易玩弄政治游戏。例如，象征性地喊比较空洞的口号来吸引选民的注意力，即使他自己也知道实际的政策可能并不是所宣传的那么一回事。这使得官员们能以很低的机会成本获得大量的支持，而命令－控制方式政策比市场激励政策在这方面更适合政治家利用来为其做宣传。因为严格的标准，对环境保护的大力支持很容易获得大多数人的认同，而市场激励政策则很容易给人以优先经济利益的印象，而且在很多情况下会产生环境责任"豁免"现象。第五，如果政治官员们是风险厌恶者，他们将更倾向于那些能产生比较确定的环境保护后果的政策。对环境政策而言，不确定性除了来自政策实施所带来的环境质量改善程度以外，也来自其所产生的成本与收益在所有受影响者中的分配状况。虽然经济激励政策如污染税与排污权交易政策具有总成本有效的优势，但由于其内在的灵活性的特征使其很难保证对某一特定地区而言环境质量及环境影响的相对确定的结果。对于风险厌恶的官员而言，显然对政策实施的成本收益的分布状况的关心要胜过总成本与总收益，因为在他们看来，前者对公众的影响通常要更大于后者对公众的影响。所以，他们更愿意支持维持现状的政策，而不愿冒险实行新政

---

① Hamilton J T. Taxes, Torts, and the Toxics Release Inventory: Congressional Voting on Instruments to Controle Pllution [J]. Economic Inquir, 1997, 35 (4): 745 – 762.

策所带来的成本与收益分布状况的改变而引起的潜在的不稳定。① 第六，对政策决策的控制权大小也影响政策制定者们及行政官僚对政策的选择。一般来说，命令－控制方式政策能使政策制定者们拥有更多的对环境政策决策的控制权，因为他们可以有效地通过对行政规则及程序的制定来对不同的利益相关者产生影响。而相对来说，建立在市场基础上的政策则把更多的权力交给了市场，在规则面前对所有的污染者一视同仁，因此政策制定者们很难掌控政策实施的结果。所以，那些追求权力最大化的政策制定者往往会更倾向于支持实现自己这一目标的命令－控制方式政策。同样对官僚来说，他们对以市场为基础的政策的反对理由包括：一方面，他们已经熟悉了命令－控制方式政策的运作，而建立在市场基础上的政策的实行所要求掌握的行政技能与之是不一致的，重新学习以市场为基础的新的政策需要付出相应的学习成本；另一方面，如果环境政策从命令－控制方式转向市场激励方式，意味着对环境政策的掌控将更多地从政府官僚机构转向私人企业，从而削弱他们的职业声望甚至危及其职业地位。

4.3.4 "政策市场"均衡的形成及其结果

上面我们主要分析了对单一政策的供给与需求。然而，在很多情况下，对某一政策目标而言，有一系列的政策可供选择，如排放标准、污染税、排污权交易等，另外还有一种选择是保持现状什么也不做。因此，如果有 N 种政策可以考虑的话，那么将会有 $N+1$ 种选择的存在。每一种选择都能确定一个有效支持的政策市场。对需求方来说，每种政策都有与之相关的利益相关者追求这一政策实施所需的最低有效支持；同时，对供给方而言，每种政策也有着相应的政策制定者提供有效支持

---

① 例如，乔科斯和史马兰奇（Joskow & Schmalensee，1997）对排污权交易的分配效应的调查分析表明，免费发放的排污权交易政策在公司与州政府之间产生了明显的"赢者"与"输者"，因此，尽管拍卖方式排污权交易相对更有效率，但由于实行这一更有效率的政策会产生新的分配结果，因此，这一政策并未得到政治家们的支持。

的供给函数。① 决策的结果是在利益相关者对不同政策的需求与政策制定者对它的供给的相互影响下，从 $N+1$ 种选择中选择一种。对每一种政策的支持程度由均衡来决定，最后的结果是支持程度越大的政策被选择的可能性越大。下面对这一均衡过程进行较详细的分析。首先分析不同利益相关者对不同政策的需求及不同政策制定者对其供给的性质，然后讨论对不同政策立法均衡的形成及政策选择结果，最后讨论模拟政策市场的不同方法。

4.3.4.1　对政策支持的总需求

一般说来，往往不止一个利益相关者试图从政策制定者那里寻求支持，那么，怎样加总所有这些利益相关者从政策制定者那里得到的总支持？在斯蒂格勒（Stigler）与佩尔兹曼（Peltzman）的"赢者通吃"模型中，谁出价最高，谁就将获得对某一政策的控制权。在另外一个模型中，相互竞争的利益相关者参与一个零和的博弈活动，一个集团的所得必是另一个集团的所失。在实际的决策过程中，利益相关者之间的利益既有可能是相互冲突的，也有可能是相互一致的。最简单的加总利益相关者需求的方法是将每个利益相关者的需求在不同支付意愿水平下分别加总，这一简单处理方法实际上把政策制定者提供的支持当成了私人产品，考虑到公共产品的性质，更恰当的加总方法应该是对不同支持水平下的每个利益相关者的支付意愿进行垂直加总。但是，只要存在"搭便车"的现象，这一加总方法就不太容易实现。因此，计算出的总需求是实际总需求的下限。

4.3.4.2　政策供给的加总

由于每个政策制定者提供的对政策的有效支持都是同质的，因此对某一政策的总支持供给实际上就是对单个政策制定者所提供的对该政策

---

　　① 对每个政策制定者而言，可能对某一政策提供的支持要比对另一政策提供的支持更有效率，并且由于对不同政策的偏好不同，因此其对不同政策的供给函数也是不一样的。

的支持的水平加总，总供给函数与垂直轴的交点通常是正的。

4.3.4.3 决策机关对政策的均衡支持

这一模型将决策机构看成是一个对政策提供支持的竞争市场，并且假定在这一市场中，需求和提供的商品是同质的，政策制定者及利益相关者的数量是既定的。在这些假设条件下，均衡地对某一政策提供的"有效支持"总水平就是当总需求与总供给相等时的水平（见图4-5），在这一水平下的影子价格代表对获得决策机构支持的总边际支付意愿。在两种情况下，总供给与总需求函数曲线不相交。第一种情况是需求函数与水平轴的交点在政策制定者对某一政策的偏好点的左边，如图4-6中的 B 点与 E_A 点。在这种情况下，利益相关者对某一政策的最大需求都会小于政策制定者对该政策的最小供给。即使没有任何游说活动，每个政策制定者也会提供偏好点水平下的支持，竞争均衡价格为零。第二种情况是政策制定者对某一政策强烈反对，以至于其对该政策的供给函数曲线与垂直轴的交点要高于利益相关者对该政策的需求曲线，如图4-6中的 C 点。在这种情况下，实际上政策制定者对某一政策提供支持的所要求的最低补偿要大于利益相关者对该政策需求所愿意支付的最高补偿。在这一竞争性政策市场框架中，政策制定者对某一政策所提供的支持水平将由其提供支持的机会成本曲线与利益相关者对该政策的具有无限弹性的需求曲线的交点所决定。例如，在图4-4中，当政策制定者的供给函数分别为 S_1、S_2、S_3 时，其提供的有效支持将分别为 Q_1、Q_2、Q_3。值得指出的是，若政策制定者的供给函数为 S_3，则实际上他对该政策的供给支持为负，表示他反对该政策的实施，但其反对程度也与利益相关者的游说水平有关。利益相关者同样可以从对该政策制定者的捐助中获得收益，即减少该政策制定者对该政策的反对程度。同样，若政策制定者的供给函数为 S_1 与 S_2，那么即使没有任何利益相关者的游说活动，政策制定者也会对该政策提供一定程度的支持。当然，如果利益相关者对其进行游说，其所提供的支持会更大。

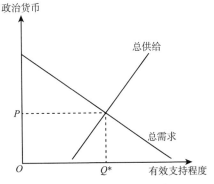

图 4 – 5　政策市场均衡情况

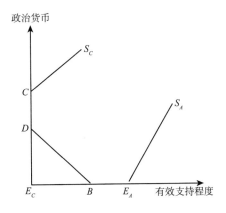

图 4 – 6　无均衡解情况

4.3.4.4　决策结果

上面讨论了单个政策制定者对某一政策的均衡支持水平，接下来的问题是这些单独的支持水平是怎样转化为政策结果的？或许有人会认为，只要对每个政策制定者提供的支持进行加总就能得到有关该政策的总支持水平，然而，这一简单方法是不够的，因为这样做并没有考虑制度因素，例如，投票规则对集体决策的影响。因此，从个别支持到政策结果的分析必须将制度因素考虑进来。首先，不同的政策制定者对政策的影响有着显著的不同，这使得政策制定者提供对政策支持的效果有着很大的差异。其次，决策结果受投票规则的影响。通过某一法案所必需的票数决定了所必须获得的有效支持及其分布，而且，投票的次序也对最后结果产生影响，与此相关的问题是有效支持将怎样转化为票数？

4.3.4.5 不同的均衡框架

如果将政策制定者提供的支持看成具有不同的性质，那么每个政策制定者将提供给利益相关者独特的支持，这一支持是不可能被其他政策制定者所替代。这样一种情况下的市场将不再是一种完全竞争市场，而是垄断市场。在极端的情况下，每个政策制定者都是某一支持的垄断供给者，面临一条向下倾斜的需求曲线，每个政策制定者将根据其提供支持的边际成本与边际收益来决定其均衡供给水平。

4.4 基本结论

上面分析的主要内容实际上是在对有关环境政策决策机制的分析进行了相应综合的基础上，将它们统一到一个关于政策市场的分析框架之中。在这一框架中，利益相关者是某一特定政策的需求者，而政策制定者则对该政策提供相应的支持。将利益相关者对政策的需求与政策制定者对政策的供给分别加总，就得到了关于政策的总需求与总供给，这两方面因素的共同作用决定了决策机关对某一政策的均衡总支持水平，同时也决定了单个政策制定者对某一政策的有效支持水平。将不同政策制定者的有效支持水平进行综合就能决定决策机关对政策做出的选择。这一框架的最大特点是克服了以前对政策决策机制进行实证分析的只侧重于某一方面的局限性，在更广泛的范围内讨论了决定政策决策的因素。例如，如果只从某一政策实施给产业带来的成本与效益方面的角度来分析政策的选择，那么，只要某一政策的采用能给企业带来足够的效益，相关利益相关者就会花大力气去进行游说，该政策就很可能被决策机关所通过。但事实却并非如此，利益相关者对政策的需求只是事情的一个方面，政策制定者对政策的供给也在政策决策中起着重要的作用。如果政策制定者们对当前的政策有着强烈的偏好，而且其政策供给函数没有弹性，那么即使利益相关者对该政策的需求非常迫切，这一政策也不可能被采用。也就是说，在这种情况下，关于该政策的市场不存在均衡解。在我们前面的分析中，供给函数曲线完全高于需求函数曲线就属于这种情况。当然，如果政策供给函数比较具有弹性，那么，来自利益相关者的对某种政策的需求的增加及由此产生的游说力度的加大，将会使政策制定者对该政策所提供的有效支持相应增加，且供给函数弹性越大，该政策所获得的支持也会增加得越多，其被决策机关通过的可能性就越大。本章的分析也有助于我们更好地理解现实环境政策的形成。例如，为什么现实的环境政策是以命令－控制型政策为主导而不是以经济学家们所推崇的以市场为基础的政策为主导，我们的解释是，从需求的角度来看，公司之所以更喜欢命令－控制方式政策是因为这一政策能创造租金，如果伴随着相应的对新进入者的限制，那么这一租金将持续地获得。相反，以市场为基础的政策则不仅要求企业承担减少污染至一定水平的成本，还要求其承担未减少的那部分污染成本，后者或者是通过税收或者是通过购买排污权来负担。① 另外，环境利益相关者对命令－控制方式政策的偏好也有着哲学、战略及技术方面的原因。从供给的角度来看，政策制定者们对命令－控制方式政策的有效支持供给要比市场激励政策的供给成本更低。理由是，政策制定者通常更熟悉命令－控制政策的运作；重新学习了解市场激励政策需要较大的机会成本；命令－控制政策的运用突出政策实施带来的利益而隐藏了相应的成本；命令－控制方式政策也使官员们更容易通过宣传赢得公众好感；命令－控制政策也使官员们更容易操作政策，满足其相应的权力欲望。还有如为什么在采用污染标准时，新进入者通常比老企业要面临更严格的标准？尽管这样做会产生不当的激励。我们的解释是，对新污染者要求更严格标准的压力主要来自老污染者出于设立某种程度的进入壁垒以限制竞争，并使其因设标准而获得的租金长期化的目的。另外，环境保护主义者集

---

① 如果免费发放方式的排污权交易则通过相应的机会成本表现出来。

团也很愿意支持这么做，认为这意味着环境保护运动的进步。从供给方面来说，对新污染者设立更严格的标准能保证政策制定者从既有的支持者中获得更多的支持。最后，本章的分析也解释了为什么现阶段建立在市场基础上的环境政策的运用越来越多的现象，而在以前，这是不可接受的。主要的原因在于：人们对这种类型政策已经越来越了解与熟悉；污染控制成本的逐步增加使对成本有效的政策的需求也相应地增加了；对新的非管制的环境政策的关注在增加，而同时老的政策受到的关注在减少；在政治方面开始更多地注重运用市场来解决社会问题。总之，随着时间的推移，以市场为基础的环境政策的需求曲线与供给曲线都向右移动了，从而导致了对这种政策的政治支持不断增加。①

总之，虽然环境政策的现状仍然是以命令－控制政策方式为主，但随着环境问题的不断变迁，老的管制政策措施已经越来越难以解决新的环境问题，引入新环境政策的呼声也相应地越来越高。而且，由于政策制定者对新政策提供支持的机会成本也变得越来越小，这使得这些新政策的供给也会越来越多。因此，可以预见的是，以市场为基础的新环境政策将会越来越多地被引入环境政策体系。

---

① 也有可能是上面提到过的某些制度因素的变迁影响了政策制定者对不同政策的支持程度，从而改变其对某种政策提供有效支持的供给函数及机会成本。

第 5 章　中国环境治理决策机制中的
利益相关者行为分析

从政治经济学的分析范式来考察，每一项环境政策措施的出台，都涉及政策实施后不同利益主体的利益诉求，这种利益诉求也决定了相关利益主体在环境决策与执行过程中所表现出的行为方式特征。所以，对环境决策机制中所涉及的政府、企业及社会公众这三个不同体利益主体的行为特征进行分析，有利于从更深层面理解中国环境政策体系的形成逻辑，也是对其运行状态做出更客观理性评判的基础。

5.1　中国环保决策机制中的政府行为分析

5.1.1　中国环境治理中的政府行为特征

自 20 世纪 80 年代提出强化环境管理的基本政策以来，政府在我国环境治理中一直扮演着非常重要的角色，所谓"经济靠市场，环保靠政府"之说就充分反映了政府在解决环境问题上所处的重要地位。而 90 年代推出的"环境保护目标责任制"更是将政府对环境治理的责任具体落实到了各级政府部门的行政领导身上。按照这一制度，下级政府的行政负责人要和上级政府的行政负责人签订环境责任状，直接实行下级领导对上一级领导负责，具体明确各级领导干部依照《环境保护法》在环境保护问题上应承担的责任、权利及义务等内容，并将其纳入对领导干部的考评体系中去，以此来强化各级领导干部对环境保护工作的重视。
从某种意义上来说，强化政府在解决环境问题上的作用既具有理论上的
合理性，也考虑到了我国的现实国情。因为环境问题的产生在很大程度
上可以归结为市场机制失灵，而我国的市场经济本身却还处于发展的初
级阶段，远没有达到成熟市场经济的要求。因此，在这种情况下要抛开
政府而单靠市场本身来解决经济发展过程中的环境问题显然是不现实
的。但问题在于，我国现行的环境管理制度在设计上还存在着比较明显
的缺陷，其中最突出的问题是我们在设计以政府为主导的环境治理机制
时，并没有充分考虑到中央政府与地方政府在环境保护方面的行为差
异，而是简单地将二者看成一个利益一致的统一体。显然，这与当前我
国的实际情况是不相符的。因为我国目前仍处于一种赶超式的压力型体
制状态，经济增长的压力非常巨大，在这种情况下，各级地方政府政府
官员无论是从地方公共利益出发还是从个人政治前途着想，都会优先考
虑经济利益而不是环境利益。道理很明显，虽然名义上地方环境质量好
坏也是考核地方政府官员政绩的一个方面，但实际上，经济增长所带来
的利益比环境质量改善所带来的利益要更直接、更明显。因为环境质量
的改善往往不是一朝一夕就能解决的问题，其效果通常需要一个较长时
期才能显示出来，而地方政府官员的任期却是相对较短的。在这种情况
下，追求短期的经济利益而忽视长期的环境利益无疑是地方政府官员的
一种理性选择。更进一步分析，即使某些有远见的地方政府官员真的肯
下定决心来治理好环境，我们实际上也很难全面衡量其环境治理的业
绩。因为环境质量的改善具有比较明显的公共产品性质，有很强的外溢
效应，即甲地环境质量的改善，我们通常很难判断出有多少功劳应归功
于甲地官员的努力，而又有多少是由于邻近的乙地或丙地环境质量改善
所带来的结果。在这种情况下，更不会有多少"大公无私"的地方政府
官员愿意去做"为他人作嫁衣裳"的好事了。因此，在以经济目标实现
为主导的压力型考核体制下，地方政府官员之间的环境责任考核制在一
定程度上就容易流于形式了。不仅如此，有些地方政府为了狭隘的自身
发展利益，往往与地方污染企业结成了一个无形的利益整体。对此，我

们只要做一个简单的分析便可以确认这样一种现实，那就是部分地方政府对其所辖企业无论在经济发展层面还是社会稳定层面上都具有高度的依赖性。造成这种现象的原因并不复杂，自 20 世纪 80 年代之后，我国地方各级财政基本上实行了包干体制，即要求地方政府财政自筹；90 年代初又实行了"分税制"，中央和地方二级税收并存。然而，由于我国大部分地方经济并不发达，地方政府财政捉襟见肘。因此，地方政府维持正常运转的费用便往往只能更多地依赖于其所辖企业利税的上缴。地方政府既是中央政府的派出代表和执行机构，在国家经济和社会稳定中起着重要的作用，同时又是地方经济和社会发展的维护者和促进核心，必须承担地方公共事务等诸多方面的费用支出。这样，地方政府巨大的财政支出和相对局促的收入便形成一个尖锐的矛盾，这一矛盾所导致的直接结果就是，一些地方政府的行为经常性发生与国家政策的偏离和全社会利益的错位。体现在环境保护方面的行为特征，即由于一些地方政府与所辖企业在经济利益和社会责任方面捆在了一起，因此不得不倾全力维护企业的发展，而对企业的环境损害行为却只能"睁一只眼，闭一只眼"。因此，即使下级地方政府的环境责任没有充分履行，上级地方政府也往往会"体谅"其难处而不予严格追究责任。与部分地方政府在环境治理中往往采取比较消极的行为相比，中央政府对环境治理的行为则要相对积极得多。理由主要有以下三点：一是站在中央政府的角度来看，地区之间的环境质量改善所带来的外溢效应是不存在的。任何地区环境质量的改善都意味着国家的整体环境质量的提高，因此中央政府从改善全国范围内的环境质量的角度出发，无疑会采取积极的鼓励进行环境保护的措施。二是个别地方政府和部门从狭隘的地方经济发展利益出发，而向别的地区或全社会转嫁环境责任的动机并不会出现在中央政府身上。因为中央政府通常是站在全局的高度来衡量利益的得失，如果局部地区经济发展所带来的利益的增加不足以抵消其给全社会造成的环境损失，在中央政府看来，这样的行为结果是得不偿失的，自然也就不会采取类似个别地方政府的消极对待环境保护的行为。例如，淮河沿岸那些小造纸厂一年加总起来的产值不过几千万元，但国家在治理淮河的投入中却已经花了几十亿元，因此如果站在中央政府的立场，这些污染严重的小企业就应该立即关闭，而不是像现在这样在某些地方政府的敷衍中与国家环境治理机构玩"捉迷藏"的游戏。三是从国际的角度来看，环境问题不仅仅是一个国内问题，而往往与全球共同利益相关，作为主权国家政府，自然也会受到来自国际社会的要求进行环境保护的压力。因此，从维护国家形象，创造一个比较和谐的国际经济与政治环境，中央政府也通常会比地方政府采取更积极的措施来承担环境责任。事实也正如我们上文所分析的那样，自20世纪80年代以来，随着我国经济增长与环境质量的矛盾越来越突出，中央政府已经制定了一系列关于环境保护的规章、制度、措施，并将保护环境与实现可持续发展上升到作为基本国策的战略高度。但是，中央政府所制定的一切政策、法规最终都要靠各级地方政府来落实，而正是由于地方政府与中央政府在环境保护方面的行为差异，使我国的环境治理出现了某种程度的"政府失灵"，下面将拟建立一个理论模型来论证这一结论。

5.1.2 中央政府与地方政府行为差异导致政府环境管理失灵的模型分析

一般说来，环境质量的好坏是由中央政府与地方政府的行为选择所共同决定的，例如，中央政府通常会通过制定环境标准、管理规则等来控制环境质量，而地方政府则会选择付出某种程度的努力来完成中央政府所要求的目标，相应的中央政府会进一步的选择在多大程度上来监督地方政府对中央政策的执行情况。我们假设 x 代表中央政府的选择因素，y 代表地方政府的选择因素。环境质量改善所带来的社会效益则由 x 与 y 共同决定，可以表述为$B(x, y)$，且 $B_x > 0$、$B_y > 0$，（下标表示对该变量求偏导，以下同），其含义是环境质量所带来的效益是 x 与 y 的增函数，这可以理解为如果中央政府与地方政府对环境保护的措施采取的越多，环境质量就会越好，相应的环境效益就越大。我们进一步假设环境质量改善所带来的效益对中央政府与地方政府是一致的，而二者为此付出的成本则存在差异。① 中央政府的成本函数可以表述为 $C^F = C^F$ (x, y)，地方政府的成本函数则表述为 $C^S = C^S(x, y)$。我们定义最有效率的环境保护就是环境保护所带来的净效益最大，用公式表示为

$$\text{Max } NB(x, y) = B(x, y) - C^F(x, y) - C^S(x, y)$$

显然，满足环境保护社会最优效率的一阶条件为

$$B_x(x, y) - C^F_x(x, y) - C^S_x(x, y) = 0 \qquad (5-1)$$

$$B_y(x, y) - C^F_y(x, y) - C^S_y(x, y) = 0 \qquad (5-2)$$

能同时满足式（5-1）与式（5-2）的 x^* 与 y^* 即为均衡解。现在的问题是，如果中央政府与地方政府从各自不同的立场出发来选择其进行环境保护的措施，那么，它们在强化自身效应最大化的同时能否同时也实现环境保护的社会效用最大化。我们首先考虑一种比较简单的情形，假设中央政府与地方政府之间的决策是同时做出的，而且它们相互认为自己的选择变化不会导致对方的反应，因此它们都在对对方的预期选择的基础上来决定自己的选择。② 在这种情况下，中央政府从自身利益最大化出发做出的选择显然应该满足

$$\text{Max } NB^F(x, y) = B(x, y) - C^F(x, y)$$

其一阶条件为

$$B_x(x, y) - C^F_x(x, y) = 0 \qquad (5-3)$$

相应的，地方政府实现自身利益最大化的选择则应满足

$$\text{Max } NB^S(x, y) = B(x, y) - C^S(x, y)$$

其一阶条件为

———————————

① 注意，由于我们在这里主要要集中分析的是中央政府与地方政府分别决策时的环境效果，因此有意简化了假设，不考虑地区之间的环境外部性，这样的简化并不会影响我们的分析结果。

② 这是经济学关于同步决策的一个标准假设，详细分析可以参看瓦里安（Varian）的相关论述。

$$B_y(x,y) - C_y^S(x,y) = 0 \qquad\qquad (5-4)$$

如果式（5-1）、式（5-2）、式（5-3）、式（5-4）同时都得到满足，则意味着中央政府与地方政府分别从自身利益出发做出的选择也能实现社会效率最优。考察上述四个方程的特征，我们可以发现，当且仅当 $C_x^S(x,y) = 0$ 与 $C_y^F(x,y) = 0$ 时，才能实现这一目标。也就是说，如果中央政府与地方政府的成本函数是相互独立的，那么，在二者同时采取行动的情况下，能实现环境保护的社会最优。但事实上，由于环境保护外部性的广泛存在，中央政府与地方政府的成本函数也是相互影响的，也就是说它们之间在环境治理上通常存在着成本转嫁的问题，这样，就会使各自的选择偏离社会最优水平。

进一步分析，我们考虑一种更现实的情况，即中央政府与地方政府的决策不同步的情况。通常的情形是，中央政府首先做出选择，制定某些政策措施来保护环境，随后地方政府根据中央政府的行为来决定自己的决策。在这种情况下，地方政府的决策就是建立在中央政府的实际选择 x 而不是预期选择 x 的基础之上。当然，中央政府也知道地方政府的这一反应特征，因此，它在首先做出选择时也会考虑地方政府的选择变量 $y^s(x)$。这样，中央政府的最优决策可以表述为

$$\text{Max } NB^F = B[x, y^s(x)] - C^F[x, y^s(x)]$$

其一阶条件可以表述为

$$B_x - C_x^F + (B_y - C_y^F)\frac{\partial y^s}{\partial x} = 0 \qquad\qquad (5-5)$$

地方政府的最优选择仍然可以通过式（5-4）来表示。同样，比较式（5-1）、式（5-2）、式（5-4）、式（5-5），我们发现，即使 $C_x^S(x,y) = 0$ 与 $C_y^F(x,y) = 0$ 都满足时，也无法使式（5-1）、式（5-2）、式（5-4）、式（5-5）同时成立。因为在上述条件下，式（5-5）可以简化为

$$B_x - C_x^F + B_y\frac{\partial y}{\partial x} = 0 \qquad\qquad (5-6)$$

而式（5 - 1）则简化为

$$B_x - C_x^F = 0 \qquad\qquad (5 - 7)$$

显然，由于 $B_y \dfrac{\partial y}{\partial x} \neq 0$，式（5 - 6）与式（5 - 7）是无法同时得到满足的。这意味着，在中央政府与地方政府进行序列决策而非同步决策的情况下，中央政府在考虑地方政府行为因素的基础上做出的选择也会偏离社会最优状态，自然，地方政府在以中央政府非最优选择基础上的决策也无疑是偏离社会最优的。[①] 特别地，如果 $\dfrac{\partial y}{\partial x} < 0$，那么，中央政府的选择水平将会小于最优选择水平 y^*。这可以理解为：如果中央政府采取越多的措施来治理环境，地方政府却会反其道行之而采取越来越小的环境治理措施，那么，中央政府在考虑地方政府的这种行为特征时，也就自然不会采取本来应该更严厉的环境政策，从而使得环境保护效果不能实现社会最优。事实上，在我国正是由于地方政府对中央政府严格环境政策的敷衍行为才使得在很大程度上导致我国环境治理机制的失灵。

5.1.3　基本结论

上面的分析表明，我国中央政府与地方政府在环境保护方面存在较大的行为差异，中央政府通常能从全局的角度出发来重视环境保护问题，而地方政府则往往只从自身局部经济发展利益出发而忽视环境保护。然而，我国现行的环境管理体制却没有充分考虑中央政府与地方政府之间的这种行为差异，而是把各级政府当成一个统一的利益整体来制定相关的环境政策，这样的结果是中央的政策在一定程度上得不到地方

---

① 这里需要注意的是只有当中央政府与地方政府的成本及效应函数都是相互独立的，从而使得 y 的边际效益与 x 无关，即 $B_{xy} = 0$，才有可能实现社会最优。因为此时实际上 $\partial y / \partial x = 0$ 的条件得到满足，式（5 - 6）与式（5 - 7）就能同时成立。当然，现实条件下，这样的假设是很难成立的。

政府的配合，从而导致政府在环境治理上的"失灵"现象的发生。从更深层面的角度来分析，这样一种环境治理上的"政府失灵"实质上可以进一步归结为地方政府的失灵，因为正是由于地方政府与其所辖污染企业之间的千丝万缕的利益关系，才使得地方政府在制定及执行环境治理的任务时敷衍塞责，从而使国家环境治理方针不能真正得以贯彻落实。所以，要解决目前我国环境治理中的这种"政府失灵"现象，关键是要通过中央政府环境管理制度的调整，约束地方政府忽视环境保护，片面追求经济增长的短期行为倾向，使其经济增长冲动限制在当地环境所能承受的压力范围之内。当然，从更长远一点的角度来看，还应该加快我国的政治经济体制改革进程。在市场机制逐步完善的过程中，应及时转变各级政府的职能，特别是要真正实行政企分开，弱化地方政府与所辖企业之间的经济利益关系，使地方政府能摆脱对污染企业的强烈依赖，转而积极配合环保部门的工作。同时，随着市场经济体制的不断完善，也要重新定位政府在环境保护中的角色，转变过去那种过于依赖政府来治理环境的思想观念，在条件成熟的情况下，尽可能地发挥市场机制在环境保护方面的功能。即我们完全可以通过逐步增加环境经济政策的运用来替代某些效果不佳的传统的行政命令－控制型环境政策，市场与政府的有机协调与分工也是减少环境治理"政府失灵"现象的重要途径。

5.2　中国环保决策机制中的企业行为分析

在现代经济社会中，政府追求的目标往往是多方面的，例如，既要促进经济增长又要尽量减少环境污染所造成的负外部性影响。因此，政府在追求经济增长与环境保护的双赢目标时，通常既要考虑维持排污企业正常运转的利益诉求，也应考虑社会公众对环境质量逐步改善的生活诉求。但是，当企业利益与公众利益产生冲突时，政府往往会陷入顾此失彼的窘境之中。那么，当企业洞察到政府在环境质量改善与经济增长加速之间的弹性空间时会如何行动进而影响环境政策的制定呢？下面对此进行深入分析。

5.2.1　企业的基本目标及其分类假设

如果说政府在环境治理中的目标是综合考虑各利益主体的诉求，平衡各方利益冲突，协调利益矛盾，最终使整个社会福利提升和自身治理权威得以稳固作为目标函数。那么企业将无疑是政府这一目标函数中的重要组成部分，因为无论是经济增长、环境破坏以及环境保护都与企业息息相关，换句话说，企业既是经济增长的主体，也是环境污染的主体，还是环境治理的主体。但无论企业承担的是哪一个角色，按照经济学的基本逻辑，企业的一切行为都是服从于"自身利益最大化"这一目标的，这体现了市场主体的基本理性。所以说，企业的目标其实是非常简明的，即整合自有资源以追求利益最大化。但在相当长一段时间内，由于西方主流经济学分析框架将环境因素都当成了企业发展的外部条件，使得我们在对企业行为的分析中，相对忽略了政府环境政策对企业发展的内生影响，从而使企业微观行为分析与政府改善宏观环境质量的政策目标相脱节。事实上，如果把企业行为放在"环境－经济"这个大系统中考察，那么，环境因素作为内生变量会对所有企业的利润函数都产生深刻的影响。因此，在传统市场理论影响企业利润的诸如产品价格、生产成本（劳动和资本）、区位因素和产品市场竞争状况等因素之外，与环境相关的因素如治污成本、企业的社会责任（无形资本）、环保产品价格、公众和非政府组织对其产品的认可等也应纳入企业的行为目标分析之中。根据企业在经济增长与环境质量变化中的角色和影响，我们可以将企业抽象成两类：第一类企业是在生产活动中会产生负环境外部影响的企业。它们一方面提供满足人民各种生活需要的产品和劳务，推动经济增长；另一方面也带来了牺牲环境质量的后果，因此会受到政府对其环境破坏行为的约束。显然，这类企业在自身利益最大化的目标下，其主要决策变量除了产量之外，还必须考虑政府对环境的管制政策，如污染税费之类的征收。第二类企业其基本角色主要是为社会提供环保服务，满足人民对美好生态环境的需求，在改善环境质量的同时也为经济增长做出相应的贡献。这类企业与"排污"企业构成互补关系，是改善环境质量的主体，我们通常称之为环保企业。由于假定环保企业不产生污染，则其利润最大化下的主要决策变量仅包含产量。下面分别对这两类企业的利润函数进行分析。

5.2.2 污染企业的利润函数

污染企业在向消费者提供有偿的产品和服务时，其产品是否能够完成"惊险的跳跃"以获得市场价值，取决于产品价格和消费者偏好的影响。为便于分析，我们做如下假设：首先假定污染企业生产的产品市场以及其生产所需的原料市场均为完全竞争市场；其次假定污染企业所生产的商品均为正常商品，那么其产品的需求曲线便具有向右下方倾斜的特征，即伴随价格上升，其市场需求量将下降；最后假定污染企业的生产技术没有改进的情况下，企业具有固定的短期生产成本，企业的生产经营性实践也证明此假设的合理性。在此假定条件下，污染企业的利润最大化函数如下式所示：

$$\pi_1 = B(p, q, A_1) - C(w, q, A_2) - q_w \times \mathrm{Min}(C_f, C_g, C_2) \quad (5-8)$$

其中，p 和 q 分别为排污企业生产产品所面临的市场价格和产量；A 为技术水平；假定 p 为市场给定，则 $B(p, q, A)$ 为污染企业收益函数。w 为污染企业的要素价格，假定 w 也为市场给定，$C(w, q, A)$ 为污染企业内部成本函数，不仅包含短期成本和固定成本，还包含因技术进步优化了资源配置，进而减少成本投入。q_w 为污染企业所产生的污染量。$\mathrm{Min}(C_f, C_g, C_2)$ 为污染企业每单位污染物所面临的外部成本，即环境成本，假定污染企业生产 1 单位产品所产生的污染物有三种处理方式：若采用缴纳排污费的方式，则需要缴纳 C_f 单位的排污费；若采用偷偷排放则需缴纳 C_g 罚款；而若将其交与环保产业处理也将产生 C_2 单位的治污费用。由此可见，以利润最大化为目标的企业会选择三者之中污染物处理费用最低的方式加以处理。为更符合经济实践，下面进一步对式（5－8）做出以下说明解释：

（1）技术水平 A 根据所开发的目的，可以被区分为两种，即主要作用为增加生产率的技术 A_1 和减少固定成本和污染控制成本的技术 A_2。

（2）政府为避免偷排所设定的罚款必须大于其他两种渠道，即污染企业的外部成本的选择需要满足

$$C_g \geq C_f \text{ 且 } C_g \geq C_2 \qquad\qquad (5-9)$$

（3）污染物的产生量 q_w 是污染企业产品产量的增函数且是技术水平的减函数，根据经济实践我们可知，单位产品污染产生量仅与技术水平 A_2 有关，即 q_w 的函数形式需满足

$$q_w = f(q, A_2), q \geq 0 \qquad\qquad (5-10)$$

经过式（5－9）和式（5－10）的调整，污染企业利润最大化函数式（5－8）可以改写成式（5－11）：

$$\pi_1 = B(p, q, A_1) - C(w, q, A_2) - q_w(q, A_2) \times \text{Min}(C_f, C_2)$$

$$(5-11)$$

值得注意的是，尽管企业在环境政策的实施过程中是被动者，但政府的环境政策影响着排污企业选择治理污染或控制污染的方式和方法。由于不同的方式对应着排污企业的不同利润，因此政府和排污企业的决策是相互影响并制约的。在政府的管制下，污染企业在生产产品的同时还要选择治理污染策略，如何在二者之间找到最佳契合点，实现企业利润最大化的目标？从企业角度讲，短期内，在假定产品价格和生产要素价格由市场给定的条件下，污染企业的最优生产决策由产量 q 和其选择处理污染物的外部成本决定；而在长期，企业的生产决策束还会增加技术水平 A。排污企业把治污成本考虑在内确定最佳生产产品的数量，通过理性的选择，调整相应的生产策略，最终使企业实现政府约束下的最大化利润。以排污费为例，企业的这种方式与方法的选择主要表现在：短期内，若不考虑运输成本，排污费的 C_f 与市场中的污染处理费用 C_2

直接影响企业的治污方式选择；在长期，政府对创新的政策也会影响企业是否选择通过改进或引进生产技术 A_2 以使单位产品的污染物减少，从而达到控制总成本的目的。

5.2.3 环保企业的利润函数

目前，环保产业也已经成为我国经济中一支重要的组成部分，环保企业利润函数受到自身"生产"成本、排污企业治污需求和政府排污费大小的影响，政府的政策影响是间接的。环保产业的利润和策略在与政府、排污企业之间的博弈演进中是很特殊的，因为环保企业在市场中自由发挥的程度是被动的，大部分会受到政府和排污企业的影响。政府为减少环境污染，制定相关政策管制排污企业的排放标准或排放量。在此背景下，环保产业有了生存的空间，在间接上影响着环保产业的发展。政府确定排污费征收标准后，排污企业在上缴排污费和选择环保产业产品之间选择，实现自身利益最大化。因此，在环保企业的生产策略中，产量的上限由排污企业选择将污染物交与环保企业处理的总污染量或排污企业为降低污染物产生所需的环保产品总量。

环保企业的目标也是追求自身的利益最大化，但受到两方面的重要影响。一方面，从产业链角度来看，排污企业对环境造成了破坏，在政府的环境管制约束下，环保企业有了为市场提供环保产品的发展空间，即可以通过净化处理排污企业所产生的污染物来获得回报，所以排污企业的产品产量会直接影响到环保企业的利润，当然，这一影响是建立在政府对污染企业实施环境管制的前提之上的，即只有政府对企业经营产生的环境负外部性进行纠正，才会有环保产业的发展空间。另一方面，从环保产品的"公共"属性分析，环保企业的发展有其自身的特殊性。环保产品的"公共性"价值使环境得到了改善，但不能给公众带来明确可度量的利益，原因在于污染治理效果无法准确计算。所以，尽管环境的改善的确增加了民众的效用，但是由于环境公共产品消费的非排他性，即一旦环境质量改善后，治理者以外的其他人也会享受到环境改善带来的好处，产生普遍的"搭便车"现象。因此，环保企业的发展不能单纯依靠污染企业排污产生的市场自发需求维持，必须有政府特定的环境政策来扶持。承接污染企业关于市场产品价格和要素价格的市场假定，环保产业的利润最大化函数如式（5 - 12）所示：

$$\pi_2 = B[P, Q(C_f, A_1)] - C(w, A_2, Q) - C_0 \qquad (5 - 12)$$

其中，π_2 为污染企业的利润函数，$B[P, Q(C_f)]$ 为收益函数，P 和 Q 分别为环保企业提供治理污染服务的市场价格和产量。$C(w, Q)$ 为处理每单位污染物需要投入的成本，C_0 为期初投入的固定成本。下面进一步对式（5 - 12）做出以下补充说明：

（1）根据基本假定和式（5 - 11），环保产业服务的对象为污染企业，污染企业是否"购买"环保产业的污染治理服务，还取决于政府的排污费大小。由此可见，Q 是排污费 C_f 的函数，且满足 $0 \leqslant Q \leqslant q_w$。

（2）与污染企业不同，环保企业的产量除自主决定外，还受到污染企业的需求影响。即环保企业的产量上限为污染企业的总需求，而污染产生量和环保企业处理量的差 $q_w - Q$ 即为企业通过排污费渠道所处理的污染量。

5.2.4 利润最大化目标下污染企业和环保企业对环境政策的影响

根据式（5 - 11）和式（5 - 12），我们可以分别得到短期内（产量可变）污染企业和环保企业的利润最大化一阶条件：

$$\text{Max} \pi_1 = \pi_B B_q - \pi_C C_q - \pi_{q_w} q_{w_q} \times \text{Min}(C_f, C_2) \qquad (5 - 13)$$

$$\text{Max} \pi_2 = \pi_B B_Q - \pi_C C_Q, \quad 0 \leqslant Q \leqslant q \qquad (5 - 14)$$

和长期内（技术可变）污染企业和环保企业的利润最大化一阶条件：

$$\text{Max} \pi_1 = \pi_B (B_q + B_{A_1}) - \pi_C (C_{A_2} + C_q) - \pi_{q_w} (q_{w_q} + q_{w_{A_2}}) \times \text{Min}(C_f, C_2)$$

$$(5 - 15)$$

$$\text{Max} \pi_2 = \pi_B B_Q - \pi_C C_Q, \quad 0 \leq Q \leq q \qquad (5-16)$$

由利润最大化的一阶条件可以归纳出企业对环境政策的影响方式，其主要集中在以下方面：

（1）通过影响政府执法人员，使寻租成本和罚款的总数小于排污费或环保企业处理污染的总收益。在污染企业利润函数的分析过程中，我们假定政府为避免偷排所设定的罚款必须大于其他两种渠道，即需要满足：$C_g \geq C_f$ 且 $C_g \geq C_2$。但值得注意的是在现实生活中，排污企业可以通过一定的方式影响地方政府环境政策的制定，使得罚款低于其他两个渠道的情况发生。尤其在我国，很多污染严重的企业同时也是纳税大户的情况下，由于企业和政府的利益不具有相互独立性，而是相互依存的关系，难免出现寻租的可能性。企业就是选择对政府环境执法相关人员的各种影响来让其做出对自身企业有利的政策选择，因此由于不同企业对执法人员的影响力不同，会导致同样的环境问题会采用不同的环境政策形式。

（2）通常情况下，环保企业处理污染量的上限是污染企业的排放总量，所以从一定程度上来看，排污企业是环保企业的相关利益主体。但这种利益主体却具有对抗和合作的双重现象。一种假设的现象是，环保企业在规模经济效应的影响下，有动机跟污染企业"合作"，"激励"污染企业多排放以增加其处理的污染量，最终得到更大的利益。另一种现象是，由于环保企业具有清洁生产的自然特性，出于自身利益最大化，那么环保企业也有动机推动政府实施更严格的环境规制或环境标准，以进一步倒逼污染企业将更多污染物交给环保企业处理，从而产生获得更多利益。

（3）通过短期内调整产量或长期内改善生产技术和污染处理技术来达到环境保护和经济效益的"共赢"。通常来讲，在政府环境政策的约束下，排污企业可自行选择购买环保企业的服务治理污染或者缴纳排污费。短期内，排污企业可以选择调整产量以达到利润最大化。长期内，由于环境政策趋紧的预期，排污企业可以进一步通过调整生产技术 A_1

而减少污染的排放量，降低污染成本。而环保企业在短期内通过向排污企业提供环保产品和服务，来达到自身利益的最大化；同样在长期内，则可以通过改进治污技术 A_2，提高污染处理效率，提高自身效益。所以，理论上，出于自身利益最大化目标，企业在长期内都可以通过技术调整实现经济增长与环境保护"双赢"。

5.3　中国环保决策机制中的公众行为分析

环境问题的出现与环境外部性有关，而在促使纠正这种外部性的环境政策出现中，一个非常重要的动力就是公众对环境的需求，而作为公众环境利益诉求的代表，公民个人、公民组织和非政府组织在其中扮演着重要角色。公众参与环境保护一般表现为上述主体通过各种合法途径影响政府环境政策的决策与环境污染治理等行为上。但相对于政府与企业而言，公众在我国环境决策中的角色目前远没有得到足够的重视。这一方面是源于公众在环境保护中往往存在"自相矛盾"的行为属性特征所致，另一方面也与我国环境决策机制自身的"缺陷"密切相关。下面分别对此进行详细解读。

5.3.1　从消费视角看公众对环境损害行为的反应

通常来说，企业对环境造成的影响与社会公众息息相关，公众作为企业产品的消费者，可以通过其消费行为与偏好的改变影响到企业的生产方式与生产规模，进而决定企业在生产过程中对环境造成的影响大小。

假设企业向社会提供产品有两种可供选择的方式，一种是采用"清洁"生产方式进行生产，另一种是采用"污染"方式进行生产。前一种方式由于企业承担了生产过程中的"污染物"净化成本，因此最终产品对外部环境不造成负面影响，但是生产成本较高。后一种方式由于企业在生产过程中减少了污染物净化的投入成本，生产成本低于前者，所生产的最终产品对环境也会产生破坏影响。以一次性水杯为例，假设企业既可以生产出可自行降解对环境没有损害效应的环保纸杯，也可以生产出无法自行降解对环境会造成永久损害的塑料水杯。那么，作为消费者的公众，面对企业生产可能带来的环境影响时会做出怎样的行为选择呢？如图 5 - 1 所示。

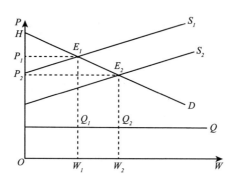

图 5 - 1　公众消费行为与企业污染

图 5 - 1 显示，如果是环保纸杯的消费和生产，均衡产量是 Q_1，对应的环境污染总量为 W_1，显然这是社会能容忍或者处在环境自净能力范围内的适度污染水平，在这个均衡状态下，消费者获得的消费者剩余是 $\Delta P_1 E_1 H$ 所表示的面积大小。如果是塑料水杯的生产和消费，则新的均衡产量是 Q_2，与此对应的环境污染总量为 W_2，显然大于上面所述的适度污染水平 W_1，但消费者获得的消费者剩余是 $\Delta P_2 E_2 H$ 所表示的面积大小。显然，如果消费者从自身利益最大化出发，必然选择消费塑料杯而不是环保纸杯，而塑料杯的生产过程中存在环境成本的外部化现象，作为公众的消费者显然是助长了企业的非环保生产行为，最终导致全社会承担了 $W_2 - W_1$ 的过度环境污染损失。

所以，如果社会公众作为普通消费者，环境治理的旁观者，那么，从他自身利益最大化动机出发，公众会对企业的非环保方式的生产行为视而不见，放任经济增长过程中的环境污染加剧现象，从产品的需求端起到"激励"企业的非环保生产规模不断扩大，进而导致超过社会环境承载力的过度环境污染后果。

5.3.2　从受害者视角看公众对环境损害行为的反应

企业在从事生产过程中除了以非清洁生产方式通过消费商品这种"隐形"的间接手段对环境产生负面影响外，还有更直接的破坏生态环境的行为，即将生产过程中产生的环境损害成本直接转嫁给社会公众，如不经过任何处理向外排放废水、废气的典型的环境污染行为。那么，当公众面对这类与自身消费行为无关的直接环境侵权影响时，又会做出何种行为反应呢？通常，公众作为环境质量下降的直接受害者（或者作为环境质量改善的直接受益者）必然会对任何破坏（或者改善）环境的行为做出直接反应，维护自身的环境权益不被企业侵犯。设想一下下面的场景：河流上游地区的污染企业直接向河流排放污水，导致河流水质下降，居民生活用水与水养产业都受到严重影响。从最直观的判断分析，很多人会认为受到环境损害的公众会因此集体向企业讨要说法，维护自身正当的环境权益。果真如此，必然会导致以下三种情形之一发生，即要么是企业搬迁、要么是企业主动采取有效的治污措施停止环境损害行为、要么是企业对受到损害的公众进行合理的赔偿。无论出现上述哪一种情形，企业与公众之间的环境权益冲突都将得到有效的解决。但是，现实世界的真实情况却往往并不是我们上面设想的这样的情形，公众遭受企业生产带来的环境侵害情况比比皆是，原因何在？我们下面从公共领域的"搭便车"理论来进行剖析。"搭便车"的直观意义就是免费乘车，即消费者不需要为自己所获得的效用满足而付出相应的代价。显然，如果是"私人物品"领域，因为消费的竞争性与排他性的存在，这种"免费午餐"的现象是不可能出现的。但是，如果是在"公共"领域，理性的个体必然会产生搭便车的机会主义行为。下面我们用"囚徒困境"模型对此进行分析：假设一个上游的造纸厂因没有采取废水净化措施造成了对下游的 n 户居民的饮用水和渔业养殖损失共 L 元的损失，如果下游居民都联合起来向污染企业进行集体抗议，企业迫于集体压力同意向居民进行赔偿，居民维权成功后可获得赔偿金 $L+C$ 元，其中 C 是索赔所需要付出的成本，平均每户参与抗议居民需要付出的成本为 C/n 元，每户居民获得的收益是 $(L+C)/n$ 元，净收益为 L/n，恰好能抵消企业污染造成的损失。反之，如果所有居民都选择"搭便车"，则企业会在没有集体抗议压力下选择不赔偿，那么，每户居民都将因此承担污染企业所造成的 L/n 元的污染代价。如果一部分居民选择参与维权抗议，另一部分居民选择"搭便车"，那么，如果最终抗议成功，企业选择赔偿，则每户居民都将获得 $(L+C)/n$ 的赔偿收益，但是参与维权抗议者将承担全体维权成本，平均成本将大于 C/n 元，净收益将小于 L/n 元，不能全部抵消企业污染造成的全部损失。而选择"搭便车"者由于不需要承担任何维权成本，则净收益为 $(L+C)/n$ 元，抵消企业造成的污染损失后还能获得额外的"搭便车"收益。如果因为有人选择"搭便车"导致居民对企业的维权抗议行动失败，企业最终没有对居民进行赔偿，那么每户参与抗议维权的居民将不仅要承担企业对其所造成的污染的人均损失，还要额外承担维权行动所额外增加的成本损失，而选择"搭便车"者则只承担了企业所造成的人均污染损失。下面以 A 与 B 两户居民的简单情形为假设来分析居民的维权行为，在这种情形下，假设只要两户中有一户向企业进行维权索赔，企业就会选择赔偿；但是当两户都不采取维权举动，则企业选择不赔偿污染损失。博弈支付矩阵如表5-1所示。

表5-1　　　　　　　　　　环境保护搭便车行为的博弈分析

A	B	
	主动参与	搭便车
主动参与	$(L+C)/2'$　$(L+C)/2$ (0)　　　(0)	$(L-C)/2'$　$(L+C)/2$ (<0)　　　(>0)
搭便车	$(L+C)/2'$　$(L-C)/2$ (>0)　　　(<0)	0　　　0 (-L/2)　(-L/2)

注：表中的括号内的数字代表居民的最终损益状况。

显然,从集体理性的角度来分析,如果两户联合起来都参与维权行动,则每户都能通过维权行动得到足够赔偿来弥补企业污染带来的损失,维权后的结果都要优于不维权的结果。但是,如果从个体理性的角度来分析,每户如果都只从自己个人利益最大化出发来考虑问题,在不知道他人是否会参与维权行动的确切信息的前提下,自己选择不主动参与维权将总是处于相对更有利的地位,于是,"搭便车"行为反而成为集体公共事件中的必然结果,显然,这样的结果是违背集体理性的。在现实世界里,环境破坏要面对的情况要比上面的假设更复杂,涉及的受损公众人数会更多,维权的成本代价也具有高度不确定性,但从基本逻辑规律来进行分析,我们完全可以得出以下合理推论:第一,涉及公众人数越多,选择"搭便车"的人动机会越强烈。因为人们更有理由相信,缺了自己,其他利益受损的人联合起来维权的效果并不会差很多,选择"搭便车"带来的损失风险会越低,结果一定是集体选择"搭便车"。第二,维权成本越大,解决矛盾的程序越复杂,选择"搭便车"的人也会越多。因为这种情况下个人参与维权即使能获得成功也会付出更多的时间成本与利益成本,甚至最终得到的赔偿不能足以弥补自己参与维权行动所最终付出的代价。在上面两个推论的基础上,我们不难理解为什么在现实世界里,普通大众在面对环境权益受到企业侵害时往往选择容忍甚至放纵的现象了。

同样的情形还可以应用于公众对政府环境决策的反应,如果政府选择比较宽松的环境政策对当地企业进行监管时,尽管会因此对公众的环境权益进行更多的损害,但是,也很难出现公众对政府宽松管制政策的抗议与抵制。因为,宽松环境政策受害人数众多,公众抗议成功带来的个人收益有限而要付出的代价和带来的个人风险却可能很高,所以,公众在这种情况下也很难克服"搭便车"的机会主义行为。

5.3.3   公众与政府在环保决策中的博弈分析

上面谈到了公众参与对环保决策的重要影响,但是,在现实世界中，公众参与环境决策的范围及介入程度与政府对公众参与环境决策的支持力度并不是一件十分确定的事物，双方合作的最终结果往往与彼此的博弈行为息息相关，下面对此进行简要分析。

在环境治理决策体系中，政府与社会公众作为彼此相对独立的参与主体，其利益诉求与关注的焦点往往是不完全一致的，甚至有的时候是存在利益冲突的。因此，协调各自立场、解决利益矛盾冲突，也就自然而然形成了政府与公众之间的博弈格局。作为理性"经济人"，公众在参与环境活动时首先考虑的是追求个人利益最大化，即以最小参与成本实现最大化个人利益化。由此，公众在参与环境治理过程中既要考虑其参与行为给自身带来的利益，也会考虑其所必须付出的代价。因此，在自发状态下，只有当参与带来的边际收益高于或等于其边际成本时，积极参与才会成为公众的自觉选择。同样，站在政府的利益立场分析，政府在面临公众参与环境治理决策过程中也存在潜在的收益与风险。若政府选择支持公众积极参与，增加政府环境治理决策过程中的信息透明度，直接意味着政府主动向公众让渡自身的一部分决策权力，显然，减少权力就意味着政府决策官员在环境治理过程中的"话语权"与"寻租权"都可能得到削减。但是，若政府选择不支持公众参与环境治理决策，强化自己的决策权威地位，则其制定的相关政策就很可能得不到社会公众的普遍认同与支持，甚至会受到公众公开抵制，进而使环境决策效率与效果受损，产生不良的社会后果。所以，按照公共选择理论的基本逻辑分析，政府也将从维护自身利益最大化的角度出发来权衡在多大程度和范围内支持公众参与环境治理决策才能使自身利益最大化。如果将公众与政府各自的理性选择行为结合起来分析，我们基本可以得到以下的可能博弈结果。

第一种情形：公众积极参与总体收益大于成本，同时公众参与也能降低政府决策成本，提高政府决策效率与效果的领域。这种情况下理性的决策结果是公众和政府一起合作，达成共识，形成环境治理的合力。例如，对一些重要公共饮用水资源的保护，由于事关广大居民的基本环境权益，涉及面广，对公众生活质量影响巨大，社会关注度高，政府面临的环境治理压力大，实时监管成本高，对违规排污企业取证难度大。那么，政府积极支持公众参与环境治理，为公众参与创造各种便利条件，公众也自然会积极响应政府的行为，可能会选择积极参与。

第二种情形：公众参与总体收益大于成本，但会对政府的传统自主决策机制造成一定的冲击和挑战，会让政府主动或被动放弃某些自主决策权。这种情形下，公众参与的范围和程度就主要取决于政府对自身利益的权衡了，如果政府认为让渡出部分自主决策权带来的损失会小于公众参与决策带来的收益（例如，公众参与使某些环境问题治理效果更好，因此提升了政府的声誉），那么政府就可能继续选择支持公众参与决策；反之，当然就会选择不支持公众参与环境决策。在现实世界里，面对同样的环境问题，有些地方政府选择更大程度让公众参与政府决策，有些地方政府则选择限制公众参与决策，主要就是因为主要决策官员在对待政府利益方面的观念差异，那些对公共利益与政府声誉看得更重的相对开明的决策者会选择支持公众积极参与，而那些更注重自身狭隘的小团体利益的政府主要决策者则会选择排斥公众的参与。

第三种情形：公众参与有利于缓解环境压力但对参与者自身收益不确定，参与成本却比较高，同时政府也没有足够资源与能力解决的领域。这种情形下，政府有强烈动机督促公众履行自身环境义务，提高公共环境的治理效率和效果，但公众会更倾向于选择"搭便车"的机会主义行为。这种情形下，公众参与的范围和程度则主要取决于政府对公众的激励与约束力度。例如，目前正在大力推进的生活垃圾分类处理的环境治理政策，没有公众的普遍参与和主动配合，单靠政府的力量是很难达到预期目标与效果的。

第四种情形：部分公众具有强烈的参与动机维护自身局部环境利益，但是政府从全社会整体环境利益出发，对公众参与态度却比较模糊。例如，垃圾焚烧发电厂这类环保项目，对全社会来说，显然是有利于提供垃圾处理效率，改善居民整体生活环境的举措；但对项目所在地的居民而言，不可避免地会因"邻避效应"而产生强烈的参与抵制动机。从政府的立场分析，一方面希望得到全体公众的认可积极推动这类项目的顺利实施，另一方面又不希望由于公众的过度参与其中而使得其决策成本和决策风险加大。在这种情况下，政府如何因势利导，平衡公众之间的局部利益与整体利益之间的矛盾冲突是解决问题的关键。

总之，由于环境决策主要涉及的是公共利益，政府与公众之间不可避免会卷入对公共利益诉求的博弈之中，而且在博弈过程中，双方都将在揣测对方行为与动机的情况下不遗余力地追求自身利益最大化。公众作为理性的经济行为人，在环境保护过程中往往会选择做"免费搭便车"者，正如亚里士多德所言："凡是属于最多数人的公共事物常常是最少受人照顾的事物，人们关心自己的东西，而忽视公共的东西。"马克思也曾经说过，只有在相关利益驱动下，才会激发公众的参与意愿与动力，如果与自身环境利益或经济利益关联不大时，参与主体往往会表现出一定程度的冷漠。因此，自然状态下的博弈结果对于集体来说往往并非帕累托最优状态。对政府来说，公众参与也并不总是意味着是一件好事，因为公众参与范围的普遍性与参与渠道的多元性会给政府的决策效率带来损失，甚至也可能增加政府的决策风险，尤其是在某些特殊情况下，当公众被某些特定利益集团所影响甚至误导时，真实的民意往往容易被掩盖，政府决策的科学性也会因此受到更大的挑战。所以，面对日益复杂的新时代环境治理形势，政府如何合理引导公众参与环境治理还任重道远。

第6章　中国工业化进程中的环境压力分析

改革开放以来，中国工业得到了很大发展，工业经济在国民经济中的地位不断上升，但在工业化进程不断深化之际，中国也开始承受着越来越大的环境压力。未来相当长的一段时期内，将既是中国加速推进工业化进程的重要时期，也是中国加强生态建设、改善环境质量的关键时期。全要素生产率在经济持续增长中起着关键作用，索罗（1957）就曾将全要素生产率归因于经济持续增长的唯一源泉。所以，在中国工业化带动现代化的进程中，伴随经济增长而来的全要素生产率的变化对环境质量影响如何？提高全要素生产率是否就可以缓解中国环境压力？这对于更深层次理解中国经济发展与环境质量演化规律，促进环境保护效率的提高是十分必要的。下面，拟以全要素生产率为切入点，分析中国工业进程中环境质量演变趋势，为全面理解中国环保政策决策机制提供分析背景。

6.1　中国环境现状特征

总体而言，中国的环境保护现状，呈现出以下几个特征：

（1）中国政府对环境保护的重视程度越来越高。

国家"十二五"规划起，就将"绿色发展，建设资源节约型、环境友好型社会"作为中国社会的发展目标，从"强化污染物减排和治理""防范环境风险""加强环境监管"等角度来"加强环境保护"。在2012年的多哈气候大会上，中国承诺到2020年中国的单位GDP碳排放比 2005 年下降 40% ~ 50%。[1] 同时，历年政府工作报告都用重要篇幅来论述环境问题，在总结上一年环境问题的基础上，制定来年的环境目标和政策措施。[2] 特别是中共十八大以后，国家对环境保护工作的重视更是提升到了一个新的历史高度，强调必须把生态文明建设的理念、原则、目标等深刻融入和全面贯穿到我国经济、政治、文化、社会建设的各方面和全过程。环境保护领域也因此发生了一系列新的历史性变革，取得了新的历史性突破。2013 年国务院政府工作报告中指出，"要扎实推进节能减排和生态环境保护。……单位国内生产总值能耗下降 17.2%，化学需氧量、二氧化硫排放总量分别下降 15.7% 和 17.5%。修订环境空气质量标准，增加细颗粒物 PM2.5 等监测指标""要顺应人民群众对美好生活环境的期待，大力加强生态文明建设和环境保护。……要坚持节约资源和保护环境的基本国策，着力推进绿色发展、循环发展、低碳发展。……抓紧完善标准、制度和法规体系，采取切实的防治污染措施，促进生产方式和生活方式的转变，下决心解决好关系群众切身利益的大气、水、土壤等突出环境污染问题，改善环境质量"等建议。[3] 随后，《关于加快推进生态文明建设的意见》《生态文明体制改革总体方案》等一些新制度相继出台。中共十九大报告进一步明确了加快生态文明体制改革，建设生态文明是中华民族永续发展的千年大计，强调必须牢固树立和践行"绿水青山就是金山银山的理念"，推动形成人与自然和谐发展的现代化建设新局面。2018 年十三届全国人大一次会议表决通过中华人民共和国宪法修正案，并把发展生态文明、建设美丽中国写入宪法，标志着我国对生态环境的保护工作也进入了一个新时代。

（2）近年来环境保护成效逐渐突显，特别是重大环境事件下降的趋势明显。

相关统计资料表明，2016 年，我国京津冀、长三角、珠三角三个区

---

① http://wenku.baidu.com/view/a9420ec8da38376baf1fae22.html.
② http://finance.sina.com.cn/roll/20091126/18037021890.shtml.
③ http://www.gov.cn/test/2013-03/19/content_2357136.htm.

域细颗粒物（PM2.5）平均浓度与 2013 年相比均下降 30% 以上。[①] 全国酸雨面积占国土面积比例由历史高点的 30% 左右下降到了 7.2%。2013 年以来，我国主要江河水污染防治取得明显成效，大江大河干流水质稳步改善，地表水国控断面Ⅰ类～Ⅲ类水体比例不断增加，已基本消除劣Ⅴ类及不符合水体功能的Ⅴ类水体和城市黑臭水体，集中式饮用水源地水质稳定达标；钢铁、煤炭等过剩产能行业单位产品主要污染物排放强度、单位 GDP 能耗不断降低，资源能源效率不断提升。能源消费结构发生积极变化，我国已经成为世界利用新能源、可再生能源第一大国。环境基础设施建设加速推进，我国已成为全世界污水处理、垃圾处理能力最大的国家。土壤污染问题得到有效控制，黑土地保护力度进一步加大；以"大数据、网格化、实时监控"为特征的现代化环境监管服务体系开始不断完善，环境监管水平和监管能力进一步得到加强，环境保护工作对推进生态文明建设的作用日益突出。与此同时，我国重大环境风险防控措施进一步完善，近年来重大突发环境事件呈整体下降趋势。2015 年以前，我国每年重大环境突发事件比较突出，由此产生的社会负面影响很大。[②] 频频爆发的重大环境事件，严重影响了当地群众的生活质量和生命健康，涉及面广，影响极其恶劣。但自此以后，我国重大突发公共环境事件开始呈现出明显下降趋势，重大环境风险的防控成效日益显现。我国重大环境事件风险开始进入一个稳定可控的新局面。

（3）今后或相当长一段时间内，我国将依然面临着比较严峻的生态环境保护形势，从严治理生态环境工作依然在路上。

从整体和长远的角度看，我国生态环境保护工作仍相对滞后于经济社会发展需要，生态环境承载能力正面临着已经达到或接近上限的压力，优质生态产品供给能力与广大人民群众日益增长的需求还差距明显。具体来说，以下挑战仍值得高度关注：

---

① http://www.xinhuanet.com/politics/2017 - 06/05/c_1121090630.htm.

② http://env.people.com.cn/n1/2016/0414/c1010 - 28276634.html.

其一，大气污染问题依然没有找到根治的办法，大气质量的持续改善依然是全国人民的普遍期盼。由于长期以来，我国的能源结构以煤为主，75%的工业原料、65%的化工原料，以及85%的城市民用燃料，都是由煤炭提供的。虽然，我国政府早就关注到燃煤排放的二氧化硫造成大气酸化及污染的状况，并积极推行和实施蓝天保卫战。但是，限于资金不足和技术原因，很难在短期内及时而有效的解决燃煤引起的城市大气污染问题。2017年我国二氧化硫排放量为875.4万吨，2019年虽然排放量开始下降，但仍处于高位排放状态。[①] 近年来，随着城市机动车辆的迅速增加，我国一些城市的大气污染正向燃煤和汽车废气并存的混合型转化。汽车尾气排出的细颗粒物（PM2.5）极易吸附有毒物质，进入人的呼吸道深部而引起更大的危害，而推广使用无铅汽油以后汽车尾气中挥发性有机物特别是苯系物的含量大大增加，使得大气污染未来的防控将变得更加复杂。

其二，土地荒漠化程度依然严重，没有得到根本好转。据国家林业和草原局资料表明，我国是世界上荒漠化面积最大、危害最严重的国家之一，荒漠化土地总面积达262.2万公顷，约占国土面积的27.3%。主要分布在中国西北、华北和东北13个省、自治区和直辖市。[②] 这么大比例的荒漠化程度给我国的工农业生产和人民生活带来了严重的影响。更严重的是，目前全国荒漠化整体治理速度赶不上破坏速度，土地荒漠化趋势还没有得到根本遏制。

其三，水土流失状况不容乐观。2018年6月，水利部发布了全国水土流失动态监测成果。监测显示，2018年全国水土流失面积273.69万公里，占全国国土面积的28.6%（数据不含港澳台）。与2011年相比，水土流失面积虽然减少了21.23万公里，相当于一个湖南省的面积，减幅为7.2%。[③] 但当前我国仍有超过国土面积1/4的水土流失面积，面积大、分布广，治理难度越来越大，特别是黄土高原、东北黑土区、长

---

①② http://www.forestry.gov.cn/main/4170/20190613/151038805971950.html.

③ http://www.mwr.gov.cn/.

江经济带等区域水土流失问题形势依然严峻。例如，洞庭湖在 20 世纪 60 年代面积约为 4300 平方公里，现如今只有 2145 平方公里，缩小了一半。湖北省素称"千湖之省"，1949 年面积超过 0.5 平方公里的湖泊达 1066 个，经过 70 多年的水土流失和围垦，目前只剩下 300 多个。监测显示，水土流失类型主要分水力侵蚀和风力侵蚀两种。水力侵蚀减幅大，风力侵蚀减幅相对小。与 2011 年对比，2018 年全国水力侵蚀面积减少了 14.24 万平方公里，减幅 11%；风力侵蚀面积减少了 6.99 万平方公里，减幅 4.22%，水力侵蚀减少绝对量和减幅均高于风力侵蚀。从全国各省份分布来看，水力侵蚀在全国各区域均有分布，风力侵蚀主要分布在"三北"地区。从东部、中部、西部地区分布来看，西部地区水土流失最为严重，占全国水土流失总面积的 83.7%；中部地区次之，占全国水土流失总面积的 11%；东部地区最轻，占全国水土流失总面积的 5.3%。

其四，森林资源禀赋基础薄弱。根据 2013 年第七次全国森林资源清查主要结果显示，我国仍然是一个缺林少绿、生态脆弱的国家，森林覆盖率远低于全球 31% 的平均水平，人均森林面积仅为世界人均水平的 1/4，人均森林蓄积只有世界人均水平的 1/7，森林资源总量相对不足、质量不高、分布不均的状况仍未得到根本改变，林业发展还面临着巨大的压力和挑战。[1] 并且由于过去长期不合理的开荒种地，乱砍滥伐，以经济林木取代热带雨林，我国热带雨林损失很大，给生态平衡带来了严峻挑战。近年来尽管滥砍滥伐现象得到了有力的遏制，但由于历史欠账太多，要恢复森林资源的生态调节功能还困难重重。

其五，水资源缺乏现象严重。中国是世界上人均淡水资源严重短缺的国家之一，人均拥有水资源量只有 2300 立方米，且水资源分布极不均匀，呈现出明显的南多北少、东多西少的地理特征与夏秋多、冬春少的季节性特征。如果按国际标准，人均拥有水资源量低于 2000 立方米为严重缺水状况，那么中国有 18 个省份、30% 的国土、60% 的人口处

---

[1] http：//hbt.fujian.gov.cn/gkxx/gzdt/stdt/gzdt/201605/t20160517_145121.htm.

于严重缺水的边缘。即使按人均拥有水资源量低于 1000 立方米为人类生存起码需求量来衡量，我国仍有 10 个省份、11% 的国土面积、1/3以上的人口达不到这一起码标准水平。

6.2　相关文献综述

环境问题注定与经济增长紧密相关。早期的研究认为经济增长与环境质量之间存在着两难的关系，即经济增长与环境质量之间存在着此消彼长、相互制约的关系。目前大多数的研究者认为资源或许不是约束经济增长的核心问题，而环境质量的变化则很可能会改变长期增长，影响可持续发展。

格罗斯曼和克鲁格（Grossman & Krueger，1991）提出了环境库兹涅茨曲线（EKC），随后掀起了一场有关经济增长与环境质量实证研究的高潮（Leit，2010；Leiter et al.，2011；Alex，2013；Thompson，2012；Swati & Soumyendra，2013）。国内研究者多以人均收入作为经济增长的代理变量来度量增长与环境质量之间关系。这些研究主要探讨了以下一些问题：第一，检验中国环境库兹涅茨曲线的存在性及其形状（应瑞瑶、周力，2006；黄耀磷、农彦彦、吴玉鸣，2009；李国璋、孔令宽，2008）；第二，中国环境质量改善的拐点在何处（彭水军、包群，2006；曹光辉等，2006）；第三，检验具体的环境效应，经济规模的增长、结构的变化以及技术的进步对环境质量的影响情况，例如，黄菁（2009）运用改进的迪维西亚（Divisia）指数分解方法分析我国工业污染物发现，规模效应的影响是工业污染增加的主要原因，技术效应是减少污染的最重要力量，结构效应的变化在一定程度上增加了我国的工业污染；第四，对外贸易对环境质量的影响（叶继革、余道先，2006；邓柏盛、宋德勇，2008；李小平、卢现祥、陶小琴，2012）；第五，FDI对环境质量的影响，主要是检验"污染者天堂"的假说和"向底线赛跑"的假说（杨海生等，2005；吴玉鸣，2007；许和连、邓玉萍，2012）。

近年来也出现了一些新的研究视角,例如,李国璋、江金荣、周彩云(2009)利用1978~2007年相关数据,从全要素能源效率、产业结构和能源结构的角度,通过逐步回归法探讨这些因素对环境污染的影响,研究结果表明要降低环境污染必须提高能源效率,调整产业结构与能源结构等。此外,还有一些研究者运用最新的研究方法将环境作为要素投入或者产出,在新的框架下测算全要素生产率,例如,杨俊、邵汉华(2009),吴军、笪凤媛、张建华(2010),匡远凤、彭代彦(2012),刘瑞翔、安同良(2012),沈能(2012)。

总体来看,已有研究主要存在两个局限:一是理论和实证研究一直忽略了全要素生产率与环境质量之间的关系;二是在具体的实证研究中,对环境质量的指标设置过于简单。目前,大多数研究运用某一种污染物的排放代表环境环境质量,通过单一回归方程研究经济增长以及其他变量与环境质量之间的关系。然而,使用不同的环境质量代理变量得到的结果完全不一样,以至于关于增长与环境关系问题存在大量的争议,如我国环境库兹涅茨曲线形状、拐点等。考虑到伴随全要素生产率的变动所带来的产业结构、技术水平等的变动,实际上不同时期不同的污染物排放强度是完全不一样,所以,选用单一环境质量代理变量进行回归分析都将存在缺陷。

6.3　模型设定

6.3.1　全要素生产率(TFP)测算模型

对于测算宏观经济的全要素生产率,索罗余值法较其他方法具有一定的优势,因此本章采用该方法对全要素生产率进行测算。根据索罗余值法,全要素生产率增长率为经济增长中不能被要素投入解释的部分,即

$$\dot{TFP_t} = \dot{gdp_t} - \alpha \dot{K_t} - (1 - \alpha) \dot{L_t} \qquad (6-1)$$

其中，TFP_t、gdp_t、K_t、L_t 分别表示第 t 年的全要素生产率、总产出、资本和劳动力，而 $\dot{TFP_t}$、$\dot{gdp_t}$、$\dot{K_t}$、$\dot{L_t}$ 表示对应的增长率，$0 < \alpha < 1$ 表示资本的产出弹性。为了计算全要素生产率，必须估计式（6-1）中的 α，主要有三种方法：经验估计法、份额法和最小二乘法。为了克服参数选取的主观性，本章通过份额法来确定式（6-1）的参数，然后假定基期的 TFP 指数为 100，之后根据以下公式计算其他年份的全要素生产率：

$$TFP_t = TFP_{t-1} \times (\dot{TFP_t} + 1) \qquad (6-2)$$

6.3.2　全要素生产率对环境污染的影响模型

全要素生产率的提高，有利于促进经济持续快速增长，而经济的增长通过规模效应导致污染排放总量的增加。考虑到自 1995 年 9 月 28 日中共十四届中央委员会第五次全体会议提出经济增长方式由粗放型增长方式向集约型转变，强调节约资源、降低能耗以来，中央政府多次强调经济增长方式、发展方式的转变，[①] 例如，2002 年提出工业从"高耗能、高污染，转型低耗能、低污染，转型绿色型"[②]。中共十七大强调经济发展方式的转变，其中经济发展方式不但经济因素，而且包括资源和生态环境状况等，因此本章引入虚拟变量 D_1 表示经济发展方式的转变，1996 年以前 D_1 取 0，1996 年以后 D_1 取 1，因此本章假设全要素生产率和环境存在以下关系：

---

① 中共中央关于制定国民经济和社会发展"九五"计划和年远景目标的建议 ［EB/OL］. http：//www. people. com. cn/item/20years/newfiles/b1100. html.

② 王国刚. 当前产业升级的重点是提升城市经济 ［EB/OL］. http：//fund. jrj. com. cn/2010/05/1220187 - 452399. shtml.

$$\ln(pollute_t) = c + \lambda_0\ln(TFP_t) + \lambda_1 D_1 + \lambda_2 D_1 \times \ln(TFP_t) + \varepsilon_t$$
$$(6-3)$$

其中，ln 表示取对数；$pollute_t$ 表示第 t 期的污染排放物，如废气、废水、固体废弃物排放量；ε_t 表示随机扰动项，后同；c 表示截距项；$\lambda_i(i = 0,1,2)$ 表示相应的系数，即假定政策对1996年前后的环境污染存在水平影响，同样也通过全要素生产率对环境存在影响。

一般情况下，全要素生产率的提高，促进生产效率的提高，使得产出一定时，消耗更少的原材料、能源，从而导致单位污染排放物的降低。当然，我们不得不面对这样一个现实，在短缺经济时期，即使采用高消耗、低水平的生产技术，也能获得高额利润，因此一方面设备的充分利用推动了全要素生产率的增长，另一方面低水平的生产技术导致了单位污染排放物的增长。考虑到政策的变动，我们假设全要素生产率和环境相对水平——环境密度（$pollutedensity$）之间存在以下模型：

$$\ln(pollutedensity_t) = c + \gamma_0\ln(TFP_t) + \gamma_1 D_1 + \gamma_2 D_1 \times \ln(TFP_t) + \varepsilon_t$$
$$(6-4)$$

环境密度（$pollutedensity$）通过污染排放物除以总产出计算得到，具体计算公式如下：

$$pollutedensity_t = \frac{pollute_t}{gdp_t} \qquad (6-5)$$

6.4 指标和数据的选取及说明

本章所选取的样本为中国独立核算工业企业，研究的时间区间为1985~2008年，如非特别说明，所有数据来源于历年《中国统计年鉴》，相关变量如下：

6.4.1　总产出、资本和劳动力

本章选取中国独立核算工业企业增加值作为总产出变量。工业增加值的价格指数问题比较复杂,因为历年《中国统计年鉴》不提供工业增加值价格指数。考虑到按分配法,工业增加值由劳动者报酬、固定资产折旧、生产税净额和营业盈余组成,在大多数研究中,一般将 CPI 作为劳动者报酬的平减指数,将固定资产投资价格作为固定资产的平减指数,而生产税和营业盈余和工业品出厂价格有关,因此本章将工业品出厂价格指数、CPI 和固定资产投资价格指数求平均值作为工业增加值的平减指数。将中国工业增加值对工业增加值价格指数进行平减得到以1985 年价格计算的工业增加值。

按照"永续盘存法"计算资本存量,其中 1985 年的资本存量利用固定资产净值替代,劳动力利用中国独立核算工业企业全部从业人员年均人数替代。

6.4.2　环境污染分类数据

考虑到中国环境数据的可获得性以及获得数据的连续性、完整性,本章采用三类污染排放物:工业废水排放量、工业废气排放量、工业固体废弃物产生量,所有相关数据来自历年《中国统计年鉴》。

6.5　实证分析及结论

6.5.1　污染指数以及污染密度指数的波动

将工业废水排放量、工业废气排放量、工业固体废弃物产生量代入式(6-5),通过计算得到各种污染密度指数,各种中国工业环境污染

指数以及污染密度指数见图 6 - 1 和图 6 - 2。

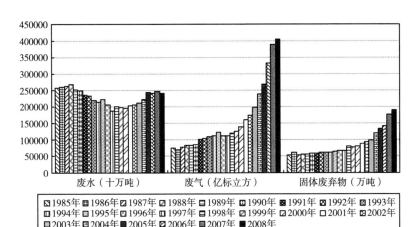

图 6 - 1　中国工业三种污染排放物变化趋势

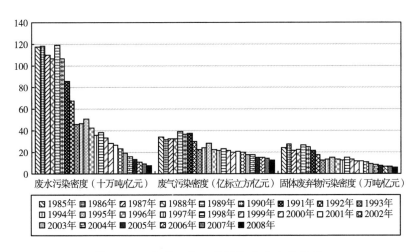

图 6 - 2　中国工业三种污染密度变化趋势

从图 6 - 1 的三种污染排放物的变化趋势可以看出，1997 年为分界点。废水排放物基本上呈"U"形变化趋势。1985～1996 年，废水排放物总体上呈下降趋势，从 1985 年的 2574009 万吨下降到 1996 年的 2058881 万吨，年均下降 2.0%；1997～2008 年，废水排放物总体上呈上升趋势，从 1883296 万吨下降到 2416511 万吨，年均下降 2.3%。废气和固体废弃物在 1997 年之前都呈缓慢上升趋势，但在 1997 年之后呈加速上升趋势，1997 年之前，废气和固体废弃物分别年均增长 3.7% 和 2.1%；而 1997 年之后固体废弃物年均增长 9.65%，而废气排放量年均增长超过两位数，达 11.55%。

　　从图 6-2 可以看出，三种污染排放物的污染密度变化趋势基本相同，1985～1988 年处于波动变化趋势，1989～1996 年呈急剧下跌趋势，而 1998 年后下跌趋势趋缓。1989～1996 年废水污染密度从 1188.9 万吨/亿元下降到 422.9 万吨/亿元，年均下降 14.77%；1997～2008 年其从 360 万吨/亿元下降到 90.8 万吨/亿元，年均下降 14.12%。废气、固体污染密度变化趋势不如废水污染密度明显，1989～1996 年年均分别下降 7.7% 和 9.8%，1997 年后年均分别下降 4.8% 和 6.7%。

6.5.2　全要素生产率和环境污染之间的关系

　　将相关数据代入式（6-3）和式（6-4）进行回归，逐步去掉不显著的变量，最终回归结果见表 6-1。

表 6-1　　　　　　　　全要素生产率对环境污染影响的回归结果

解释变量	工业废气			
	$\ln(pollute)$		$\ln(pollutedensity)$	
	系数	T 统计量	系数	T 统计量
$\ln(TFP)$	2.57***	70.06	0.75***	23.76
D_1	5.85***	3.81	5.51***	4.59
$D_1 \times \ln(TFP)$	-1.32***	-4.25	-1.27***	-5.11
$AR(1)$	0.49**	2.58	0.63***	3.43
调整后的 R^2	0.75		0.73	
DW 统计量	1.52		1.68	

解释变量	工业固体废弃物			
	ln(pollute)		ln(pollutedensity)	
	系数	T 统计量	系数	T 统计量
常数项	10.66 ***	16.83	6.77 ***	11.88
ln(TFP)	0.07	0.51	-0.89 ***	-8.18
D_1	-3.48 ***	-5.00	—	—
$D_1 \times$ ln(TFP)	0.79 ***	5.22	—	—
AR(1)	—	—	0.81 ***	8.97
调整后的 R^2	0.96		0.97	
DW 统计量	1.71		2.39	

解释变量	工业废水排放量			
	ln(pollute)		ln(pollutedensity)	
	系数	T 统计量	系数	T 统计量
常数项	14.81 ***	34.81	—	—
ln(TFP)	-0.05	-0.58	-0.85 ***	-9.09
D_1	-1.09 *	-1.74	—	—
$D_1 \times$ ln(TFP)	0.22 *	1.71	—	—
AR(1)	0.85 ***	6.73	0.99 ***	718.21
调整后的 R^2	0.84		0.996	
DW 统计量	2.45		1.82	

注：*** 、** 、* 分别表示在 1% 、5% 、10% 的置信度水平下显著。

从表 6 - 1 的第二列和第三列的回归结果，我们可以得出以下结论：

第一，1996 年之前，全要素生产率的工业废气弹性系数为 2.57，并且显著不为 0，因此全要素生产率的提高对工业废气排放存在显著的影响，全要素生产率每提高 1% ，工业废气排放提高 2.57% ，全要素生产率的提高不但没有导致废气排放得到改善，反而导致了其恶化。1996 年后工业废气的 $D_1 \times$ ln(TFP) 的系数为 - 1.32，这说明两个问题。首先，全要素生产率每增长 1% ，工业废气排放增长 1.25% ，全要素生产率的增长并未改变废气污染排放恶化的局面；其次，全要素生产率变动对工业废气排放的影响程度比 1996 年前有较大下降，1996 年后全要素生产率波动对工业废气排放的推动作用比1996年前下降了1.32%。

为了解释1996年前后全要素生产率的废气弹性系数变化，我们很有必要对废气排放的主要来源、产业结构的变动和增长方式转变进行分析。从废气的来源看，废气的排放主要来源于生产过程中燃料、矿物的燃烧所排放的烟尘和废气，其主要集中在电力、热力的生产和供应业、非金属矿物制品业和黑色金属冶炼及压延加工业，根据1993年《中国工业经济统计年鉴》相关数据，1992年这三个行业废气排放占总废气排放的59.9%；1997年后为了应对东南亚经济危机、美国经济衰退而对基础设施持续投入，房地产政策改革带来房地产飞速发展，大大拉动了电力、钢材、水泥的需求，推动了电力、热力的生产和供应业，非金属矿物制品业和黑色金属冶炼及压延加工业的飞速发展，使得这三个行业废气排放比率大幅上升。根据2009年《中国工业经济统计年鉴》相关数据，2008年上述三个行业废气排放占总废气排放的90.5%，其中电力、热力的生产和供应业占63%。从产业结构的变动来看，1997年后中国工业出现重工业化趋势，重工业比率持续上升。1984~1996年，轻工业比率和重工业比率基本保持稳定，其中1984年轻工业产值占工业总产值的比重为49.6%；1996年略微有所下降，为48.1%，该时间段的轻工业比率在48%~50%之间波动，而重工业比重保持在50%~52%左右波动。1997~2008年，中国工业呈重化趋势，1997年重工业总产值比重为51%，2000年重工业比率超过60%，2005年为68.9%，2007年重工业比率提高到70.5%，2008年达71.3%。从增长方式来看，1996年前主要以"高投入、高产出、高能耗、高排出"的粗放型增长方式为主，全要素生产率主要以改革所带来的生产效率提高为主，而非技术进步，在短缺经济的情况下，效率低下、污染严重尤其是废气排放严重的小火电厂、小水泥厂、小炼钢厂等企业仍然能够生存。1996年后，中国逐步由短缺经济向过剩经济过渡，高能耗、低效率的小火电厂、小水泥厂、小炼钢厂等的生存空间大幅压缩，再加上中央政府为了转变经济增长方式、保护环境，采取各种政策措施对其实行关停并转、淘汰落后生产技术、引进先进生产设备，大大提高了这三个行业的技术进步水平，降低了能耗以及废气排放。综上所述，1996年后工业重化趋势有利于促使电力、热力的生产和供应业、非金属矿物制品业和黑色金属冶炼及压延加工业采用先进生产设备，使这三个行业的全要素生产率以技术进步为主，而这三个行业废气排放比率上升，进一步突出了全要素生产率在降低废气排放中的作用，从而导致1996年全要素生产率的废气排放弹性比1996年前大幅降低。

第二，1996年以后，工业固体废弃物、工业废水两种工业污染排放物 D_1 的系数都小于0，并且在10%的置信度水平下显著，经济发展方式的转变对降低这两种工业污染物的排放存在显著的影响，即经济发展方式的转变对降低这两种污染具有水平效应。而工业废气污染排放物 D_1 的系数大于0，并且显著，这说明经济发展方式的转变不但未能降低工业废气排放，反而对其存在正的水平效应。

第三，1996年前，全要素生产率的提高对固体废弃物存在促进作用，但影响很小且不显著，全要素生产率每提高1%，固体废弃物仅提高0.07%。全要素生产率的提高有助于工业废水排放的改善，但改善效果很小且不显著，全要素生产率的工业废水排放弹性仅为 −0.05。1996年以后，工业固体废弃物、工业废水污染排放物 $D_1 \times \ln(TFP)$ 的系数大于0，并且在10%的置信度水平下显著，这说明与1996年以前全要素生产率对这两种环境污染总体程度相比较而言，其影响程度更加严重，在一定程度上降低了环境质量。工业固体废弃物、工业废水的 $D_1 \times \ln(TFP)$ 分别为0.79、0.22，这说明全要素生产率每增长1%，导致工业固体废弃物、工业废水污染程度分别提高0.86%、0.17%。上述结果也归因于重化工业的发展，如前所述，1996年后中国工业朝重化趋势发展。采矿业、金属冶炼与压延业、化工工业等重工业投资大幅增加，大量先进的生产设备被采用。固体废弃物主要来源于电力、热力的生产和供应业、金属冶炼及压延业、采矿业、石油加工业等8个行业，2008年这8个行业固体废弃物排放占总排放比率的89%，采矿业的固体排放主要和矿石的含量有关，而电力、热力的生产和供应业，金属冶炼及压延业等行业的固体废弃物排放主要和矿石、煤炭等能源投入的含量有关，而全要素生产率的提高使得在一定的设备和劳动力投入的前提下，能够处理更多的原材料，进而产生更多的固体废弃物，所以1996年后全要素生产率对数的系数高于1996年前。对废水也存在相似的原因。

第四，不管是1996年之前还是1996年之后，三种工业污染物的全要素生产率系数按从高到低的顺序排列依次为工业废气、工业固体废弃物和工业废水排放物，这说明从相对的角度来看，全要素生产率对废水排放的负作用最小，而对工业废气的负作用最大。

从表6-1最后两列的回归结果，我们可以得出以下结论：

第一，对于工业固体废弃物和工业废水排放物，全要素生产率对数的系数分别为-0.89、-0.85，这说明两个问题：首先，全要素生产率的提高有助于降低工业固体废弃物污染密度和工业废水排放物污染密度，全要素生产率每增长1%，将导致单位产出的固体和废水环境污染程度——工业固体废弃物污染密度和工业废水排放物污染密度分别降低0.89%和0.85%；其次，在1996年前后，全要素生产率对工业固体和废水污染密度不存在显著性差异。

第二，对于工业废气而言，1996年前 $\ln(TFP)$ 的系数为0.75，并且显著，这说明全要素生产率每提高1%，工业废气污染密度增加0.75%，全要素生产率的提高不但没有导致单位产出的工业废气排放得到改善，反而使之更加恶化。导致上述情况的主要原因在于1996年之前由于中国对废气排放污染不重视，过分强调经济增长，依赖粗放型经济增长方式，并且中国工业产业结构层次低端化，低技术含量的初级品开采和加工占相当大的比重，而高附加值、高科技的高新技术产业产值规模较小，传统产业科技含量低，新产品的开发能力弱小，从而导致了全要素生产率的提高并不能推动单位产出废气排放污染的改善。

第三，对于工业废气而言，1996年以后，$D_1 \times \ln(TFP)$ 的系数为-1.27，且在1%的置信度水平下显著，这说明和1996年以前全要素生产率对单位产出废气环境污染程度——废气污染密度比较而言，其影响程度有了很大的提高，促进了废气排放环境改善。1996年以后，全

要素生产率每增长 1% ，导致单位产出环境污染程度降低 0.52% 。值得
注意的是，这里的废气排放改善并不是说废气污染物排放总量下降，而
是单位产出的废气排放量在下降。这说明经济发展方式的转变，大幅降
低了单位产出的废气排放。

第7章 环境规制对中国制造业创新转型发展的影响分析

随着我国工业化进程的不断加深，我国环境压力也在不断加大，为遏制经济发展过程中环境状况不断恶化的趋势，加强环境保护已成为基本共识。对制造业而言，环境规制的不断加强对其带来的影响是显而易见的：一方面，如果继续维持原来经营状态，未来运营的环境成本肯定会越来越高，利润空间会被挤压得越来越小；另一方面，如果走转型升级之路，则必须加大现在的环境治理投入以减轻未来环境成本压力并获得"环境友好型"产品的市场先机。近年来，我国一直在致力于谋求从世界制造业大国向制造业强国转化的目标，如何合理评估并充分发挥环境规制在实现中国制造业转型升级方面的作用，无疑是一个值得深入探讨的理论和现实课题。目前，学界对此也做了一些有益的尝试。在理论分析方面的代表性成果是"昂贵的监管假说"和"波特假说"。前者以帕尔默（Palmer）为代表，从企业短期利益出发，他认为实施更严格环境规制会使得污染更加昂贵，需要从利润中分离一部分资金来购买"环境要素"来降低污染程度。这种"购买"无疑会导致企业利润减少，并因此限制企业通过加大投入来调整改进生产过程的能力。帕尔默将其称作为"昂贵的监管假说"或"遵循成本说"。后者从企业长期利益角度来分析，认为更严格环境规制不仅为旨在降低遵从成本的技术创新提供了发展与扩散的基础，而且扩大了具有环保特征新产品的市场空间。这种技术的开发扩散和新环保产品价值实现，不仅可能使企业实现转型升级，弥补企业短期的损失，而且可能使社会从环境质量的改善中获益，进而实现经济与环境"双赢"，上述观点被学界称为"波特假说"。从实证研究文献来看，学者们对环境规制对制造业转型创新的影响并没有形成一致的验证结果。早期瓦格纳（Wagner）对德国制造业企业的实验研究表明环境管理体制实施强度增加对企业总体专利申请量水平存在负效应；国内学者曾义的研究表明，环境规制越严厉，越有利于提升污染企业的创新投入水平，进而促进企业转型；任胜钢也认为环境规制对中国制造业技术研发专利成果和技术转化新产品生产具有显著促进作用。综上所述，我们认为，从理论层面看，无论"昂贵的监管假说"还是"波特假说"都忽略了环境规制对企业创新转型能力的分阶段分析，一般而言，企业的转型升级都会经历一个从"新技术"发现向"新产品"问世的过程，而在不同阶段，环境规制对企业创新的影响机理显然是存在差异的。从实证层面看，之所以会出现相互矛盾的结论，可能来自以下两个因素：一是对环境规制强度的量化分析指标不一致带来的差异，二是对不同制造行业的污染强度没有进行有效区分引发的回归结果偏差。基于上述判断，本章拟在分阶段探讨环境规制对制造业创新转型发展影响机制的基础上，构造一个两阶段模型，对污染异质性条件下环境规制对我国制造业创新转型发展的影响效应进行评估，并着力解决以下关键问题：实行严格环境规制是否影响企业转型？环境规制以什么方式影响企业转型？环境规制对不同污染程度的企业转型影响程度又如何？

7.1　环境规制对制造业创新转型发展影响的传导机制分析

一般而言，企业的创新转型过程都呈现出比较明显的阶段性特征，即在转型发展的不同阶段，企业创新成果的表现形式存在显著的差异性。具体来说，我们通常对制造业创新转型过程的考量可以分以下两个阶段进行：一是初期理论创新转型阶段，这是制造业创新转型能力积累阶段，主要着重考察制造业在研发领域的创新表现状况；二是后期产品创新转型阶段，是制造业承接理论创新转型积累的成果，并将其运用到产品开发、工艺改进之中，主要考察制造业在生产领域的创新状况及其市场化普及程度。为更好地厘清环境规制对企业创新转型发展影响的复杂关系，我们下面拟分阶段对环境规制对制造业创新转型的影响进行分析。影响机制分析如图7-1所示。

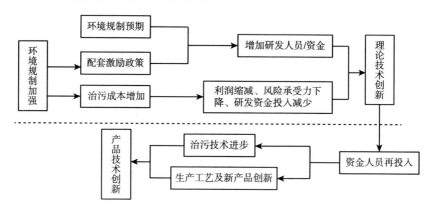

图7-1　环境规制对制造业创新转型能力影响机制

7.1.1　环境规制对制造业理论技术创新转型的影响机制分析

从企业研发的动机而言，主要考虑以下两个方面的结果：一是研发投入所积累起来的知识成果是否足以让企业在未来的竞争态势中处于更有利的地位？二是如果研发投入达不到预期效果甚至"失败"了，企业的正常运转是否会受到很大的"冲击"？显然，环境规制的实施对企业研发行为的影响具有"双重效应"。一方面，当企业面临的环境规制范围越广、力度更大时，企业如果只停留在固有技术水平上维持运转将面临越来越大的"环境成本"压力和被竞争对手超越的"心理压力"，面对这种新的压力，企业决策者自然会产生内在的"加强技术研发来应对未来挑战"的强烈动机。通常，管理层在增加环境规制强度的同时，还会有财政、税收、信贷等方面的配套激励或约束措施，而企业为应对预期日益趋紧的环境规制强度，必然会充分利用现有激励与优惠措施，增强研发力度以确保理论创新成果的完成，来应对未来环境标准提高和治污成本增加的局面。以上构成了环境规制加强推动企业技术创新转型的"正向效应"。另一方面，当环境规制日趋加强时，企业的治污成本必然会逐步提高，这将导致企业短期利润进一步缩减，投入研发的资金基础遭到削弱。同时，考虑到研发投入结果的不确定性，企业决策者面临着一旦研发效果不理想甚至完全"失败"时，企业的正常经营将面临难以为继的巨大风险。在这种情况下，企业决策者也完全有可能产生"环境规制越严格，环境投入成本越高，企业面向未来的研发投入风险也越大的动机"。因此，为降低企业未来经营风险，确保企业研发活动所承受的风险和不确定性不超出企业的承受范围，企业决策者很可能在面临更严格的环境规制时反而减少研发投入，导致环境规制的加强对企业理论技术创新研发投入的"挤出效应"，这就构成了环境规制加强阻碍企业技术创新转型的"负向效应"。

进一步分析，我们认为，环境规制强度对制造业理论创新能力"正负效应"的影响应该与企业自身的污染强度也密切相关。例如，相较于中度污染与轻度污染行业，在同样的环境规制强度下，重污染行业通常面临着更大的环境成本压力，因此，为应对预期环境规制强度的持续提高及其带来的治污成本进一步增加，重污染行业企业可能具有更强动机主动利用现有激励政策进行理论创新能力建设。而中度污染与轻度污染企业面临的环境压力相对较低，其理论创新的意愿可能也会更低。为此，我们提出一个合理的假设：在高污染行业更严格的环境规制对理论创新具有更大的正向推动作用，而中度污染和轻度污染行业则为负向阻碍作用。

7.1.2　环境规制对制造业产品技术创新转型的影响机制分析

环境规制对产品创新能力的影响主要表现为其在推动企业将理论创

新能力转化为产品创新能力的转化效果上。一般而言，在面临越来越严格的环境规制形势下，企业通常会在产品技术创新转型阶段延续理论技术创新转型阶段的成果，通过进一步的资金投入，将理论技术创新成果转化为具体的技术应用。这些技术应用主要体现在污染治理效率的提高和生产工艺的改进这两个方面。前者主要通过末端治理的方式达到环境排放标准，避免不达标所面临的更严厉的制裁损失；后者则主要通过改良生产工艺、制造环境友好型产品的方式，从源头上降低产品的污染属性，在技术进步的过程中完成企业自身的转型升级。显然，企业的理论创新成果越多，其产品创新能力建设的基础也就越雄厚。进一步分析，我们认为，环境规制推动理论创新成果转化为产品创新能力的效应还与企业自身的污染属性及其技术转化难度密切相关。一方面，随着环境规制强度的不断提高，理论创新能力向产品创新能力转化的正向推动作用会随着行业污染强度的加大而增加。因为在现实世界中，污染强度越高的企业，其未来环境成本压力越大，自然会更倾向于使理论技术成果转化为产品成果，进而通过实现自身转型升级来减轻未来环境负担。但另一方面，高污染强度企业相较于轻污染企业而言，其产品技术锁定更严重，创新路径更单一，客观上造成其在产品创新转型阶段无论是通过末端治理还是通过产品转型来完全满足更加严格的环境规制要求的难度会越大，成本会更高。显然，这会抑制企业通过进一步增加投入来推动转型的动力。合理的预测是，当企业决策者评估通过进一步的资本投入来改善企业的环境表现风险过大时，决策者完全有可能在这个阶段放弃对理论成果的进一步转化行为，从而阻碍理论技术成果的转化，影响企业的转型升级改造。

综上所述，在这一阶段，环境规制推动企业将理论创新成果进一步转化为产品创新能力的效应要结合企业的转化意愿与转化难度两方面来分析，显然，这两种效应的大小在不同的污染属性行业企业中的表现是不一样的，其综合效应尚需要进一步的实证检验。

7.2　模型构建、变量说明及数据来源

7.2.1　模型构建与变量说明

通过以上环境规制对制造业创新转型能力影响机制的分析，并借鉴已有文献成果，本章分别建立制造业理论创新转型能力检验模型和制造业产品创新转型能力检验模型，综合理论技术创新阶段和产品技术创新阶段两方面来考察制造业企业的创新转型能力。我们认为，由于理论创新与产品创新具有时间上的承接关系，且理论创新是产品创新的前提和基础，所以在产品创新转型模型中会加入理论创新成果变量。所构建的两个模型如下：

制造业理论创新转型能力检验模型：

$$\ln Pa_{it} = \beta_0 + \beta_1 \ln Ers_{it} + \beta_2 \ln Rde_{it} + \beta_3 \ln Rdh_{it} + \mu_t + \alpha_i + e_{it}$$

$$(7-1)$$

制造业产品创新转型能力检验模型：

$$\ln Pr_{it} = \beta_0 \ln Pa_{it} + \beta_1 \ln Npe_{it} + \beta_2 \ln profit_{it} + \mu_t + \alpha_i + e_{it} \quad (7-2)$$

其中，i 和 t 分别表示行业和年份，μ_t 和 α_i 分别表示制造业的时间效应和行业随机效应，e_{it} 为残差。模型中各变量的具体内涵和测度方法如下。

因变量 Pa 代表制造业的理论创新转型能力大小，可以用各行业的专利申请数量来衡量。一般而言，企业通过研发创新成果，专利申请数量越多，代表其理论技术创新能力越强；因变量 Pr 为代表产品创新能力大小的指标，主要考量企业为满足更严格的环境标准而开发出的新产品市场表现状况，可以通过新产品销售收入来表示，新产品销售收入越高，意味着该行业产品技术创新能力越高，行业内转型效果越好。

自变量 Ers 代表环境规制强度。目前学界对这一指标的衡量普遍使

用单位产值污染排放量或单位产值治理污染费用来表示。但我们认为这两项指标均有缺陷：由于行业间污染程度存在显著差异，即使在同样环境规制条件下，单位产值污染排放量也会出现明显的不一致，所以用单位产值污染排放量指标不能准确反映出不同污染强度的企业所面临的环境规制强度大小；而单位产值治理污染费用指标虽然避免了行业污染异质性带来的"失真"现象，但其仅考虑企业采用末端治理方式处理污染物的努力程度，并不能反映企业在源头治理方面的进步，如企业通过生产工艺的进步、新型环保产品的生产等方式来实现减排所付出的代价。为了克服上述两个指标的局限性，本章从污染的治理成本角度出发，使用治污费用在总费用中的占比来衡量企业所面临的环境规制强度①。其中，治污费用使用制造业各行业废水、废气治理设施年运行费用之和来表示，总费用则包含了主营业务成本和治污费用。该指标值越大，代表企业面临的环境规制强度越高。这样的处理方式，一是可以剔除行业规模因素对环境规制的影响。因为规模越大的企业，其总成本一般也越大。二是可以更全面地衡量企业在环境治理过程中所付出的代价，包括末端治理成本和源头治理成本。

研发经费投入（Rde）和研发人员投入（Rdh）为控制变量，代表理论技术创新能力建设过程中的经费投入和人员投入，分别选取研发经费内部支出除以主营业务成本和研发人员折合全时当量来表示。产品开发投入（Npe）为产品技术创新转型能力建设中的资金投入，使用制造业各行业新产品开发费用来近似替代。而利润总额（Tp）是企业规模和盈利能力的体现，选取制造业各行业利润总额来表示。各变量具体定义

①　设想两个具有同样产值和末端治理费用的企业，假设企业 A 在末端治理的同时进行了源头治理，而企业 B 只有末端治理，如果使用单位产值污染治理费用指标，则两者污染强度是一样的，但是，事实上，企业 A 由于包含了源头治理，所以其付出的污染治理努力程度是要比企业 B 更大。用我们新构建的这个指标，就可以较好地把这个区别体现出来。因为企业作为理性主体，只有在源头治理成本小于末端治理成本时，才会采用源头治理以实现集约化生产，所以源头治理客观上可以降低企业总运行成本，这样，同样的末端治污费用在总费用中占比更大。相较于此指标，仅考虑末端治理的单位产值治理污染费用指标将导致对高污染行业环境规制强度的低估（高污染行业源头治理获得利益改进相对低污染行业更大）和对低污染行业环境规制强度的高估。

如表 7 - 1 所示。

表 7 - 1　　　　　　　　　　　　**变量名称及定义**

变量名称	符号	定义	单位
理论创新能力	Pa	制造业各行业专利申请数量	件
产品创新能力	Pr	制造业各行业新产品销售收入总额	亿元
环境规制强度	Ers	制造业各行业废水和废气治理设施年运行费用之和，除以主营业务成本	%
研发经费投入	Rde	制造业各行业研发经费内部支出除以主营业务成本	%
研发人员投入	Rdh	制造业各行业研发人员折合全时当量	万人/年
产品开发投入	Npe	制造业各行业新产品开发费用	亿元
利润总额	Tp	制造业各行业利润总额	亿元

7.2.2　数据来源

本章所用数据采用2005～2014年中国制造业大中型企业①的行业面板数据。综合考虑新旧制造业行业的划分标准，进行适当性调整。数据来源包括《中国统计年鉴》《工业企业科技活动统计年鉴》《中国环境统计年鉴》和国家统计局网站。为了消除价格因素影响，对相关指标使用以2005年为基期的出厂价格指数进行平减处理。

7.3　回归结果及其分析

7.3.1　制造业行业分类

环境规制对制造业创新转型能力的影响效应会随着行业间污染属性

---

① 2011年我国调整了大中型企业的划分标准，从业人数 ≥300 人未做变动，销售额 ≥3000 万元和资产总额 ≥4000 万元的条件调整为营业收入 ≥2000 万元。遵从数据的真实性，笔者对比新旧标准并结合行业划分标准对数据做出调整，调整后的数据质量有所改观。

的不同而存在异质性。为得到更为精准的回归结果，并在此基础上进行有针对性的政策建议分析，本章从减轻这种异质性角度出发，依据不同行业治理污染强度的不同，将中国制造业分为重度污染行业、中度污染行业和轻度污染行业三类。其中，治污强度超过 0.5% 的为重度污染行业，低于 0.1% 的为轻度污染行业，介于两者之间的为中度污染行业。具体分类结果如表 7-2 所示。

表 7-2　　　　　　中国制造业各行业按治理污染强度分类结果

	行　　业	治污强度（%）
重度污染行业	造纸及纸制品业	1.479
	非金属矿物制品业	1.338
	黑色金属冶炼及压延加工业	0.750
	化学原料及化学制品制造业	0.649
	有色金属冶炼及压延加工业	0.535
中度污染行业	医药制造业	0.457
	饮料制造业	0.443
	金属制品业	0.399
	石油加工、炼焦及核燃料加工业	0.381
	化学纤维制造业	0.376
	食品制造业	0.334
	木材加工及木竹藤棕草制品业	0.211
	皮革、毛皮、羽毛（绒）及其制品业	0.203
	纺织服装、鞋、帽制造业	0.195
	农副食品加工业	0.184
	印刷业和记录媒介的复制	0.114
	烟草制品业	0.105
轻度污染行业	橡胶和塑料制品业	0.087
	仪器仪表及文化办公用机械制造业	0.084
	通信、计算机及其他电子设备制造业	0.061
	家具制造业	0.056
	通用设备制造业	0.055
	专用设备制造业	0.042
	交通运输设备制造业	0.039
	电气机械及器材制造业	0.036
	文教体育用品制造业	0.028

7.3.2 统计性描述与数据平稳性检验

描述性统计和相关性检验。在回归分析之前，为查看数据质量，需要对变量做基本的描述性统计及变量相关性检验，其结果如表 7－3 所示。据表 7－3 可见，数据整体质量较高，且各变量间相关性较强。

表 7－3 变量描述性统计及其相关性检验结果

变量	均值	最小值	最大值	方差	$\ln Pa$	$\ln Pr$	$\ln Ers$	$\ln Npe$	$\ln Tp$	$\ln Rdh$	$\ln Rde$
$\ln Pa$	7.916	4.605	11.312	1.430	1						
$\ln Pr$	6.825	3.864	10.372	1.398	0.851*	1					
$\ln Ers$	−6.356	−8.959	−3.678	1.252	−0.357*	−0.145*	1				
$\ln Npe$	4.057	0.885	7.606	1.447	0.893*	0.959*	−0.133*	1			
$\ln Tp$	6.079	3.304	8.716	1.126	0.7783*	0.876*	−0.055	0.839*	1		
$\ln Rdh$	−4.731	−6.904	−3.508	0.673	0.6718*	0.598*	−0.226*	0.675*	0.512*	1	
$\ln Rde$	0.669	−2.439	3.584	1.359	0.8985*	0.936*	−0.144*	0.98*	0.833*	0.678*	1

注：*表示在 5% 的显著性水平上显著。

数据平稳性检验。本章分别使用 LLC、HT、IPS 和 ADF-fisher 四种方法对各变量进行单位根检验，结果如表 7－4 所示。其中，LLC、HT 具有共同根假定，即每个个体的自回归系数不同。LLC 适用于长面板数据单位根检验；HT 和 IPS 适用于短面板数据；ADF-fisher 检验中四种方法均呈显著，因篇幅考虑，只标注逆卡方变换的统计量 P 值，其他三项为逆正态变换、逆逻辑变换和修正逆卡方变换。四种方法所得结论显示：模型（1）、模型（2）所有变量均为平稳变量。

表 7－4 变量的单位根检验结果

变量	LLC 调整的 t 值	HT Rho	IPS Wt	ADF-fisher P	结论
$\ln Pa$	−9.4523***	0.3916***	−9.2624***	126.8582***	平稳
$\ln Pr$	−4.3271***	0.5556***	−24.9563***	107.2713***	平稳
$\ln Ers$	−2.6907***	0.1353***	−12.5020***	104.0493***	平稳

续表

变量	LLC	HT	IPS	ADF-fisher	结论
	调整的 t 值	Rho	Wt	P	
$\ln Npe$	− 7.6284 ***	0.5786 ***	− 19.2916 ***	103.0372 ***	平稳
$\ln Tp$	− 15.2074 ***	0.0566 ***	− 11.8628 ***	106.8484 ***	平稳
$\ln Rdh$	− 10.6750 ***	0.5634 ***	− 5.1e + 02 ***	101.1055 ***	平稳
$\ln Rde$	− 7.1833 ***	0.7347	− 1.2e + 02 ***	89.1272 **	平稳

注：*、** 和 *** 分别表示在 10%、5% 和 1% 的水平上显著。

7.4 回归结果与解释

在数据平稳的基础上，我们将制造业按污染异质性划分为轻度污染、中度污染和高度污染行业三类，分别对理论创新能力检验模型（1）和产品创新能力检验模型（2）进行回归分析。各模型均通过 Hausman 检验，所以选择使用固定效应进行经验分析。估计结果如表 7-5 所示，据表 7-5 可得各模型拟合情况（$R^2 > 0.8$）较好，结果稳健；F 统计量显著表明模型显著、设计合理。

表 7-5　　　　　环境规制对制造业创新转型能力影响的估计结果

变量	轻度污染行业		中度污染行业		重度污染行业	
	模型（1）	模型（2）	模型（1）	模型（2）	模型（1）	模型（2）
c	3.595 ***	2.887 ***	8.143 ***	2.403 ***	8.866 ***	1.362 **
$\ln Ers$	− 0.333 ***	—	− 0.213 ***	—	0.038	—
$\ln Rdh$	1.024 ***		0.994 ***		1.390 ***	
$\ln Rde$	− 0.312		0.450 **		0.469	
$\ln Pa$	—	0.089 **	—	0.195 ***	—	0.049 *
$\ln Npe$	—	0.607 ***	—	0.720 ***		0.798 ***
$\ln Tp$	—	0.392 ***		− 0.09		0.294 ***
n	90	90	120	120	60	60
R^2	0.896	0.979	0.813	0.907	0.891	0.95
F	142.84 ***	1211.05 ***	293.24 ***	329.48 ***	408.09 ***	323.90 ***

注：*、** 和 *** 分别表示在 10%、5% 和 1% 的水平上显著。

（1）理论创新阶段分析。上述基于行业异质性的三个模型中，环境规制对理论创新转型能力解释的弹性系数分别为 -0.333、-0.213 和 0.038，即制造业环境规制对理论技术创新能力的影响随着行业污染程度加重而由负转正，这表明制造业环境规制对理论技术创新能力的影响与企业的污染行业属性密切相关，环境规制对重污染行业企业的理论技术创新具有显著的正向效应，而其对中度污染行业和轻度污染行业的企业理论创新转型能力则起着阻碍作用。原因在于环境规制强度增强后，由于行业因污染属性不同，其倒逼机制的发挥存在时滞效应，重污染行业迫于未来的环境压力将率先进行理论创新能力建设，而中度污染与轻度污染企业则更愿意承担环境规制的遵从成本，而不愿意承担因为理论创新而带来的额外风险成本。显然，这一结论与本章提出的理论假设是完全吻合的。

（2）产品创新阶段分析。从上述三类行业的产品创新能力检验结果可知，理论创新成果对产品创新能力的影响系数分别为 0.089、0.195 和 0.049，表明理论创新成果对产品创新能力建设都具有正向推动作用，从影响系数可以看出：理论创新能力对产品创新能力的影响效应并没有随着行业污染属性的增加而持续增加，而是随行业污染属性的上升呈现先上升后下降的趋势。进一步分析可以发现，在这一阶段，环境规制对中度污染行业企业的产品创新推动作用最大，而对重度污染行业企业的创新推动作用最小。这个实证结果对本章的理论分析也做了很好的"回应"：环境规制对企业产品技术创新推动作用的效果之所以在中度污染行业中表现得最突出，一是因为相对轻度污染行业来说，其面临的未来环境压力更大，更有动力进行产品转型；二是因为相对重度污染行业来说，其产品技术创新难度更小，创新风险也更小。所以，中度污染行业中的企业将理论创新成果转化为产品创新成果的积极性最高。

（3）其他控制变量的回归结果分析。研发资金（-0.312 不显著）和人员的投入对理论创新能力具有显著促进作用，其回归系数表明，资金投入尤其是人员投入在理论创新能力的形成过程中发挥着重要作用。而产品开发投入变量和企业利润变量（-0.09 不显著）则正向推动产品创新能力的发展，其中产品开发投入的回归系数在三个解释变量里最高，表明产品开发投入在产品创新能力建设中发挥了重要作用；而企业利润作为产品创新的前提条件，也促进了产品创新能力建设。

7.5 研究结论及建议

7.5.1 研究结论

本章在全面分析环境规制对制造业创新转型发展影响传导机制的基础上，通过构造制造业理论创新转型能力和产品创新转型能力的两阶段检验模型，运用 2005～2014 年我国制造业行业大中型企业的面板数据，就环境规制对低、中、高不同污染属性的制造业在创新转型发展不同阶段的影响效应进行了实证检验。得出的主要结论如下：

（1）由于环境规制强度的变化对企业当前运营成本及未来发展前景都有着重要影响，所以，实行更严格的环境规制对推动我国制造业的创新转型必然具有显著的"激励"效应。但从整体看，判断该效应的大小必须结合其对企业理论技术创新成果的影响，以及推动理论技术成果转化市场应用这两个方面来综合考察，这构成了制造业转型升级的两个内在逻辑阶段，前者是转型发展的基础，后者是转型成功实现的结果。

（2）环境规制对我国制造业创新转型的推动作用与制造业自身的污染属性，以及其所处的创新转型阶段密切相关。本章的实证结果表明，环境规制效应在上述阶段存在"冲突"现象，表现为理论创新效应与产品创新效应的不同步。具体来说，环境规制对重度污染行业企业的理论技术创新具有显著的正向效应，而其对中度污染行业和轻度污染行业的企业理论创新转型的作用则不明显；而在产品创新层面，环境规制对中度污染行业企业的产品创新转型推动作用最显著，而对重度污染行业企业的产品转型推动作用最不显著，轻度污染行业企业居中。

（3）综合上述两个阶段的理论与实证研究结果，我们认为，目前环境规制对推动我国制造业转型升级成功的"合力效应"尚不明显，如何推进重污染行业企业的理论成果转化进程与激发中度污染行业企业理论创新的积极性是我国环境规制优化需要着力解决的关键问题。

7.5.2　政策建议

为更好地促进我国制造业的创新转型发展，充分发挥环境规制的"正向"推动效应，根据上述研究结论，我们提出以下政策建议：

（1）对企业的环境管制不宜进行"一刀切"式的管理，必须针对企业所属污染性质的不同实行更有"灵活性"的政策，实现精准发力、轻重有别，提高政策效果。具体来说，对重度度污染行业的企业，要把政策的重心放在鼓励其将理论创新成果转化为产品创新能力上来，通过政策引导加大其在理论成果转化方面的力度，降低其转化风险。对属于中度污染行业的企业，则要引导激发其理论创新动力，为其转型升级奠定更雄厚的基础。对轻度污染行业企业，则可以采用比较单一、简单一些的规制手段，降低总体监管成本。

（2）鉴于制造业的转型创新除了与环境规制密切相关外，还受到企业自身的发展战略，研发力量以及盈利能力等因素的广泛影响，因此，建议出台相关配套政策策应环境规制政策，让二者能形成推动制造业转型升级的合力。例如，对中重度污染行业的制造业企业进行适度减税，让其有更多的利润空间来加大转型投入；出台绿色信贷政策，加大对中重污染制造业企业在转型升级过程中的资金支持力度；出台绿色保险政策，从整体上降低制造业企业转型升级失败的风险，减少其对升级失败的顾虑等。

（3）环境规制政策导向在宏观上要将命令－控制型行政措施与市场激励型经济措施进行科学的组合，让制造业企业在面临行政措施的"硬约束"压力下，可以自主选择适应市场激励型的"软约束"政策，最大限度激发其内在的转型升级动力，实现环境效益与经济效益双赢的理想目标。例如，实行碳交易制度，不仅可以使少数技术落后、转型艰难的产能过剩企业在严格的环境标准下被强制淘汰出局，还会激发那些转型潜力巨大的企业充分有效地利用淘汰企业腾出的环境空间来实现自身的升级改造。

第 8 章　中国环境政策的地区差异及其技术创新效应分析

为遏制经济发展过程中环境状况不断恶化的趋势，加强环境保护已成为基本共识。但是，同样不能回避的一个具有挑战性的问题是，环境保护政策的力度到底如何把握才能最大限度发挥其政策效应呢？是不是政府对环境管制越严格，其带来的政策结果就越好呢？显然，这并不是一个凭直觉就能准确回答出来的简单的对错问题，因为，环境管制政策除了直接影响到环境结果外，对经济发展、技术创新也同样会产生重要影响，而这两个因素的表现如何也是我们在评估环境政策效应时需要充分考量的关键指标。由于我们已经在本书第 2 章和第 6 章中对经济发展与环境保护之间的演化关系进行了相应的阐述，本章将主要从环境政策的技术创新效应的角度来探讨其政策效果。

8.1　相关文献回顾

随着技术进步在解决环境问题上的作用越来越被重视，环境规制对技术创新的影响研究也日益成为学界关注的热点。迄今为止，在相关理论研究方面主要存在以下两个截然相反的观点：一是认为环境规制的实施会阻碍技术创新。持这一观点的学者主要是在新古典经济学分析框架内从短期静态的角度来探讨环境规制对技术创新的影响，认为环境污染的治理无论采取什么方式，本质上都是将企业试图转移给社会的环境成本内部化的一个过程，实质是对企业的运营增加了额外的成本，而生产成本的提升会相应减少企业利润，进而影响企业在研发人员和研发资金方面的投入，最终使得企业自身技术创新能力受到约束。因此，环境规制必将阻碍技术的创新。这种观点也被帕尔默（Palmer，1995）称作"昂贵的监管假说"或"遵循成本说"。代表性研究成果包括：沃利和怀特海德（Walley & Whitehead，1996）、拉诺伊和乔治（Lanoie & Georges，1998），他们认为，环境规制迫使企业改变污染严重的生产工艺和流程，在竞争激烈的市场条件下，复杂的绿色技术改造不仅将使企业承担更高的环境成本，而且还限制了企业决策空间，制约包括创新在内的其他机会，进而削弱降低企业的技术创新能力。斯莱特和盎格（Slater & Ange，2000）认为由于高强度环境规制的创新效应难以弥补成本效应，诱致社会投资从生产项目流向污染控制的项目，产生资本"挤出效应"，进而降低企业总体研发水平，削弱生产企业的技术创新基础。赵细康（2003）的研究表明，环境规制的实施会使企业通过提高产品销售价格的方式向消费者转嫁环境成本，抑制了企业的市场需求，降低了企业竞争力，进而弱化了企业的技术创新能力。二是认为环境规制的实施有利于推动技术创新。著名的诺贝尔经济学家迈克尔·波特否定了传统新古典经济学家设定的短期假设，认为环境规制在长期内对技术创新具有促进作用（Porter，1991；Porter & Vander，1995）。理由是严格的环境规制不仅拓展了具有环保特征新产品的市场空间，而且率先采用先进技术创新的企业能够具备创新优势、效率优势、先发优势和整合优势，进而会增强其长期竞争力，也为企业未来的创新活动提供了资金支持与技术知识积累。在预期环境规制更加严格的前提下，企业的长期决策可能会转向绿色产品的研发和生产上，进而刺激环境技术的开发与革新。这种技术的开发与扩散和新环保产品价值实现，不仅能够促进企业的转型升级，还能抵消部分短期内的遵从成本（compliance cost），从而实现环境规制的"创新补偿效应"（innovation offsets）。这一实现技术进步与环境保护良性循环的观点被杰夫和帕尔默（Jaffe & Palmer，1997）称为"弱波特假说"。此外，阿姆贝克（Ambec）和巴拉（Barla）通过建立六阶段的博弈数理模型，证明了环境规制政策可以达到提高企业研发产出和预期利润的双重目的。帕尔默和波特尼（Palmer & Portney，1995）通过假设产业处于完全竞争状态，发现随着污染税的提高，企业采纳更先进排污技术的动机越来越强烈。福特等（Ford et al.，2014）进一步认为，环境规制与竞争优势均能够有效提升行业技术创新的动机。

围绕上述理论研究"分歧"展开的实证分析研究，则主要出现了以下三种结果。一是支持环境规制阻碍技术创新的结果。例如，瓦格纳（Wagner，2007）对德国制造业企业的实验研究表明环境管理体制实施水平对企业总体专利申请量水平存在负效应，兰马纳坦等（Ramanathan et al.，2010）通过分析美国 16 个工业部门，也认为至少在短期内环境规制将抑制技术创新行为。二是支持环境规制推动技术创新的结果。杰夫和帕尔默（Jaffe & Palmer，2006）以及杨等（Yang et al.，2012）分别使用美国 1973～1991 年间和我国台湾地区 1997～2003 年间的工业企业面板数据作为研究样本，结果发现，严格的环境规制政策迫使制造业企业追加研发投入，进而刺激技术创新行为。肯纳瑞尔和曼德森（Knellerh & Manderson，2012）使用英国制造业数据研究后发现，污染减排压力增加可以促进环境研发与环境投资。张倩（2015）基于市场激励型环境规制政策视角探讨环境规制对不同类型技术创新的影响研究结果表明，环境规制变量对企业技术开发、技术转化、绿色工艺创新和绿色产品创新均具有显著的激励作用。兰马纳坦等（Ramanathan et al.，2016）使用英国和中国企业数据研究后发现，在环境规制的影响下，那些积极参与技术创新活动、提高环境管理的企业通常能够更好地获得可持续性的私人利益。任胜钢等（2016）的研究也证明了环境规制对中国制造业技术研发专利成果和技术转化新产品生产具有显著促进作用。三是认为环境规制实施对技术创新的影响不显著。持这一观点的学者们认为，环境规制与企业技术创新之间既不存在显著的线性关系，也不存在显著的非线性关系，两者的相关关系并不明确。例如，杰夫等（Jaffe et al.，2006）认为，专利数量与环境规制政策之间并不存在明显的联系。艾肯等（Aiken et al.，2009）认为环境规制政策并不会显著促进技术创新与扩散。博伊德和麦克莱兰（Boyd & McClelland，1999）、多马兹利基等（Domazlicky et al.，2004）分别实证分析了美国环境规制对纸浆和造纸业以及化工行业生产率的影响，发现环境规制既有可能带来潜在产出损失，也可能在增加产出的同时降低污染，但对生产率的影响并不确定。赵细康（2006）、林（Lin，2013）等认为我国"命令 – 控制"环境规制并不能始终激励企业重视环境保护，环境规制与技术创新之间不存在明显相关关系，环境规制政策对技术扩散的促进作用并不显著。

上述文献回顾与梳理表明，目前学界关于环境规制与技术创新关系的研究尽管取得了不断进展，为进一步深化相关研究奠定了很好的文献基础。但主要存在两个方面的不足，一是在环境规制对技术创新的影响机制的理论研究方面还有很多"黑箱"需要打开，例如，如果不能结合环境规制本身的强度演化趋势来分析其对技术创新的影响，单方面强调环境规制对技术创新的阻碍或者推动效应都显然是有失偏颇的，也许正是因为这一偏颇导致了目前截然不同的两者理论观点的对立；二是在实证研究领域，目前对于环境规制的描述大多采用单一指标替代方法，缺少全面分析，不能对环境规制的强度进行综合客观的评价，这会直接导致环境规制强度的量化发生偏移，进而影响实证结果的科学可靠性。基于上述研究背景，我们拟在对环境规制与技术创新之间的影响传导机制进行深入理论分析的基础上，通过建立新的理论模型来着力探讨环境规则对技术创新影响的门槛效应，并采用新的方法构建一个综合的环境规制强度指标体系来进行相应的实证检验，根本目的是回答从技术创新的角度，什么样的环境规制强度是最合适的政策选择问题（能实现环境保护与技术创新的"双赢"）。

8.2　环境政策对技术创新影响的传导机制

8.2.1　环境规制影响技术创新的基本途径

环境政策的基本出发点是政府为了改善环境质量，通过行政命令或市场激励措施约束企业的经营行为，促使企业改变环境成本外部化的行为方式来实现预期环境目标。那么，这种不以技术变迁为直接目标的政策实施又是如何影响到技术创新的呢？我们可以从以下三条途径进行阐释：

（1）环境政策的实施通过影响企业的运营成本或收益而导致企业创新策略的改变。环境规制实施后，企业短期内的生产经营成本会相应增加或者利润下降。一是企业为环保达标必将改变原有生产经营行为增加相应的环保投入，如购买新的污染处置设备、增加污染防治员工人数、扩大污染处置范围等；二是如果企业不改变生产经营行为而违反环境规制，必然会受到环保主管部门的相应处罚而减少企业利润。企业生产经营成本或利润的变化对其技术创新会产生两方面的影响：一方面，企业很有可能通过减少技术创新投入以对冲环境政策实施后利润下降带来的冲击，这一效应就是典型的环境规制对研发投入产生的"挤出效应"。因为考虑到技术创新所带来的不确定性风险，为避免因环境成本的增加使企业暴露在可预期的巨大风险中，基于谨慎经营的原则，企业有动机减少技术创新的研发投入来确保企业的正常运转，当然因此可能产生企业的技术固化长期化。另一方面，环境政策的实施也可能倒逼企业加大研发投入，采用更加先进、清洁、高效的技术达到既定环境标准要求，进一步激发自身的技术创新潜能，如通过清洁生产方式取得原来的生产工艺来减少污染排放，避免超标罚款，或者通过开发环保新产品的方式来代替原来的污染密集度高的产品，如电动汽车替代传统内燃机汽车的使用，还有可能在产品和生产工艺都不变的前提下，通过对污染处理技术的改进与革新，使污染物得到再利用或无害化处理，以达到甚至高于环境排放标准。一般来说，"挤出效应"很可能是企业短期内应对环境监管的一种应急反应，"激发效应"则更可能出现在企业相对长期的战略发展规划进程中。

（2）环境政策的实施通过影响企业的市场前景而导致企业创新策略的改变。显然易见，环境政策的实施除了对企业的生产经营成本或利润产生直接影响外，也会不断增强公众对环境问题的关注度，提高消费者的环保意识，进而影响到企业的市场前景，而企业市场前景如何是诱致企业是否选择创新的重要外部环境因素。一方面，公众环保意识的不断加强会推动环保新技术产品市场规模的不断扩大。尤其在居民收入水平较高和政府财政支持力度加大的条件下，消费者将更倾向于绿色产品的购买。绿色的需求结构不仅能够提升居民生活环境质量，更重要的是能在外部市场上诱导企业采取积极行动采取新的生产工艺生产清洁产品投放市场，鼓励企业通过取得绿色产品认证树立良好的社会形象，推进企业的绿色技术创新进程。这一机制可以概括为环境政策实施对企业技术创新带来的需求拉动（demand-pull）效应，即由于市场对环境创新产品的需求会诱导企业采用更加先进、高效的生产技术来扩大环保产品的产能和市场占有率。当然，实际效应的大小也受到以下诸多因素的制约：除了要考虑新产品的研发时间周期、资金与人员投入大小，市场可接受价格等风险因素外，淘汰老产品的机会成本尤其关键，如果在环境规制的约束下，老产品已经无法持续经营下去，那么创新的机会成本就很小，创新的动机就越强；反之则反。

（3）环境政策的实施通过影响市场未来竞争格局而导致企业创新策略的改变。在环境政策的影响下，环境友好型产品将越来越受到社会的普遍接受，具有越来越广阔的市场空间，由此会带来市场竞争格局的根本改变。只有那些率先采用清洁生产方式的企业才能满足政府的环境监管要求，适应未来市场消费者的绿色消费方式，同时赢得先发竞争优势。在此背景下，一些企业为了确立未来竞争优势地位会主动选择走技术创新之路，发展环保技术、生产绿色产品，不仅能够在绿色产品市场上占据主动，而且也率先赢得消费者的青睐并树立起良好的社会形象，在带来创新利润的同时也获得竞争优势。率先采用新技术的企业在制定行业标准的过程中也将具有先发优势，并利用标准优势形成对行业潜在进入者的进入壁垒，进一步巩固其竞争地位。当然，企业在环保领域的技术创新也存在比较大的外部性风险，主要表现在创新企业的技术会被潜在竞争者模仿、吸收与再创新而产生知识溢出的正外部效应。由于这种外部性的存在，技术的"市场价格"并不能反映其真实的"市场价值"，导致投资绿色创新的企业比非清洁生产的竞争者承担了更多成本与风险，也有可能使技术创新者的先发竞争优势被模仿者的后发优势所抵消甚至被后者赶超。所以，企业最终是否选择主动创新还是被动模仿也取决于具体环境政策的实施所产生的技术创新先发优势效应与技术扩散外部溢出效应之间的力量对比情况，如果环境政策的实施不能有效抵消这种创新溢出效应，那么其对技术创新的激励效果也会大打折扣。

8.2.2 环境政策对技术创新影响的门槛效应

毫无疑问，上述环境政策对企业技术创新的影响大小，无论通过哪条传导途径发生作用，都与政策实施的强度密切相关。对于内部创新的机制来说，如果环境规制强度太低，例如，对企业不履行环境义务的惩罚标准太低，企业完全不需要冒着技术变革的风险去改变现有的技术结构，缴纳罚款更有利于确保企业的稳定经营，那么环境规制对企业的技术创新就不可能起到激励作用。另外，如果环境规制过于严厉，例如对企业的排污标准要远超现有技术条件下企业所能达到的程度，那么，也很可能抑制企业的技术创新，因为一是技术创新的难度更大了，创新成本会更高，创新风险会更大；二是如果要付出太高的成本来遵守严苛的环境规制，会加大企业逃避环境义务的机会主义行为。同样，对于外部的创新效应来说，太低的环境规制门槛对于企业取得市场中的技术竞争优势不明显，会削弱企业的技术创作积极性，而太严格的环境规制也必然提升环境创新产品的成本与价格，不利于创新企业获得市场优势。学术界对环境规制强度对技术创新的影响效应的研究不多主要是基于以下两个原因，一是对环境规制的强度进行量化评价存在较大的困难，很难解决不同地区环境规制的强度差异比较问题；二是对环境规制的强度对技术创新的影响效应是否在不同地区与不同行业之间存在显著差异的问题缺少实证依据。

总体来说，我们认为，环境政策对企业技术创新水平的影响是"双刃剑"，既有激励作用，也有阻碍作用，其最终影响结果的方向取决于两种效应的综合对比，而决定这种力量对比的最关键要素就是环境政策的严厉程度，我们可以称之为"强度效应"（stringency effect）。具体来说，强度效应是指环境政策的强度与其对技术创新的激励作用大小之间的关系，我们可以用"门槛效应"来进行分析。如图 8 - 1 所示，环境政策对技术创新的影响具有一个临界值（门槛值），当强度在门槛值前后，环境政策对技术创新的影响程度就存在显著差异。

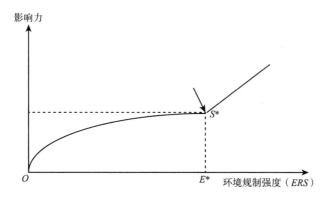

图 8 - 1　环境规制强度对技术创新影响的门槛效应

（1）低等门槛区。较低的环境政策强度对技术创新作用不明显。根据环境政策影响技术创新的传导机制，环境政策强度偏弱必然伴随较低的环境要素价格。在此情况下，首先，绿色产品市场并没有得到完全开发，环境政策对技术创新的需求拉动促进作用有限，企业的技术创新收益难以抵消技术创新成本；其次，环境规制法律的不健全以及环境监管的不严格，将助长企业采取不加控制的偷排、漏排等机会主义行为来逃避环境规制的影响；最后，环境规制影响下的技术创新发展方向还不明显，并不能有效降低因技术创新的长期性和外部性所带来的不确定性风险。环境规制对技术创新的积极促进效应较少或难以抵消技术创新的阻力，环境规制强度并未达到倒逼企业开发采用新的生产技术或产品的临界值。

（2）中等门槛区。环境政策的强度对技术创新作用逐渐增加。随着环境规制法律体系的逐渐健全及其配套监督与管理体系的逐渐完善，环境规制强度对技术创新的影响逐渐变大。在市场培育方面，绿色产品市场得到初步有效的开发，环境规制对技术创新需求拉动效应得到有效体现，企业的技术创新收益能够部分抵消技术创新成本。在法律与监管方面，健全的环境规制法律以及较为完善的环境监管，给企业带来巨大的威慑作用，在企业逃避监管的机会主义行为将得到有效抑制的同时，企业采用更加先进的生产工艺与污染排放处理设施，以减少因环境违规处罚的成本的可能性逐步加大。此外，环境规制强度增加，技术创新发展方向会进一步明确，这在一定程度上能有效遏制因技术创新的长期性和外部性所带来的不确定性风险。环境规制对技术创新的积极促进效应能够很大程度上抵消技术创新的阻力，环境规制强度已经达到倒逼企业开发采用新的生产技术或产品的最低临界值。

（3）高等门槛区。较强的环境政策强度对技术创新作用更加显著。由于存在多重不确定性因素的综合影响，环境规制强度对技术创新的影响可能存在多个门槛值。在环境规制达到高等门槛时，在完善的环境规制法律体系和监督与管理体系的基础上，市场型规制工具和其他新型的规制工具得到广泛应用，环境规制强度对技术创新的影响更加显著。在市场培育方面，绿色产品市场已接近成熟并向更广泛的方向拓展，环境规制对技术创新需求拉动效应得到强有力的体现，企业面临的外部市场环境得到有效改善。另外，不仅健全的环境规制法律以及较为完善的环境监管给企业带来巨大的威慑作用，市场型和其他新型环境规制工具也能够有效诱导企业积极研发新产品，采用先进绿色的生产工艺与污染排放处理设施，在改善企业绩效的同时树立企业环保形象。此外，环境规制影响下的技术创新发展方向得到确立，并很大程度上克服因技术创新的长期性和外部性所带来的不确定性风险。企业的技术创新收益能够部分抵消技术创新成本，环境规制对技术创新的积极促进效应能够很大程度上抵消技术创新的阻力。环境规制强度已经达到倒逼企业开发采用新的生产技术或产品的高临界值。

但是，这绝对不意味着在高门槛区，环境政策的强度会一直与企业技术创新的动力成正比。显然易见，当环境政策的强度在把企业的技术创新潜力充分激发出来之后，如果进一步加大，则企业所要满足更高强度的政策要求必须付出更高的环境成本，这也是客观规律所决定的，例如，随着河水净化水平越来越高，污水处理的边际成本也必然越来越大，极端一点儿来说，水质达到99％的纯净度后要进一步提升到100％几乎在成本上是完全不可控的。所以，我们认为，若环境政策的强度在高门槛值区域进一步提升到某个高阶值的时候，环境政策的技术创新效应所带来的收益将不足以抵消企业要实现环境达标所付出的代价，环境政策对技术创新的影响又将面临一个新的转折，在此之上，环境规制更严格，对技术创新的阻碍作用可能会更大。

综上所述，我们认为环境政策对技术创新的门槛效应并不是一成不变的。一方面，政策的强度并不是在任何情况下都与技术创新的动力成正比关系，在强度太低或者过高阶段，都有可能出现环境政策强度与技术创新动力之间的反向效应。另一方面，不同地区因经济社会发展水平、资源禀赋和市场化程度等客观条件的差异，环境规制对技术创新影响的门槛值也会发生相应变动，企业本身的特性和所实施环境规制工具类型的不同，环境规制影响技术创新的门槛值也会有所不同。

8.3　环境政策强度的量化及中国的地区差异分析

8.3.1　环境规制强度指标体系构建

环境规制的多样性源于环境问题的复杂性，这也导致学术界不存在普适性的环境规制强度指标。国内外关于对此的研究多基于以下四个视角。一是环境污染视角（Cole & Elliott，2003；王锋正、郭晓川，2016），如企业污染物的排放量或排放浓度、废水排放达标率、单位产值的污染排放量等，污染物排放量越少，则环境规制越强。二是治理污染成本视角（吴清，2011；曾义等，2016；任胜钢等，2016；景维民、张璐，2014；Rubanshkina，2015），如治理污染投资额、"三同时"费用、单位产值排污费、治污运行费用等，企业治污投入费用越高，则环境规制强度越强。三是规制主体视角（蒋为，2015；陈德敏、张瑞，2012；Low，1992），如环境部门的检查时间和罚款金额、环境行政处罚案件数、环保系统人数和环境法律数等，检查频次越高、罚款和法律数量越多，则环境规制强度越强。四是替代变量视角（陆旸，2009），如人均 GDP 等。

随着环境问题的日益复杂化，从单一视角来考察环境规制已经不能全面衡量环境规制强度，因此多视角下的环境规制强度衡量问题是当今的一个研究主题。借鉴文献梳理结果，基于多维性和可比性等原则，本章以环境规制主体视角为架构，分别从政策标准层、环境监督层、环境执行层和环境落实层四个层面 7 个变量来测度环境规制强度指标。各变量的数据均来自 EPS 数据库。各变量如表 8 - 1 所示。

表 8 - 1 环境规制强度指标构造体系与变量定义

指标	变量名称	变量定义	单位
政策标准层	环境法律数量（$X1$）	当年颁布的地方性法规与行政规章数量之和	件
环境监督层	环境信访率（$X2$）	环境信访机构来访人数除以当地总人数	%
	检测机构人数（$X3$）	国家级和省级环境检测机构人数	人
环境执行层	环保行政人数（$X4$）	国家级和省级环保行政主管部门人数	人
	环保案件数量（$X5$）	当年实施行政处罚案件数	起
环境落实层	污染治理投资（$X6$）	工业污染治理完成投资额除以工业增加值	%
	排污费缴纳（$X7$）	排污费解缴入库金额除以排污费解缴入库户数	万元/户

（1）政策标准层。环境政策是环境规制的核心，而环境法律规定与环境行政法规则则是环境政策的直接外在体现。由于各省区市在中央环境法律层面具有同源性，为方便比较，本章选用各地区颁布的地方性法规与行政规章当年历史数量来衡量环境标准层。以地方法律和行政法规在内容与数量上的差异来近似代表环境规制强度在省域间的差异。法律条数越多，则当地环境规制越严格。

（2）环境监督层。环境监督包括环保当局监督与社会监督，两者体系的完备及监督的严格程度是环境规制强度的重要组成部分。实践证明环保当局的监督强度不仅与环境质量的改善具有理论上的因果关系，同时也是环境政策得到更好实施的保障。从准确衡量环保当局的监督力度来讲，环境检测机构人数指标不仅反映省域间对待环境问题的重视程度，而且检测人员所建立的环境数据也成为社会监督的重要依据。社会往往是环境污染的受害者，具有实施环境监督的天然属性。环境污染必然使利益受损方提出自己的诉求，而环境信访机构来访人数除以总人口指标能够较好地反映出社会诉求的程度。环保系统人数越多，环境信访率越高，则环境监督强度越强。

（3）环境执行层。环保当局的执行与惩罚力度能够对企业的污染行为产生实质性威慑，从而达到环境改善的目的。环境规制的执行更多场合需要人力来完成，因此可以使用国家级和省级环保行政主管部门人数指标来近似替代环境规制的执行程度。而行政处罚案件数能够直观地表明环境规制所造成的惩罚力度。行政处罚案件数和环保行政主管部门人数越多，则代表环保当局执行能力越强，进而可以认为环境规制强度越高。

（4）环境落实层。作为污染的主要排放者，企业是影响环境质量的直接影响因素。本章借鉴治理污染成本视角，从污染防治和污染惩罚两个角度分别选取折减后的单位工业增加值上工业污染治理完成投资额和户均排污费解缴入库金额以描述企业层面的环境落实情况。单位工业增加值工业污染治理完成投资额和户均排污费解缴入库金额越高，则环境规制越严厉。

8.3.2　环境规制强度的测算与分析

下面，我们采用动态因子分析来测算环境规制强度。动态因子分析（dynamic factor analysis）综合了主成分分析的截面结果与线性回归模型的时间序列结果。它通过综合考虑样本、变量和时间三个维度，不仅能对各省区市环境规制现状进行横向对比分析，还能反应各省区市环境规制的纵向动态变化。根据方差最大正交旋转法，使用 Stata 14 软件计算公因子的特征值、方差贡献率和累计方差贡献率，如表 8 - 2 所示。根据特征值大于 1、碎石图等方法综合选取 5 个公因子。5 个公因子的累计方差贡献率达到了 86.9%，表明可以代表各省区市环境规制强度的主要信息。

表 8 - 2　　　　提取公因子的特征值和方差贡献率、累计方差贡献率

公因子	特征值	方差贡献率	累计方差贡献率
F_1	17.278	0.268	0.268
F_2	12.154	0.188	0.456
F_3	10.434	0.162	0.618
F_4	9.011	0.140	0.758
F_5	7.145	0.111	0.869

资料来源：笔者采用动态因子分析方法计算后整理。

根据下面的计算式（8 - 1）计算得出各个省区市的静态得分矩阵，以各公因子的方差贡献率为权重加权得到平均综合得分。动态因子分析下的环境规制强度值如表 8 - 3 所示。

$$E = \frac{0.268}{0.869}F_1 + \frac{0.188}{0.869}F_2 + \frac{0.162}{0.869}F_3 + \frac{0.140}{0.869}F_4 + \frac{0.111}{0.869}F_5$$

$$(8 - 1)$$

表 8 - 3　　　　　　　　各省区市环境规制强度情况

地区	2005 年	2006 年	2007 年	2008 年	2009 年	2010 年	2011 年	2012 年	2013 年	2014 年	地区均值
北京	-0.207	0.044	-0.147	-0.234	-0.296	-0.205	-0.244	-0.086	0.529	0.565	-0.028
天津	0.395	0.393	0.283	0.049	0.061	-0.027	-0.278	-0.156	-0.342	-0.140	0.024
河北	-0.113	-0.192	-0.233	-0.231	-0.036	-0.315	-0.134	-0.157	-0.271	-0.080	-0.176
山西	-0.499	-0.457	-0.449	-0.443	-0.497	-0.307	-0.346	-0.355	-0.491	-0.332	-0.418
内蒙古	0.543	-0.174	-0.124	-0.198	-0.030	-0.076	0.178	0.513	-0.064	-0.002	0.057
辽宁	1.618	0.857	1.572	0.855	0.814	2.141	0.984	0.555	0.778	0.670	1.084
吉林	0.173	-0.019	0.090	0.062	-0.036	0.112	-0.080	-0.001	-0.106	-0.157	0.004
黑龙江	-0.034	0.671	0.117	0.188	-0.187	0.123	3.202	2.436	2.055	0.425	0.899

地区	2005 年	2006 年	2007 年	2008 年	2009 年	2010 年	2011 年	2012 年	2013 年	2014 年	地区均值
上海	0.293	0.194	0.242	0.694	0.389	0.183	-0.051	0.615	1.260	0.330	0.415
江苏	-0.081	0.041	0.488	-0.044	0.208	-0.062	-0.049	0.308	0.101	-0.072	0.084
浙江	1.149	1.219	1.205	1.087	0.710	1.377	0.728	0.263	0.261	0.381	0.838
安徽	-0.359	-0.175	-0.351	0.235	-0.379	-0.293	-0.332	-0.290	-0.393	-0.228	-0.256
福建	-0.333	-0.004	-0.296	-0.227	0.038	-0.095	-0.251	-0.258	-0.311	-0.528	-0.226
江西	-0.161	0.089	-0.103	0.514	0.537	0.608	0.109	0.073	0.125	0.951	0.274
山东	-0.166	-0.284	-0.031	-0.255	-0.139	-0.125	-0.250	-0.277	-0.153	-0.022	-0.170
河南	-0.384	-0.302	-0.311	-0.441	-0.407	-0.248	-0.499	-0.390	-0.510	-0.257	-0.375
湖北	1.492	0.466	0.076	0.052	-0.061	-0.160	-0.027	-0.238	-0.329	0.031	0.130
湖南	0.325	0.734	0.341	0.143	0.418	0.396	0.659	0.432	0.368	0.698	0.451
广东	-0.291	0.046	0.223	0.301	1.094	0.331	0.232	0.297	0.724	0.467	0.342
广西	-0.139	-0.131	0.075	0.199	-0.167	-0.120	-0.196	-0.264	-0.352	0.054	-0.104
海南	-0.800	-0.531	0.337	0.173	-0.123	-0.808	-0.862	-0.989	-0.762	-0.735	-0.510
重庆	0.710	0.555	0.005	-0.308	-0.234	-0.167	0.180	-0.103	-0.687	-0.212	-0.026
四川	0.273	-0.100	-0.130	0.407	0.098	-0.120	-0.074	-0.076	-0.225	-0.140	-0.009
贵州	-0.552	-0.891	-0.618	-0.673	-0.496	-0.385	-0.508	-0.375	-0.570	-0.420	-0.549
云南	-0.303	0.014	-0.110	0.548	-0.084	-0.086	0.029	0.591	0.355	-0.230	0.072
陕西	-0.274	-0.327	-0.189	-0.427	-0.218	-0.480	-0.341	-0.387	-0.424	-0.170	-0.324
甘肃	-0.733	-0.675	-0.624	-0.510	-0.430	-0.349	-0.588	-0.599	0.439	0.021	-0.405
青海	-0.770	-0.651	-0.561	-0.571	-0.231	-0.388	-0.672	-0.584	-0.554	-0.141	-0.512
宁夏	-0.455	-0.178	-0.240	-0.419	-0.377	-0.259	-0.252	-0.216	-0.170	-0.551	-0.312
新疆	-0.316	-0.231	-0.538	-0.523	0.056	-0.193	-0.269	-0.281	-0.281	-0.176	-0.275
年度均值	-0.207	0.044	-0.147	-0.234	-0.296	-0.205	-0.244	-0.086	0.529	0.565	-0.028

　　据表 8-3 综合得分可知，省域间环境规制强度的差异巨大。在各省区市的环境规制强度排名中，辽宁（1.084）、浙江（0.838）、黑龙江（0.899）、上海（0.415）、湖南（0.451）和广东（0.342）等省份的得分较高；其中，辽宁、黑龙江、湖南等省份以资源密集型企业为主，污染企业数量众多，所实施的环境规制相对较高；而浙江、上海和广东等省份经济较为发达，企业总量远高于全国其他的地区，且企业集中度

高，导致污染问题集中，从而环境规制强度也高于全国其他地区。而山西（-0.418）、海南（-0.51）、贵州（-0.549）、甘肃（-0.405）、青海（-0.512）的环境规制强度则较弱。其中，山西环境规制程度较低的原因可能有两个：其一，山西虽然为我国的煤炭资源大省，但其主要资源煤炭多用于满足周边其他省份的能源需求，减少其本身的工业能源消耗；其二，环境监管当局可能根据山西煤炭资源发展的现状，环境问题虽然较为严重，但监管部门存在环境方面政策性的妥协与让步。其他环境规制较弱的地区，多为人口较为稀疏、工业发展相对缺乏的地区，例如，海南、贵州、青海和甘肃等地区。由此可见，省域间环境规制强度的差异巨大，如辽宁与青海间的环境规制强度值差异已达到了将近 1.335 的程度。

值得注意的是，随着各省份环境政策的调整，各地区的环境规制强度随时间的延续并没有出现统一的变化。相反，有些省份随年份的增加大致呈增加的趋势，如北京（-0.207~0.565）；有些省份随年份的增加大致呈降低的趋势，如天津（0.395~-0.14）。尽管从时间上并不能判断出一致的变化，但我们仍可以发现环境规制强度与经济发展程度具有密切的联系，具体表现为：经济发展程度较高的地区环境规制强度也较高，而经济发展程度较低的地区环境规制强度也较低。

8.4 环境规制强度与企业技术创新关系的实证分析

8.4.1 环境规制对技术创新的门槛模型构建

首先，从技术创新机制角度综合考虑自主创新和技术引进路径的技术创新生产函数由下式表示：

$$Y = f(ER, Hum, RD, TE, A) \tag{8-2}$$

式（8-2）中，Y 表示各地区工业企业技术创新产出；ER 表示环境规制强度；Hum 和 RD 分别表示自主研发路径中的人员与资金投入；技术引进路径则使用技术引进与吸收投入（TE）代表企业技术外向学习的努力程度。A 为其他控制变量。

本章使用 C－D 生产函数来建立检验模型，考虑到同方差和异常项可能对数据的稳定性产生影响，分别对模型两侧同时取对数，其模型如式（8－3）所示：

$$\ln Y_{it} = \beta_0 + \beta_1 \ln ER_{it} + \beta_2 \ln RD_{it} + \beta_3 \ln Hum_{it} + \beta_4 \ln TE_{it} + \omega_{it}$$
$$(8-3)$$

其次，环境规制除了直接影响技术创新外，还会通过刺激研发投入来影响技术创新。为了反映环境规制对技术创新的间接效应，我们加入环境规制与研发资金投入的交叉项（$\ln ER \times \ln RD$）。

$$\ln Y_{it} = \beta_0 + \beta_1 \ln ER_{it} + \beta_2 \ln RD_{it} + \beta_3 \ln Hum_{it} + \beta_4 \ln TE_{it}$$
$$+ \beta_5 \ln ER_{it} \times \ln RD_{it} + w_{it} \qquad (8-4)$$

再次，企业除通过研发投入进行自主研发外，在企业研发基础或积累薄弱或研发风险过高的情况下，环境规制强度的加强会倒逼或诱导企业有选择的技术引进。自主创新与技术引进相互促进、吸收更易于企业基础创新的发展。为衡量两者共同影响企业技术创新的效应，需要在式（8－4）的基础上加入技术引进投入和消化吸收投入的交叉项（$\ln TE \times \ln RD$）。

$$\ln Y_{it} = \beta_0 + \beta_1 \ln ER_{it} + \beta_2 \ln RD_{it} + \beta_3 \ln Hum_{it} + \beta_4 \ln TE_{it}$$
$$+ \beta_5 \ln ER_{it} \times \ln RD_{it} + \beta_6 \ln TE_{it} \times \ln RD_{it} + \omega_{it} \qquad (8-5)$$

此外，环境规制对技术创新水平的影响程度还受到地区发展水平和对外开放水平的影响，一般来讲，地区发展水平和对外开放水平越高将加速技术水平的扩散，进而提升其影响程度。为更好地反映两条路径对技术创新的影响效应，加入地区工业经济发展水平（EP）与对外开放水平（$OPEN$）作为控制变量，以避免规模因素与国际贸易因素对实证结果造成偏移。

$$\ln Y_{it} = \beta_0 + \beta_1 \ln ER_{it} + \beta_2 \ln RD_{it} + \beta_3 \ln Hum_{it} + \beta_4 \ln TE_{it} + \beta_5 \ln EP_{it}$$
$$+ \beta_6 \ln OPEN_{it} + \beta_7 \ln ER_{it} \times \ln RD_{it} + \beta_8 \ln TE_{it} \times \ln RD_{it} + \omega_{it}$$
$$(8-6)$$

最后，我们以环境规制为门槛变量，设定总技术创新产出的面板门槛回归模型：

$$\ln Y_{it} = \beta_0 + \beta_1 \ln RD_{it} + \beta_2 \ln Hum_{it} + \beta_3 \ln TE_{it} + \beta_4 \ln EP_{it} + \beta_5 \ln OPEN_{it}$$
$$+ \beta_6 \ln ER_{it} \times \ln RD_{it} + \beta_7 \ln TE_{it} \times \ln RD_{it} + \beta_8 \ln ER_{it} \times I(ER < \gamma_1)$$
$$+ \beta_9 \ln ER_{it} \times I(\gamma_1 \leqslant ER < \gamma_2) + \beta_{10} \ln ER_{it} \times I(ER \geqslant \gamma_2) + \omega_{it}$$
$$(8-7)$$

各式中，$i = 1, 2, \cdots, N$ 表示不同省份；$t = 1, 2, \cdots, T$ 表示时间；括号中 ER 为门槛变量；$I(\cdot)$ 为指标函数，相应条件成立时为1，否则为0。各变量的具体信息如表8-4所示。

表8-4　　　　　　　　　变量名称及变量定义

变量名称	符号	定义	单位
技术创新	TP	工业企业专利申请总量	件
	NP	工业企业新产品销售收入	亿元
	OP	工业企业外观设计专利与实用新型专利申请量之和	件
环境规制强度	ER	环境规制强度值+1	—
研发资金投入	RD	价格调整后研发资本存量	亿元
研发人员投入	Hum	工业企业研发人员折合全时当量	万人/年
技术引进投入	TE	价格调整后引进技术经费与消化吸收支出之和	亿元
工业发展水平	EP	价格调整后营业利润除以企业数量	亿元
对外开放水平	OPEN	按境内目的地和货源地分货物进出口总额占该地区已平减GDP比重	%

注：环境规制强度（ER）中取对数时要求环境规制强度值均大于0，因此对环境规制强度值做加1处理。

8.4.2　数据来源、质量与内生性讨论

本章基于数据的有效性、可得性，选取2005～2014年间我国30个

省份大中型工业企业的面板数据（不包括西藏和港澳台地区）进行分析，其中各地区大中型工业企业的专利申请总量、发明专利申请量、研发经费内部支出、研发人员折合全时当量、引进技术经费支出、消化吸收经费支出等数据来源于《工业企业科技活动统计年鉴》；各地区工业污染治理本年完成投资额数据来源于《中国环境统计年鉴》；地方性法规和行政规章数量、国家级和省级环保系统人数、单位企业行政处罚案件数、单位工业增加值的工业污染治理完成投资额等数据来源于《中国环境年鉴》；居民消费价格指数和固定资产投资价格指数、工业增加值、按境内目的地和货源地分货物进出口总额等数据来源于国家统计局网站"分省年度数据"。

　　为考察数据的质量，采用 Stata 14 软件对 30 个省份 2005 ~ 2014 年间大中型工业企业的面板数据各变量进行统计性检验，如表 8 - 5 所示。统计性检验结果表明各变量数据质量较高。

表 8 - 5　　　　　　　　　　　　变量统计性检验结果

变量	均值	方差	最小值	最大值
lnTP	7. 895	0. 927	4. 506	9. 674
lnNP	6. 872	0. 633	4. 873	8. 089
lnOP	7. 395	0. 926	3. 041	9. 122
lnER	- 0. 0874	0. 271	- 1. 006	0. 921
lnEP	- 0. 758	0. 332	- 2. 112	- 0. 018
lnHum	0. 833	0. 519	- 1. 177	6. 626
lnRD	4. 951	0. 649	3. 465	- 0. 018
lnTE	1. 907	0. 624	- 1. 032	4. 746
ln$OPEN$	- 1. 092	0. 319	- 2. 140	0. 378
lnER × lnRD	4. 863	0. 769	3. 060	6. 842
lnTE × lnRD	6. 857	0. 877	3. 262	9. 525

资料来源：笔者使用 Stata 14 软件计算并整理。

目前，模型产生内生性的主要原因包括遗漏变量、解释变量与被解释变量相互影响和关键变量的度量误差等。首先，在机制分析的基础上选取 8 个影响技术创新的解释变量以避免遗漏变量现象的出现；其次，为减少环境规制强度指标，利用动态因子分析方式全面准确地衡量环境规制强度的指标；最后，在数据回归之前，对所有变量作对数化处理。

8.4.3 门槛存在性检验与门槛值的估计

面板门槛回归模型估计之前，首先需要进行门槛存在性检验。门槛存在性检验不仅能够确定确定门槛变量的门槛个数，还能对所选门槛模型进行显著性检验。门槛存在性检验的原假设 $H_0 : \beta_0 = \beta_1$，即不存在门槛效应；备择假设 $H_1 : \beta_0 \neq \beta_1$，即存在门槛效应。

确定门槛类别的具体方法如下：依次分别对不存在门槛还是存在单门槛（single）、存在单门槛还是存在双门槛（double）、存在双门槛还是存在三门槛（triple）三个原假设进行门槛存在性检验。在选择门槛类别之前，对其显著性进行 F 统计量检验：

$$
\begin{aligned}
单门槛：F &= \frac{S_0 - S_1}{\hat{\sigma}^2} \\
多门槛：F &= \frac{s_1(\hat{\gamma}_1) - s_2(\hat{\gamma}_1^r)}{\hat{\sigma}_{22}^2}
\end{aligned}
\tag{8-8}
$$

式（8-8）中，S 代表残差平方和，σ^2 代表方差。然后根据门槛存在性检验结果及 F 统计量是否显著性便可以确定适合的门槛回归模型的类别。门槛类型及其显著性检验结果如表 8-6 所示。我们可以看出，门槛存在性检验表明模型一、模型二和模型三均具有双门槛效应，而且均在10%的显著性水平上通过了双门槛效应的 F 统计量检验。因此，我们认为三个模型的门槛回归模型应选用面板双门槛模型。

表 8 - 6　　　　　　　　　　　　门槛存在性检验

门槛类别	模型一（lnTP）	模型二（lnNP）	模型三（lnOP）
single	6. 75 （0. 3367）	7. 09 （0. 275）	12. 56 ** （0. 0467）
double	16. 93 ** （0. 0267）	12. 72 * （0. 080）	23. 48 *** （0. 0067）
triple	1. 56 （0. 9133）	7. 19 （0. 3200）	2. 98 （0. 81）

注：不带括号的为门槛检验对应的 F 统计量；括号内为采用 Bootstrap 法反复抽样得到的 P 值；＊、＊＊、＊＊＊分别表示在 10%、5%、1% 的显著性水平下显著。

门槛类别确定之后，可以根据门槛的个数使用 Bootsrap 方法确定门槛值及其置信区间，进而才能得到有效回归。表 8 - 7 报告了各模型门槛值及其 95% 的置信区间。从表 8 - 7 中可以看出，相较于专利申请量，环境规制强度对新产品销售收入的门槛值要更低。说明环境规制推动技术研发（专利申请量）要比技术转化（新产品销售收入）更加困难。

表 8 - 7　　　　　　　　　　　　门槛值估计结果

模型	门槛值 γ_1（lnER）		门槛值 γ_2（lnER）	
	估计值	95% 置信区间	估计值	95% 置信区间
模型一	- 1. 328	［- 1. 4355，- 1. 3205］	0. 8154	［0. 7971，0. 8658］
模型二	- 1. 6503	［- 1. 9805，- 1. 5396］	- 1. 1147	［- 1. 1178，- 1. 0527］
模型三	- 0. 8074	［- 0. 8233，- 0. 8030］	- 0. 8771	［- 0. 8867，- 0. 8463］

资料来源：笔者通过计算整理。

在得到门槛值之后，为考察门槛估计量是否等于其真实值，需要经过最大似然比检验（LR 检验）。其原假设为 H_0：$\gamma_0 = \gamma_1$，备择假设为 H_1：$\gamma_0 \neq \gamma_1$。构建各门槛的 LR 统计量：

$$LR_1^r = \frac{s_1^r(\gamma_1) - s_1^r(\hat{\gamma}_1^r)}{\hat{\sigma}_{21}^2}$$

$$LR_2^r = \frac{s_2^r(\gamma_2) - s_2^r(\hat{\gamma}_2^r)}{\hat{\sigma}_{22}^2} \tag{8 - 9}$$

LR 检验结果如图 8 - 2 所示。图 8 - 2 中门槛估计值是当 LR 取最小值的点，LR 值在虚线以下部分即为门槛估计量在 95％ 显著水平的置信区间。而图 8 - 2 中虚线表示的是在 95％ 显著水平的临界值 7.35。

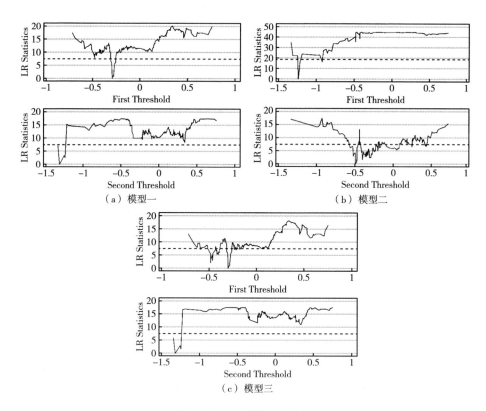

图 8 - 2　各模型 LR 趋势

8.4.4　面板门槛回归模型的估计与分析

综合考虑模型中门槛变量的估计值及其 95％ 信度下的置信区间，决定对模型一、模型二、模型三均使用双门槛回归。使用面板门槛模型，以环境规制为门槛变量，分别对三个模型进行面板双门槛回归估计，表 8 - 8 报告了三个模型的参数估计结果。

表 8－8　　　　　　　　　　　　　模型参数估计结果

解释变量	模型一(lnTP)	模型二(lnNP)	模型三(lnOP)
lnRD	1. 361 *** (0. 000)	1. 091 *** (0. 000)	1. 384 *** (0. 000)
lnHum	0. 225 ** (0. 017)	－ 0. 237 *** (0. 015)	0. 334 *** (0. 008)
lnTE	0. 000	－ 0. 772 *** (0. 000)	0. 000
lnEP	0. 089 ** (0. 041)	0. 193 *** (0. 002)	－ 0. 054 (0. 493)
ln$OPEN$	0. 112 (0. 159)	0. 373 *** (0. 000)	0. 175 * (0. 095)
lnER × lnRD	－ 0. 179 (0. 238)	0. 111 ** (0. 513)	－ 0. 339 * (0. 091)
lnTE × lnRD	－ 0. 056 ** (0. 029)	0. 717 (0. 000)	－ 0. 023 (0. 120)
lnER(ln$ER \leqslant \gamma_1$)	0. 614 *** (0. 002)	－ 0. 144 *** (0. 544)	1. 009 *** (0. 00)
lnER($\gamma_1 <$ ln$ER < \gamma_2$)	0. 38 ** (0. 029)	0. 289 * (0. 057)	0. 591 *** (0. 010)
lnER(ln$ER \geqslant \gamma_2$)	0. 231 (0. 232)	－ 0. 141 (0. 454)	0. 323 (0. 206)
c	2. 449 *** (0. 000)	3. 62 *** (0. 000)	2. 495 *** (0. 000)
R^2	0. 892	0. 823	0. 868
F 统计量	275. 75 *** (0. 000)	102. 63 *** (0. 000)	144. 82 *** (0. 000)

注：* 、** 、*** 分别表示在10% 、5% 、1% 的显著性水平下显著。

据表 8 - 8 可看出，三个模型的面板门槛回归 R^2 均高于 0. 80，说明模型拟合程度较好。F 统计量均在 1% 的显著性水平下显著，说明模型设定合理。三个模型在回归参数及其方向上具有一致性，表明模型的稳健性较好。

根据回归结果，我们发现：

（1）环境规制对新产品销售收入的影响呈倒"U"形关系。即跨越环境规制强度门槛越高，环境规制对新产品销售收入的影响程度先升后降。在分别跨越 -1.6503 和 -1.1147 两个环境规制强度门槛值前后，其对技术创新的影响效应分别为 -0.144、0.544 和 -0.141。这表明：其一，随着环境规制强度小于 -1.6503 时，环境规制强度因为太弱，居民绿色消费意识并不强烈，其消费偏好并未因环境规制而具有较大转变，所以并不能有效促进绿色消费市场的形成。没有有效的绿色产品市场，企业的技术创新产品的价值实现就会受到阻碍，从而减少企业开展下一步技术创新活动的动机，最终不能有效推动技术产品的转化。其二，随着环境规制强度加强到 -1.6503 ~ -1.1147 之间时，消费者的环境意识和消费偏好开始凸显，产品转化及其价值的实现较第一阶段均具有大幅提升。在此背景下，企业有动机开展大规模的技术创新活动，以开发绿色产品市场。这将最终促使环境规制对技术创新的市场拉动作用得到充分发挥。其三，当环境规制强度超过 -1.1147 时，消费者的绿色偏好逐渐成熟，环境规制的市场拉动作用开始疲软，高昂的新产品价格也一定程度上阻碍环境规制对技术创新的积极影响。随着环境规制强度的持续增加，企业的治污压力和研发压力也进一步增大，挤出大部分生产资金的同时，行业的资金与技术进入壁垒开始显现。市场开发的难度增加与企业间的不完全竞争最终导致环境规制在高门槛时阻碍技术转化的发展。

（2）环境规制强度对专利申请量具有直接"双重门槛效应"且呈"L"形影响关系。在分别跨越 -1.328 和 0.8154 两个环境规制强度门槛值时，单位环境规制强度的提升所带来的专利申请量在减少，分别从 61.4% 下降至 38%，再到 23%。这表明环境规制强度显著推动专利的申请量，且该推动作用却存在递减趋势。提升单位专利申请量需要较低的环境规制强度，这也印证了我国目前的环境规制"窘境"。

自主创新路径方面。当企业生产技术不能达到新的环境标准，但却具有一定的技术创新知识积累时，企业作为理性经济人，有可能因环境规制强度的增强而选择自主研发路径。回归结果表明，自主研发路径中的研发资金投入（lnRD）不仅对专利申请总量具有显著促进作用（1.361 和 1.384），对新产品的销售收入也具有显著推动作用（1.091）。这说明在环境规制的影响下，企业通过资金投入能够有效克服技术创新外部性、技术转化的知识溢出效应，进而推动技术创新进步。研发人员投入变量（lnHum）仅对各类专利申请量具有显著促进作用（0.225 和 0.334），对新产品销售收入的作用为负向阻碍作用（−0.237）。表明在企业内部，技术开发与技术转化两个阶段在人力投入上具有一定的"挤出效应"。

在技术引进路径方面。当出现以下条件时，环境规制强度的加强会倒逼或诱导企业为适应新的环境指标而倾向于技术引进路径。一是企业生产技术不能满足新的环境标准；二是自主研发成本超过了预期收益；三是企业由于缺乏研发基础导致研发能力较低。从回归结果可以发现，技术引进路径中的技术引进与消化吸收投入（lnTE）对企业各类技术创新指标的影响均较小，甚至到了可以忽略的地步。

环境规制强度与研发资金投入的交叉项和技术引进与研发资金投入的交叉项仅对新产品销售收入具有促进作用，并不能推动新产品销售收入的提高。说明环境规制强度影响下的研发资金投入与技术引进的创新投入一致，均以市场为导向，从而有效提高了企业新产品的销售收入。工业发展水平能够显著推动专利申请量（0.089）和新产品销售收入（0.193）。经济开放水平也能够有效促进新产品销售收入（0.373）和外观设计专利与实用新型专利（0.175）。这表明工业发展水平和对外开放水平对技术创新均具有显著促进作用，符合之前的假设。

8.5 政策建议

（1）制定合理的环境规制强度，扩展培育新产品市场。环境规制对新产品销售收入具有直接"双重门槛效应"且呈倒"U"形关系表明，环境规制促进技术创新是有条件的。只有当环境规制强度达到中等门槛程度，环境规制才能够促进企业技术创新。环境规制强度太低，其对技术创新的影响微乎其微；环境规制强度太高，也会阻碍技术创新。因此，要制定适宜企业发展的合理环境规制强度区间，倒逼企业发挥环境规制的创新补偿效应和治污技术进步效应，开拓新产品市场，以改善企业自身的技术创新乃至经济绩效。防止"环境保护主义者"盲目加强环境规制强度和"经济优先主义者"的不顾环境代价的做法，因为这将不仅阻碍企业的技术创新，甚至为国家创新转型战略的实现带来不可挽回的损失。

（2）提升环境规制强度对不同类型技术创新的匹配度。针对不同类型的技术创新，环境规制对其影响的门槛值存在差异。这一结论的政策内涵在于，我们不仅要准确把握并确定有利于促进技术进步的环境规制强度合理区域，而且还需要根据企业技术创新层次具有的特性和企业所在地区存在的异质性，采取适当措施进行适度的微调，以促进各类型技术创新产出全面发展。因为在时间效应方面，随着环境规制政策实施时间的延续，不同地区的企业对不同层次技术的创新活动，企业所面临的最佳环境规制强度会有所差异。

（3）进一步提升企业合成创新和吸收再创新能力。研究结论表明，企业并不能有效地衔接起技术引进与自主研发，企业吸收和再创新的能力有待提高。目前，我国通过结合自主研发与技术引进两条路径来加强技术创新产出的做法仍存在诸多问题：一是技术引进投入对自主研发资金的"挤出效应"大于国内企业对外来技术的"学习效应"，即技术引进为创新企业吸收后所产生的当期与预期效益并不能抵销其现期所付出的技术引进成本；二是当前我国企业的再创新能力不足，并不能有效结合自身技术优势和吸收后的外来技术，以开发出新的先进技术。因此，我们要树立技术创新"两个市场"的观念，充分发挥国外技术市场高科技含量技术对国内企业的指导和扩散效应，积极引导并吸收国外先进的技术，从总体上提高我国企业技术创新水平与能力。同时，对国外先进技术不能局限在仅购买成品技术阶段，而应秉持消化吸收后再创新的理念加以应用，不断增强自身技术创新能力。

第9章 国外发达国家环境政策经验借鉴

发达国家工业革命和工业化时间相对较早，更早地面临了资源和环境问题，经过数十年的治理，发达国家在生态环境治理方面已经走在了世界前列，对其政策进行分析总结，可以为我国的生态环境治理提供借鉴。总体而言，发达国家在生态环境治理方面的政策主要可以归纳为三种类型：一是法规约束型政策，即通过国家订立各种法律法规以及相关的规章制度来约束各相关利益主体的环境侵害行为；二是政府引导型政策，即政府通过奖励或者惩罚的方式来引导和调节其他相关利益主体的行为，使之尽量满足政府的环境调控治理目标，主要包括税收政策、政府采购政策、公共财政政策等内容；三是市场激励型政策，即通过发挥市场机制在配置生态环境资源方面的作用来激发各市场主体在生态环境治理过程中的自觉主动性，提高环境治理效率，主要包括生态补偿和排污权交易等内容。除上述政策之外，西方发达国家还比较注重发挥中介组织的力量来进行环境治理。本章主要通过对以美国、欧盟（德国为主）和日本为代表的发达国家和地区生态环境以及资源综合利用方面的政策进行分析，为我国的生态环境治理提供经验借鉴。

9.1 美国生态环境治理政策经验借鉴

9.1.1 法规约束型环境政策

（1）美国有关大气污染防治的法规。1955 年美国政府颁布了《空气清洁法》。1963 年 12 月 17 日国会通过了《洁净空气法》，该法对联邦机构和各州合作处理空气污染的办法作出了规定。1970 年颁布了《空气洁净法》，规定环境保护局要自法令颁布之日起，90 天内提出关于全国境内空气中主要污染物最大含量标准，确保公共卫生得以充分保护，并要求在 5 年内达到这些标准。1977 年颁布的《清洁空气法》修正案沿用了"国家空气质量标准"，并给各州更宽松的时间来全面执行修正案中制定的标准，还设定了"新源控制原则"，通过提前设立明确的标准与严格的事前审批程序，对新出现的空气污染源和污染企业进行严格监督、审批和管理。1990 年《清洁空气法》第二次修正议案把酸雨、有毒气体、城市空气污染三个新的内容纳入法案中，尝试引入市场机制管理策略，采取市场和行政相结合的制度框架，设立酸雨项目，实施排污权交易，发放二氧化硫排放许可证。2005 年美国环境保护局颁布《清洁空气州际法案》，该法案旨在控制二氧化硫和氮氧化物，以促使各州的近地面臭氧和细颗粒物达到环境空气质量标准。2011 年，美国环境保护局制定并实施了《州际空气污染规则》，以进一步落实"好邻居条款"中涉及的州际空气污染控制计划。

（2）美国有关水环境保护的立法。20 世纪 70 年代，美国面临酸雨性矿物的排放、核电站的污染、工程队的疏浚物、船舶倒出的垃圾以及公共工程和油轮事故等对水环境造成的严重污染。在此背景下，1972 年美国政府颁布了《联邦防止水源污染修正法案》，1974 年政府颁布了《饮用水安全法》。1977 年美国国会批准用 287 亿美元补充经费来控制水污染，同时将 1972 年颁布的法案修订为《清洁水法案》；1980 年国会还通过了《船舶污染防止法》。这些都是 20 世纪七八十年代美国关于控制水污染的重要立法。

（3）有关固体废弃物的环境保护立法。美国于 1965 年第一次将废弃物综合利用以法律形式确定下来；1976 年 12 月 21 日，美国政府颁布了《资源保护及恢复法》，并要求各州制定相应的法律和法规，加强对废弃物的处理和回收，这是第一个关于有毒废物管理的重要法规，规定了从摇篮到坟墓的严格而明确的管理制度。授权美国环境保护局对那些可能造成"健康和环境的急迫和重大威胁"的有害废物进行管理，减少废物的生产量，提高废物回收及其再利用。1980 年美国政府颁布了《固体废物处置法》。1990 年美国加州通过了《综合废弃物管理法令》，要求在 2000 年以前，实现 50% 废弃物可通过源削减和再循环的方式进行处理，未达到要求的城市将被处以每天 1 万美元的行政罚款。20 世纪 90 年代，美国环境保护局针对电池是城市固体废弃物中最大的汞污染源制定了相应的法规，对电池生产过程中汞含量加以限制。1988 年美国环境保护署宣布用 5 年时间，使城市垃圾回收利用率达到 25%；到 2005 年，这一指标则要提高到 35%。据此，美国各州纷纷通过立法，对本州居民提出了更严格的要求。纽约州和加利福尼亚州提出要使回收利用率达到 50%，新泽西州要达到 60%，而罗得岛州的目标则高达 70%。

（4）有关噪声的环境保护立法。1969 年 5 月，美国联邦政府规定了工业噪声的标准；10 月又制定了限制飞机噪声的各种标准。1970 年，美国国会通过了噪声污染消除法，要求环境保护署筹建噪声管理和消除办公室。1972 年美国政府还颁布了《噪声控制法》，控制来自工业、航空、火车及卡车等机动车辆的噪声。

（5）有关有毒物品、危险生物和核材料的环境保护立法。1972 年美国政府颁布了《联邦环境农药控制法》，1980 年政府颁布了《生物能和酒精燃料法》，1975 年颁布了《危险物质运输法》，1978 年颁布了《铀厂尾矿放射管制法》。1980 年美国环境保护署公布了一个新的有毒物设备处理的管理条例，规定凡从事有毒废物处理和贮存者，必须准备足够的防污资金。1984 年政府对该法进行了修改，规定禁止向任何含有地下饮水的地层处置有害废物，包括地下矿井等地堆放固体废弃物。1980 年政府还颁布了《有毒物质控制法》和《酸性物质沉降法》。1982 年颁布了《核物质人身保护公约实施法》和《核废物政策法》。

（6）有关野生动植物的环境保护立法。1972 年颁布了《沿海地区管理法》《海洋哺乳动物保护法》《海洋保护研究和禁猎法》《海洋哺乳动物保护法》《海洋保护研究和禁猎区法》。1973 年政府颁布了《濒危物种法》，认为濒危野生动植物对于美国及其公民具有美学、生态、教育、历史、科学的价值，要求列出被保护的动植物名单，对那些故意违犯法规的人，处以罚款 2 万美元或判处监禁 1 年。

（7）有关合理清洁能源费用环境保护立法。美国环境保护局于 2015 年 10 月奥巴马政府期间颁布了《清洁电力法案》（CPP）。CPP 要求特定的现有化石燃料电力蒸汽发电机组和化石燃料固定式燃气轮机，在 2030 年将温室气体排放量较 2005 年的水平含量降低 32%。CPP 希望能够实施《清洁空气法》第 111 条关于公用服务事业中产生的温室气体的排放指南，包括现有的煤和燃油发电厂、燃气联合循环发电厂。CPP 为国家计划设定了排放目标。

（8）环境技术管制与环境审计标准。美国所谓的"环境技术政策"实质也是环境法规的组成部分，在技术政策中所规定技术的经济指标与环境效益的综合效果，包括技术的成熟性、可靠性和经济性，是排放限值标准制订的技术依据。排放标准可分为三大类：直接排放源执行的排放限值；公共处理设施执行的排放限值；间接排放源（排入城市污水处理厂）执行的预处理标准。其中，直接排放源排放限值按照不同控制技术及污染物的特性对现有污染源、新污染源分别规定了最佳可行控制技术（BPT）为基础的排放限值、以最佳常规污染物控制技术（BCT）为基础的排放限值和以最佳经济可行技术（BAT）为基础的排放限值和新污染源执行标准（NSPS）。在环境技术管理法规政策的监管下，美国在污染源、新污染源、常规污染物和非常规污染物上取得了很好的成效。

环境审计对遏制市场主体的环境破坏行为，督促其履行环境责任义务的意义十分重要，美国在生态环境治理领域也比较重视环境审计手段的运用，并制定了明确的规则。作为一项特殊的经济活动，依据什么实施审计，有什么样的审计程序，都会影响审计活动的实施及其效果。为了合理保证重要的环境信息得到恰当披露，确保重要的环境信息的错报得到发现，政府针对环境审计的特点，制订了比较严格的执行环境审计的准则，审计准则包括一般准则、现场工作准则和报告准则等内容。

综上，我们将美国有关生态环境保护方面的重要法律法规情况进行总结，如表 9 - 1 所示。

表 9 - 1　　　　　　　　　**美国相关环境法律情况说明**

年份	法案名称
1970	环境质量改善法；空气洁净法案
1972	联邦防止水源污染修正法案；联邦环境农药控制法案；噪声控制法案；沿海地区管理法案；海洋哺乳动物保护法案；海洋保护研究和禁猎法案；海洋哺乳动物保护法案；海洋保护研究和禁猎区法案
1973	濒危物种法案
1974	安全饮用水法案
1975	危险物质运输法案
1976	资源保持与再生法案；有毒物质控制法；联邦土地政策和管理法；国家森林法案
1977	清洁空气法案修正案；清洁水法案；露天矿藏开采控制法案
1978	土壤与水资源保护法案；环境教育法案
1980	宏观环境控制法案；环境应对、赔偿和责任综合法案；船舶污染防止法案；固体废物处置法案；生物能和酒精燃料法案；有毒物质控制法案；酸性物质沉降法案
1982	核废料控制法案；核物质人身保护公约实施法案
1984	资源保持与再生法案修正案；环境计划与辅助法案
1986	饮用水安全法案修正案
1990	综合废弃物管理法令；联邦油污染控制法案；机动车法案修正案；污染预防法；清洁空气法案修正案
1994	有毒材料运输法案修正案
2005	清洁空气州际法案
2011	州际空气污染规则
2015	清洁电力法案

从表 9 - 1 中我们可以发现，美国的环境立法工作主要集中在 20 世纪 70 年代与 80 年代，90 年代以后新法规的颁布数量已经很少了，这充分说明美国的资源与环境立法经过短短 20 年左右的发展，已经发展得比较完备了，各项法规对促进环境保护、资源节约和综合利用，以及循环型社会的构建都发挥了重要作用，大大缓解了美国 60 ~ 70 年代的生态环境压力。

9.1.2　政府引导型环境政策

9.1.2.1　与生态环境治理相关的税收政策

税收作为政府调节经济社会运行的手段，在美国的生态环境治理领域也扮演着重要的角色。美国的环境税收也称为"绿色税收"或"生态税收"，是政府为实现特定的生态环保目标，筹集生态环保资金，通过增减税率的方式来引导调节纳税人相应行为，使之与政府的环境保护目标保持一致的一种税种。生态税的引入有利于政府从宏观层面引导生产者的行为朝着绿色经济的方向转变，促使企业采用更先进的生产工艺与生产技术，进而达到推进绿色产业结构发展与实现向绿色消费模式转变的目的。美国较早地采用了以权利金为核心的资源税政策，资源税是由州政府对开采煤炭、石油、天然气和其他矿产资源开征的。目前，一半以上的州开征了资源税。如新泽西州和宾夕法尼亚州通过征收填埋和焚烧税，对每吨碳征收 6～30 美元的碳税，路易斯安那州征收了以权利金为核心的资源税政策。

同时，美国政府也针对使用再生资源利用处理类设备的企业制定了相应的税收优惠政策。如亚利桑那州 1999 年颁布的有关法规中，对分期付款购买回用再生资源及污染控制型设备的企业可减销售税 10%；康奈狄克州对前来落户的再生资源加工利用企业给以优惠贷款，并减免州级企业所得税、设备销售税及财产税。

实践证明，美国实施的环境税收及其优惠政策效果显著，在美国环境经济政策体系中具有不可替代的优越性。据 OECD 的一份报告显示，对损害臭氧层的化学品征收的消费税大大减少了在泡沫制品中对氟利昂的使用；汽油税则鼓励了广大消费者使用节能型汽车，减少了汽车尾气的排放；资源开采税通过抑制处于盈利边际上的资源开采活动，减少了约 10%～15% 的石油总产量。经过多年的努力，美国确实已经实现了环境状况的根本好转，环境质量明显提高，自然灾害发生率也有所降低。

9.1.2.2　财政补贴政策

美国政府在生态环境治理领域实施财政补贴政策的通常做法是对节能设备投资和技术开发项目给予贴息贷款，或无（低）息贷款以及为贷款提供担保。主要体现在对前瞻性产业、边缘性产业以及弱势企业组织的政策扶持，尤其是对科技创新与研究、结合环境保护的能源合理开发与应用以及战略性行业与中小企业，政府通过综合运用财政补贴、政府购买、税收优惠和税率杠杆等政策工具予以扶持和推动，鼓励企业对环境保护的投资行为和对可再生能源的开发和利用活动。美国不仅拨款资助可再生能源的科研项目，还为可再生能源的发电项目提供抵税优惠。2003 年，美国将抵税优惠额度再次提高，受惠的可再生能源范围也逐步扩大到风能、生物质能、地热、太阳能、小型水利灌溉发电工程等更多领域。2002 年美国根据《能源政策法》拨款 3 亿美元，用于实施太阳能工程项目，其目的是在 2010 年前在联邦机构的屋顶安装 2 万套太阳能系统。

煤是美国最丰富的传统资源之一，21 世纪初，美国提出了"让煤更干净"的口号，联邦政府计划在 2004～2012 年期间，每年拨款 2 亿美元，用于减少煤电环境污染等技术的开发和相关工程建设，并承诺为建设更安全、更高效的新核电站提供贷款担保。

节能是美国能源政策的另一大重要内容，也是循环经济的一个重要方面。在 2004～2006 年间，美国政府每年拨款 34 亿美元给地方州政府，用于旧家电回收和鼓励购买节能新产品。美国还在法律中对一些耗能型商用和消费者产品设定了新的节能标准。另外，美国还为生产节能型家电的厂家提供抵税优惠。同时，消费者购买节能设备也将获得抵税优惠。为节约石油资源，减少对石油的依赖，使能源来源多样化，美国从石油消费大户——汽车下手，鼓励研发和使用新型可再生能源车辆。美国政府规定，购买燃料电池车等新型车辆的消费者可享受抵税优惠。美国还鼓励乙醇和氢电池的研发和生产，以便为车辆提供新的燃料，

2010 年以后，美国加大了页岩气的开采，同时为相应企业提供了数十亿美元的财政补贴。

9.1.2.3 政府采购与奖励政策

20 世纪 90 年代以后，美国各州开始陆续制定了再生资源产品政府优先购买的有关政策法规，通过行政干预各级政府的购买行为，促进政府优先采购再生资源产品，同时规定审计机关有权对政府各部门购买再生产品情况进行检查，对未能按规定购买的行为将处以罚金。

建立政府绿色采购制度对引领绿色消费、推动资源节约和环境保护具有重要的突破性意义。首先，政府采购的规模显著影响消费市场，甚至可以作为调控宏观经济的一个重要手段，是绿色消费的重要环节。政府采购制度作为公共财政体系管理中的一项重要内容，是国家管理直接支出的基本手段；政府绿色采购行为会对相关供应商产生积极影响，供应商为了赢得政府这个市场上最大的客户，积极采取措施增强其产品的绿色度，提高企业管理水平和技术创新，节约资源能源，减少污染物排放，提高产品质量和降低其对环境和人体的负面影响程度。

除政府采购外，政府还专门针对环境保护和资源利用方面的企业、个人、团体提供奖励，如设立"总统绿色化学挑战奖"。该奖 1995 年设立，主要表彰和支持那些具有基础性和创新性，并对工业界有实用价值的化学工艺新方法，以促进企业通过减少资源消耗来实现对污染的防治目的。

9.1.2.4 循环消费型政策

美国的工业化进程走的是一条"先污染，后治理"之路，并因此引发了 20 世纪 60 年代后该国面临的重大生态环境压力。在反思其发展路径后，美国社会开始十分注重环保工作。不仅重视对废品和垃圾进行处理和加工，使其成为再生资源，而且也十分重视循环消费，并且制定了切实可行的循环性消费政策。具体来说，美国开展循环型消费的渠道很多，包括家庭的旧货甩卖、慈善机构的旧货交易以及商业网站或者政府支持的网站进行的旧货买卖等。美国循环消费的一个重要表象是遍布全国的旧货店，这些旧货店一般为慈善机构所办，低价出售旧货的收入主要用于社会救济。例如，拥有 1900 多家旧货商店的友善实业公司就是一家把收入用于残疾人事业的慈善结构。旧货店出售的物品从瓦罐到衣服等各种日用品，几乎全部是居民捐赠的旧货，店家对旧货进行清洗、消毒和整理后，达到卫生和安全标准的物品放在旧货店中出售。除了商业网站外，政府为了更好地落实循环性消费政策，也开办了免费供企业和居民进行旧货交易的网站。例如，加利福尼亚州政府就开办了加州迈克斯物资交易网站，加利福尼亚州的部分县市也开办了类似的网站。随着网络时代的来临，交易范围不再受时间和地域范围的限制，人们利用旧货拍卖网站亿贝（eBay）就可以在任何地方和任何时候进行旧货交易。

9.1.2.5　守法激励政策

这是一种提高排污者守法自觉性和积极性的利益诱导政策，其核心内容是对那些事先积极预防污染以及在环境事故发生后自觉揭发、及时纠正违法行为，从而降低环境破坏带来损失的行为者给予不处罚或减轻处罚的激励。在具体操作上一般包括 4 个阶段：①告知受管制者出现的违法行为，提出相关的要求；②告知自查期限；③企业自查、披露相关信息、采取纠正措施后被告知免于处罚或减轻处罚；④对不执行自查者进行处罚，并警告类似行为以后将面临更严厉的处罚措施。为了细化相应的激励规则，美国环保局（EPA）还出台了一些行业具体的守法激励方案，如通信行业、钢铁行业、有机化学工业、猪肉产品加工业等都有结合不同行业特征的不同执行方案。

9.1.3　市场激励型环境政策

9.1.3.1　排污权交易政策

排污权交易在美国最早可以追溯到 20 世纪 70 年代，当时美国政府开始尝试利用学术界提供的理论研究及经验，在大气污染及水污染治理领域中实施排污权交易，根据其设计特点，美国的排污权交易制度大致可以分为排放削减信用和总量控制型排污许可证交易这两种模式。1979年，美国环保局通过了储蓄政策，即污染排放单位可以将排污削减信用存入指定的银行，以备自己将来使用或出售给其他排污者，银行则要参与排污削减信用的贮存与流通。美国环保局将银行计划和规划制定权下放到各州，各州有权自行制定本州的银行计划和规划。1990年美国国会通过《清洁空气法》修正案并实施"酸雨计划"，开始了以治理二氧化硫为代表的第二阶段排污权交易。美国的二氧化硫排污许可交易政策以1年为周期，通过确定参加单位、初始分配许可、再分配许可和审核调整许可4部分工作来实现污染控制的管理目标。美国的排污权交易取得了积极而显著的效果，特别是在实施二氧化硫排污交易政策之后更为突出：1978～1998年，美国空气中一氧化碳浓度下降了58%，二氧化硫浓度下降了53%；1990～2000年，一氧化碳排放量下降了15%，二氧化硫排放量下降了25%。

9.1.3.2 生态补偿政策

目前，国际上生态补偿的主要方式可以分为两大类型：一类是以政府购买为主导的公共支付体系；另一类则是以市场手段来实现的生态补偿，包括自组织的私人交易、开放的市场贸易、生态标记以及使用者付费等方式。美国的生态补偿政策主要属于后一类，但相对于排污权交易政策而言，美国生态补偿的实践应用要更晚一些，代表性的案例如美国对休耕项目（Sullivan et al.，2004）的生态补偿实施政策。此外，美国矿产开发领域的生态补偿也大多通过立法的形式确保矿山恢复补偿能够得到实施，补偿的标准、方式、责任等都很明确，做法也比较成功（Pagiola et al.，2004）。

9.2　欧盟国家生态环境治理经验借鉴

9.2.1　法规约束型环境政策

欧洲工业革命较早，拥有众多的老牌资本主义国家，也曾经饱受资源和环境问题的影响，下面主要以德国为例对欧洲的环境政策立法情况进行介绍。

德国的环境立法大致可以分为三个阶段：第一阶段为 20 世纪 70 年代之前，这一阶段的环境立法工作主要涉及空气污染防治、噪声管制、水资源保护与污染防治、自然保护以及废弃物处理等内容。但在 1970 年之前，联邦德国有关环境保护的法律都任由各个州自行规定。第二阶段为 20 世纪 70 年代后至 80 年代，联邦德国开始积极地在环境保护领域行使联邦的立法权，在这一时期制定了许多联邦环境法律。例如，《联邦污染防治法》、《联邦自然保护法》、《废弃物清理法》（后于 1994 年修订为《循环经济与废弃物法》）、《联邦森林法》等。这一阶段的立法主要是针对防范污染所产生的危害以及预防措施。第三阶段为 20 世纪 90 年代至今，德国开始进入环境立法的新阶段。相对之前的环境立法主要是对特定环境领域所作的独立的立法规定，新阶段的环境立法涉及的是环境法的整体，例如，1990 年制定的《环境影响评价法》、1991 年生效的《环境责任法》、1994 年的《环境信息法》等，都特别注重环境法律之间的内在联系性。同时德国也开始酝酿对环境法的整合工作，以弥补数量不断增多的环境法之间不协调、重叠和冲突的情况。1999 年 4 月 1 日生效的《生态税改革实施法》标志着德国的生态税改革正式启动，在废弃物管理领域中，《循环经济与废弃物处理法》的顺利通过标志着循环经济立法取得了实质性的进展。2000 年，德国政府制定颁布了《可再生能源促进法》，根据该法，开发再生能源的公司企业可以获得政府的经济补助。在这一法律的鼓励下，许多可再生能源的开发和利用取得了明显成效。同时，德国政府还制定了其他相关的法律法规，例如，《可再生能源市场化促进方案》、促进新能源技术开发的《未来投资计划》《家庭使用可再生资源补助计划》等。2010 年新的德国环境行政法诞生，其中包括了非常重要的、从类别上归属于环境单行法行列的四部法律，《水资源管理法》《自然生态保护法》《非离子放射防护法》《环境法规清理法》，并且开始对放射性物理离子进行法律上的严格规定和限制，还对于过时的法律法规进行了及时的清理和废除。

从总体看，德国环境立法的主要特点在于，先在个别专门领域进行立法实践，在立法实践中对个别专门领域所存在的问题予以及时有效的解决，待以个别领域的立法实践为基础形成成熟的立法经验和立法理论后，再制定综合性法律。从具体内容体系看，德国环境保护的法律体系可划分：法律、条例和指南三个方面，总结如表 9 - 2 所示。

表 9 - 2　　　　　　　　　　德国相关环境法律情况说明

年份	具体内容
1972	《废弃物限制和废弃物处置法》
1974	《控制大气排放法》
1976	《控制水污染排放法》
1978	"蓝色天使" 计划
1983	《控制燃烧污染法》
1984	《废弃物管理法》
1986	成立联邦德国环境保护部和各州环保局，对《废弃物限制和废弃物处置法》进行修订
1991	《避免和回收包装品条例》《包装品条例》
1994	制定《循环经济与废物管理法》（循环经济代表性法律）
1996	实施《循环经济与废物管理法》
1998	《包装法令》《生物废弃物条例》
1999	《垃圾法》《联邦水土保持与旧废弃物法令》
2000	《可再生能源促进法》
2001	《社区垃圾合乎环保放置及垃圾处理法令》《废弃电池条例》《废车限制条例》
2002	持续推动《生态税改革法》《森林繁殖材料法》《废弃木材处置条例》
2004	《可再生能源修订法》

年份	具体内容
2005	3 月 24 日《电子电器法》；5 月 28 日《包装条例》第三修正案；7 月 12 日《电子电器法之费用条例》；9 月 1 日《垃圾堆放评估条例》；10 月 8 日《巴塞尔协定》之附件第二修正案；10 月 27 日《垃圾运送法修正案》及《解散与清理垃圾回收支援基金会法》
2006	1 月 7 日《包装条例》第四修正案；2 月 9 日《废车条例第一修正案》；6 月 14 日《欧洲议会、议院关于垃圾处理条例（2006）第 1013 号公报》；7 月 10 日依据《电子及电子器材法》第 23 章第 1 条第 2、第 4、第 8、第 9 节所规定的主管部门追究和处罚违规情况之条例；7 月 12 日《欧盟垃圾处理条例》；7 月 15 日《简化垃圾监控法》（2007 年 2 月 1 日正式生效）

迄今为止，全德国大约有 8000 余部联邦和各州的环境法律和法规，此外，还有欧盟的 400 多个法规在德国也具有法律效力，可以说，经过几十年的来的发展，目前德国已经成为世界上环境法律法规体系最完备的主要国家之一。

9.2.2 政府引导型环境政策

9.2.2.1 与环境治理相关的税收政策

欧洲与生态环境治理相关的税收最主要的是征收绿色生态税。欧盟绿色生态税收产生于 20 世纪 70 年代，典型的绿色生态税收有二氧化碳税、汽油税、垃圾税和资源税等。目前，大多数欧盟国家都开始通过税收手段来引导调节生态环境的保护工作。特别在德国，除风能、太阳能等可再生能源外，其他能源如汽油、电能、低硫柴油、电力消费矿物都要收取生态税，间接产品也不例外。同时，如果消费者购置新型、清洁和高能效汽车，政府会给予税收减免甚至补贴；但如果购买高排量的传统汽车，则要缴纳"绿色拥有"税、消费税等。欧洲国家政府征收的生态税的使用也比较科学合理，其中很大一部分都会投入到环境保护和环保产业发展之中，充分发挥环境税收在环保行业中的重要作用。同时，政府也鼓励个人、企业厉行节约资源，积极争取税收减免和相关优惠政策。不仅仅使个人和企业受益，同时也减少了经济发展对环境的破坏，国家负担也有所减轻，综合效益得到提升。

9.2.2.2　财政补贴政策

和美国类似，欧盟国家也通过财政补贴方式来引导生态环境的保护工作，通常做法是对节能设备投资和技术开发项目给予贴息贷款，或无（低）息贷款以及为贷款提供担保。以德国为例，德国的沼气资源比较丰富，已经测算出沼气潜能可为170万户供热、440万户供电，所以德国各地方政府都通过低息贷款、农业开发贷款以及少量的财政拨款，资助企业或集体从事利用沼气集中发电的项目。德国的太阳能利用潜力巨大，但当前利用率不高，为此德国制定了一个10万屋顶计划，通过国家复兴银行提供无息贷款和地方政府的财政扶持手段相配合实施。此外，对环境有相当影响的德国农业，有近一半的收入取决于政府补贴。废弃物管理方面，政府同时也提供经济资助促进中、小型企业减少废弃物，自1999年以来，有60%的低利息贷款用于清洁生产和清洁产品的相关技术投资。

9.2.2.3　与生态环境保护相关的政府采购政策

欧盟国家政府大多实行绿色采购政策，重点关注环境保护。在整个欧洲国家范围，政府每年大约花费15000亿欧元用于采购产品和服务，几乎是欧盟中所有家庭消费的15倍。德国的政府采购是典型的绿色采购，从其采购对象主要包括货物、工程、服务三个方面内容，采购范围除了使用财政性资金的政府部门以外，还包括从事供水、能源、交通运输和邮政服务等公共事业的国有或私人企业。由于政府采购范围广泛，德国政府采购的数额和规模都很庞大，大约占其GDP的18%～20%。德国1978年就开始推行蓝天使环保标志（Blue Angle Mark）制度，规定政府机构优先购买环保标志产品，涵盖了机动车辆、建筑材料、室内装修、IT技术业、办公用品、园艺等很多领域。通过实施环境标志制度既对消费者购买绿色产品起到了引导作用，提高了公众的环保意识；也促进了企业自愿调整产品结构，提高了绿色产品的生产和消费的份额。

9.2.2.4 消费押金制度

押金制度在欧盟很多国家的废弃物回收环节都通过法律得以强制执行并取得了良好的环境效益。以德国为例，为了提高包装品回收率，德国环境保护部制定了抵押金制度。德国包装法明确规定，如果一次性饮料包装的回收率低于72%，则必须实行强制性押金制度。自实行此制度以来，顾客在购买所有用塑料瓶和易拉罐包装的矿泉水、啤酒、可乐、汽水等饮料时，均须支付相应的押金，1.5升以下为0.25欧分，顾客在退还空瓶时领回押金。押金制度不仅提高了包装品的回收率，更让消费者改变了使用一次性饮料包装的消费习惯，转向使用更有利于环保的可多次利用的包装品，对于节能降耗和环境保护大有裨益。

9.2.2.5 垃圾收费制度

欧盟特别是德国在环保和资源节约与综合利用方面走在了世界前列，德国依据循环经济原理，制定了有效处理废弃物垃圾收费制度。在德国垃圾处理费的征收主要有两类，一类是向城市居民收费，另一类是向生产商收费（又称产品费）。对于居民收费而言，德国各个城市的垃圾收费方式也不尽相同，有的是按户数收费、有的依据垃圾处理税或者固定费率的方式收取、有的按垃圾排放量收取。目前，大部分城市都是按照户数收取垃圾处理费的方式，小部分城市是依据不同废物、不同数量来计量收取。具体内容包括：①倒垃圾收费。有研究表明，如每袋32加仑垃圾收费1.5美元，城市垃圾数量可减少18%；瓶罐收费可使废弃物重量减少10%~20%，体积减小40%~60%。②家庭污水治理费。如德国居民水费中含污水治理费，市镇政府必须向州政府交纳污水治理费。③征收产品费。它更充分体现出"污染者付费"原则，即要求厂商对其产品在整个生产周期内负责。具体而言是在生产过程和使用产品时要尽量避免废弃物的产生，在产品使用完后尽量使其回收利用或者有效处理而不至于对环境造成消极影响。

9.2.2.6　生态创新政策体系

目前欧盟的生态创新政策，主要基于以下五个方案：生态创新行动计划、环境技术行动计划、环境技术认证、生态管理和审计计划以及创新联盟计划。生态创新行动计划于 2011 年底提出，是欧盟委员会在"欧洲：2020"战略背景下出台的一个最新行动方案，旨在加快各成员国的生态创新过程，并推动各项创新技术进入市场，从而实现提升资源利用效率和保护环境的目标。环境技术行动计划在 2004 年提出，其主要内容是通过加大环保技术研发和示范项目投入，吸引更多的私人和公共投资对特定的技术产品进行研发，并通过环境技术认证平台的建立，对相应环保技术和产品进行验证，保护企业知识产权并提升消费者信心。环境技术认证，有利于保护技术开发者的合法权益，同时还降低了技术购买者的风险，加快了生态创新技术的市场应用。生态管理和审计计划是从 1995 年成立的一项面对企业和其他社会组织自愿参加评估、报告、改善各自环保表现的一种管理工具，是环境技术行动计划在生态保护领域的进一步扩展。创新联盟是"欧洲：2020"战略的核心，以促进欧洲经济实现智能、可持续和包容性增长为总目标。上述五个方案构成了欧盟目前生态创新行动计划的支柱。

9.2.2.7　志愿协议

志愿协议（voluntary agreements）是政府环境管理部门与企业之间就环境目标所达成的一种协议，双方共同参与，自愿签订。其突出特征是政府通过利益诱导方式而非行政强制方式对特定企业施加影响，使其实现政府所期待的环境目标。尽管不具有强制性，但是由于所确定的目标对双方都有利，因此，对促进企业与政府之间的合作，减少对抗与摩擦，特别是充分发挥企业在环境治理中的主动参与意识都有非常重要的意义。自 20 世纪 70 年代后，德国的志愿协议在生态环境治理中也扮演着比较重要的角色，在环境政策制定过程中的影响也越来越大。80 年代初，德国工业界已有了 70 个志愿协议，其中一部分已发展成为正式的、具有法律效力的条文，特别是德国工业界实施的降低二氧化硫排放的志愿协议在大气污染防治和应对气候变化中开始起着越来越重要的作用。目前德国的志愿协议超过欧盟任何其他国家，并在最近几年呈现不断增长的趋势。志愿协议的优点是可以为政府提供一种获取信息的新途径，而这种信息以前仅仅为工业界所拥有，从而可以有效地利用社会各个部门的信息和技术来解决长期和复杂的环境问题。

9.2.3　市场激励型环境政策

9.2.3.1　排污权交易政策

1991 年，德国联邦政府实施了一系列减排政策和减排项目，排污权交易作为一项重要的环境治理手段得以全面实施，产生了积极的影响。德国排污权交易的法律规范是根据《欧盟排放权交易指令》颁布和制定。2004 年，德国颁布了《温室气体排放交易法》，规定了排污权交易的基本原则，这也是德国境内排污权交易的前提和法律依据。2005 年，德国又制定和实施了《项目机制法》，根据《京都议定书》中第六条对联合履行机制的规定，德国作为缔约方与其他国家在项目上共同合作，实现减排额度的转化。

9.2.3.2　生态补偿政策

德国生态补偿的依据是《联邦自然保护法》，依据该法，各联邦州都出台了相应的生态补偿条例，以实现生态平衡。这些生态补偿条例的根本理念，是要防止自然及其生态景观恶化，要求人们在进行生产生活时要尽量避免对自然景观的干预或破坏，要尽可能把负面影响最小化，如果对自然景观已经造成一些难以避免的破坏，则要对其进行生态补偿。总体上，德国生态补偿分两类：一是就地直接补偿。将生态系统功能的受损部分，通过其他措施就地及时进行补偿。例如，路面硬化造成地下水补给量减少，应就近找到同样大的区域，将已有硬化路面改造成透水路面，以便吸收等量的雨水，使造成的生态负面影响得到平衡。二是异地间接补偿。就地实行对等补偿出现措施失效时，可以选择在间接受到生态影响的地区实行生态补偿，或者提升当地另外一个生态功能的效用。例如，不再实施了路面硬化的地区进行改造透水，而通过植树造林涵养水源，或者在其他地区修建透水路面，甚至是在其他相关地区植树造林。巴伐利亚是德国在生态补偿领域法律制度最完善、实践经验非常丰富的联邦州。该州于 2013 年修订发布了最新一期的《巴伐利亚州生态补偿条例》。

9.2.4 充分发挥中介组织的作用

非营利性中介组织可发挥政府和企业不具备的功能，德国的环境治理也非常注重发挥中介组织的作用。例如，DSD 是德国专门组织回收处理包装废弃物的非营利社会中介组织，1995 年由 95 家产品生产厂家、包装物生产厂家、商业企业以及垃圾回收部门联合组成，目前有 1.6 万家企业加入。DSD 内部实行少数服从多数的表决机制，政府除对它规定回收利用任务指标以及进行法律监控外，其他方面均按市场机制进行。1998 年 DSD 的运作出现盈余，由于它是一个非营利性机构，因此盈利部分于 1999 年作为返还或减少第二年的收费。DSD 的中介性表现在它本身不是垃圾处理企业而是一个组织机构，它将有委托回收包装废弃物意愿的企业组织成为网络，在需要回收的包装物上打上"绿点"标记，然后由 DSD 委托回收企业进行处理。"绿点"的标志为一个首尾相连的绿色箭头构成的圆圈，远看形似一个绿点，意为循环利用。任何商品的包装，只要印有它，就表明其生产企业参与了"商品包装再循环计划"，并为处理自己产品的废弃包装交了费。"绿点"计划的基本原则是，谁生产垃圾谁就要为此付出代价。企业交纳的"绿点"费由 DSD 用来收集包装垃圾，然后进行清理、分拣和循环再生利用。德国 DSD 双向系统对包装废弃物的回收再生运作流程，如图 9 - 1 所示。

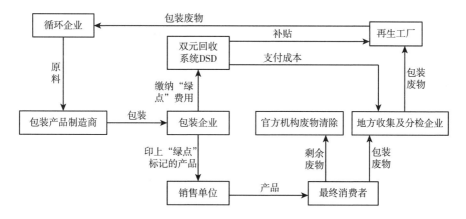

图 9 - 1　德国 DSD 双向系统对包装废弃物的回收再生运作流程

9.3　日本生态环境治理经验借鉴

9.3.1　法规约束型环境政策

日本作为一个岛国，国土面积狭小，人口众多，20 世纪 50～70 年代，日本饱受环境问题煎熬，当时影响全球的十大环境污染问题，有六个源于日本。为此，日本出台了比较严厉的法律来治理环境问题。

20 世纪 70 年代以前，日本的环境问题，主要集中在重工业、化工产业带来的大气污染、水污染、森林破坏以及人们身体健康的受损等方面。为此，日本政府制定了一系列严格的法律制度来强化对上述环境问题的治理，主要包括 1958 年制定的《公共水域水质保全法》和《工厂排污规制法》、1962 年制定的《烟尘排放规制法》、1967 年制定的《公害对策基本法》、1968 年颁布实施的《大气污染防治法》《噪声规制法》等，但是上述法律基本都是针对具体污染问题的末端治理措施，并没有充分考虑如何从源头遏制污染的蔓延。20 世纪 70～90 年代，随着环境问题的不断升级，日本政府应对环境治理的法规措施也不断加强。

1972 年日本通过了《自然环境保护法》，作为与《公害对策基本法》平行的基本法，该法申明了自然环境保全的基本方针，明确了社会各方主体在自然环境保护方面的责任，并且建立了自然环境保全基础调查制度。20 世纪 90 年后，根据本国环境形势的新变化，日本开始对环境治理法规体系进行了进一步的优化和调整。1993 年，日本政府废止了《公害对策基本法》，新设置了《环境基本法》。新法替代旧法，带来的不只是环境治理内容和地位的转变，更意味着环境治理理念的转变，包括从事后救济转向防患于未然，从对立转向协作互动，从保全环境转向创造环境，从地区性转向全球性的协同应对。1995 年通过了《容器和包装物的分类收集与循环法》；1998 年通过《特种家用机器循环法》；2000 年是日本"资源循环型社会元年"，日本政府颁布了《推进形成循环型社会基本法》，从法制确立建设循环型社会的行动准则；2002 年颁布了《报废汽车再生利用法》。

除以上直接与资源节约和环境保护相关的法律外，日本还制定了《环境影响评价法》《二噁英类对策特别措施法》等辅助类法律，以明确各相关方责任和义务：①国家有责任制定和组织实施基本政策，公布相关信息，并提供技术援助和财政支持；②地方自治体市镇村作为基层行政单位，有义务将保持环境清洁作为一项必须提供的公共服务；③生产者有责任对产品进行改良设计，减少废弃物产生并使之易于回收利用，且要承担合理的回收处理费用；④民间团体须对政府和企业的回收工作给予配合，依据政策、法规组织实施资源回收，消费者即废弃物的排放者有义务密封垃圾、分类排放、按规定付费并不非法投弃等。

总之，经过几十年来的发展演进，日本已经形成了一套很完备的环境法律体系，日本的生态环境治理在 21 世纪开始进入"环境、经济和社会综合提升"的阶段，走上了环境保护与经济发展良性循环的法治道路。蔡苑乔、吴蕃蒌（2010）对日本环境法律体系总结如表 9 - 3 所示。

表 9-3   日本环境法律体系

体系分类	具体内容
公害防止法	大气污染防治法、汽车排气规制法、恶臭防止法、噪音规制法、振动规制法、水质污染防治法、化管法（PRTR）、二噁英类对策特别措施法
废弃物·再循环对策	循环型社会形成的推进基本法、废弃物处理法、资源有效利用促进法、废弃容器包装再循环法、废旧家电再循环法、废弃食品再循环法、废弃建设材料再循环法、废旧汽车再循环法、聚氯联苯废弃物特别措施法
地球环境保全	全球气候变暖对策基本法、臭氧层保护法、氟利昂回收销毁法、海上污染及海上灾害防止法、节能法、地球温暖化对策推进大纲

9.3.2　政府引导型政策

9.3.2.1　与环境相关的税收政策

与美国、欧盟等一样，日本政府在环境治理过程中也主要征收包括新鲜材料税、生态税、填埋和焚烧税等绿色生态税。日本的税收优惠主要针对使用再生资源利用处理类设备的企业制定税收优惠政策。例如，对废塑料制品类再生处理设备在使用年度内，除普通退税外，还按取得价格的14%进行特别退税；对废纸脱墨、玻璃碎片夹杂物去除、空瓶洗净、铝再生制造等设备实行3年的退还固定资产税。

9.3.2.2　财政补贴政策

日本财政补贴方式与美国和欧盟也具有相似性，通行做法是对节能设备投资和技术开发项目给予贴息贷款，或无（低）息贷款以及为贷款提供担保。特别是在对前瞻性产业、边缘性产业以及弱势企业组织的政策扶持，尤其对于科技创新与研究、结合环境保护的能源合理开发与应用以及战略性行业与中小企业，政府通过综合运用财政补贴、政府购买、税收优惠和税率杠杆等政策工具予以扶持和推动，资源能源厅将每年财政预算的40%用于节能和新能源工作。

9.3.2.3 政府采购政策

1994 年日本滋贺县率先制定绿色采购方针，开始了日本有组织的绿色采购活动。1996 年日本政府与各产业团体联合成立了绿色采购网络（green purchasing network，GPN），标志着自主性的绿色采购活动在全国范围展开。2000 年颁布了《绿色采购法》，并于 2001 年 4 月 1 日起全面施行，将日本的绿色采购推向了新的发展阶段。该法规定了国家机关和地方政府等单位有优先采购环境友好型产品的义务，2003 年政府复印纸等办公用纸、文具类和仪器类的绿色采购已占实际采购的 95% 以上；超过 80% 的车都、道、府、县和市、町、村也积极地进行绿色采购；2004 年政府所有的普通公用车都已改装成低公害车（用电、天然气、甲醇作为燃料）。《绿色采购法》通过干预各级政府的采购行为，促使环境产业的产品在政府采购中占据优先地位的同时，也对公众的绿色消费起到了良好的示范和导向作用。2003 年 7 月，日本政府还制定了《绿色采购调查共同化协议》（JGPSSI），建立了绿色采购的信息咨询、交流制度。

9.3.2.4 政府奖励

为鼓励市民回收有用物质的积极性，日本政府设立了资源回收奖，该奖项实施后在日本许多城市收到良好的效果。例如，日本大阪市对社区、学校等集体回收报纸、硬板纸、旧布等发给奖金；在全市设了 80 多处牛奶盒回收点，回收到一定程度后可凭回收卡免费购买图书；市民回收 100 只铝罐或 600 个牛奶盒政府可付给 100 日元。

9.3.2.5 对生态环保产业进行扶持的政策

为鼓励生态环保产业的发展，日本建立了由环境省和经产省执行的生态工业园区补偿金制度，环境省主要资助生态工业园区的软硬件设施建设和科学研究与技术开发，而经产省主要资助硬件设施建设、与 3R 相关技术的研发及生态产品的研发等。国家对入园企业的补助经费占企业初步建设经费总额的 1/2～1/3，地方政府也有一定补贴。在循环经济理念的指导下，日本政府为了提升企业进行环境保护、资源节约的积极性，还制定了相应的产业倾斜政策，发展了一种环保产业的新形式——静脉产业。该产业的范围非常广泛，包括了从垃圾的收集、搬运、燃烧再资源化、填埋处理，以及再资源化到新产品的制作技术等。同时，日本将环境保护、产业调整和国土资源开发有机统一，在国土规划中最大限度地考虑了环境整治问题，通过国土规划，调整了产业空间布局，优化了产业区域结构，将环境事故限制在局部范围之内，有效制止了环境污染的扩散。

9.3.2.6　环境教育与认证制度

日本政府十分重视环境教育在环境治理中的作用，通过制定《环境教育推进法》《环境教育等促进法》等法律，提升上述各类主体，特别是公众群体和消费者的环保意识。推动建立有机农产品认证制度，便于消费者识别环保产品，而没有标志的产品，在市场上将得不到消费者的认可，可能会被市场淘汰。通过加强环保教育并实行产品环保认证标识体系，日本政府比较成功地起到了引导消费者进行环保消费转型的作用。

9.3.3　生态补偿政策

日本生态补偿在两个方面做得比较好，一是森林生态补偿，二是海洋生态补偿。日本是亚洲最早实施森林生态补偿的国家，早在 19 世纪后期就开始实施森林保安制度，对指定为保安林的民有森林给予各种补偿。二战以后，为了尽快恢复森林资源，日本实施了以财政政策补贴、信贷支持、税收优惠等为核心的私有林经济扶持政策；在民间，日本还设立了"绿色羽毛基金"制度，通过森林资源建设事业进行支持。日本的海洋生态补偿运行主要围绕填海造陆、沿海工业污染等方面的负面效应展开。为促进海洋生态的可持续发展，日本决定放缓海洋经济增长速度与节奏，积极修复与保护填海造岛所致的生态损害。为更好地解决大阪湾海洋生态修复与保护问题，日本于 2004 年开始实施 "大阪湾再生行动计划"，该行动计划是神户人工岛恢复海洋生态的良好契机，主要内容包括：水质总量规制、下水道改善、河流净化、森林养护和市民联合清扫活动。整体上来看，日本海洋生态补偿注重经济、社会、生态效益的 "三赢"。此外，日本针对环海区域产业污染导致的海洋环境损害也实行了生态补偿行动，以濑户内海的生态修复与保护行动为例，日本在 1971 年成立了环境厅之后，重点综合治理濑户内海的海洋污染、修复海洋生态，推进实施了一系列海洋生态补偿方案，取得了明显成效。

9.3.4　日本中介组织在环境治理中的作用

日本在大阪建立了废品回收情报网络，专门发行旧货信息报《大阪资源循环利用》，介绍各类旧物的相关资料。旧货信息报及时向市民发布信息并组织旧货调剂交易会，如旧自行车、电视、冰箱等都可以拿到交易会上进行交易，这样就为市民提供了淘汰旧货的机会。这样的信息中介组织可以使市民、企业、政府形成一体，互通信息，调剂余缺，推动垃圾减量运动发展。此外，日本在城市绿地及公共园林的维护上，也注重发挥民间志愿者组织的作用。日本政府搭建了绿地维护志愿者注册系统，对参加城市绿地维护志愿行动的个人和团体提供指导和管理，并推行统一的培训计划。在环境影响评估体系中，日本政府设立市民反馈意见提交程序，规定有必要时举办听证会，讨论市民对具体项目环境评估的建议。很多城市环境建设领域都建立了信息公示、意见表达、监督反馈等机制，很好地发挥了非政府力量在城市管理中的作用。

9.4　发达国家环境政策的演化趋势及其启示

从上面对各发达国家生态环境治理政策内容体系的总体介绍分析可

以看出，各国都十分注重法律法规在生态环境治理过程中的作用，遏制生态环境恶化趋势基本都是从制定相应的环境法律法规开始，并在治理过程中对法规体系进行不断补充和完善。在注重法律治理体系的同时，发达国家也高度重视政府在生态环境治理中的引导作用，特别突出政府在税收、政府采购、守法激励、垃圾收费等方面对企业、居民的行为引导，使之符合政府的环境管理目标。此外，市场化手段与非政府组织也在发达国家的生态环境治理中开始越来越扮演着重要的角色，尤其是自20 世纪 90 年代以后，随着各国环境法规体系的逐步完备，欧美日等发达国家和地区环境政策的显著变化是以市场为基础的环境政策的运用比以前大大地增加了，生态环境治理的主流趋势开始更多地从传统的以"命令－控制"型政策为主向以市场为基础的激励型政策转化为主，这一转化实际上是对环境政策目标的日趋严格、减污技术的不断进步、市场制度的不断完善及制度示范效应的不断扩大等现象的一种必然反映。我们认为，发达国家环境政策的演化趋势表明，环境政策的实施与制度、技术及环境问题的严重性有很大的关系，这对发展中国家环境政策的制定也有很大的启示作用。

第一，在环境治理理念上，西方国家基本上都经历了以末端处理的污染控制为主向以源头削减为主并着眼于生产和消费全过程的转移，同时将环境与公共卫生和社会福利相提并论，作为其重要的政治问题。这就要求建立起一套完整的环境监测和评价手段，并且在经济发展过程中严格执行环境影响评价制度，做到环境污染的事前预防。

第二，在生态环境治理体制上，要理顺各类关系。一是要理顺环境法律与经济手段之间的关系，法律是准绳，防止企业越线，经济政策手段是引导与激励企业开展环境保护，经济手段的制定和运用不能违背环境相关法律法规。二是要理顺环保部门和其他资源管理部门的关系，根据各自权限在不同领域行使环境管理职权，避免在环境问题突现时出现推诿现象，只有建立起多部门协调工作机制才能有利于环境问题的有效解决。三是要理顺项目建设和环境评价之间的关系，杜绝未批先建等违法行为，对未批先建造成环境污染或者造成环境破坏的，应在罚款的基础上增加企业"恢复原状"的责任。

第三，在环境保护的标准上，要与本国经济社会发展的实际相适应。环保标准过于理想化，缺乏可靠的科学依据和参照，法规制定者沉醉于完美主义的追求之中，致使标准越定越高，是造成问题治理难和成本高的重要原因。欧洲一些国家曾经对过高和过于繁复的环保标准重新修订后取得了更好的环境治理效果。

第四，在环境治理手段上，应该多措并举，逐步形成完整的政策和战略框架及系统的行政管理机制。首先，应该完善环境立法，环境保护做到有法可依、有法必依、违法必究；其次，政府应该逐步完善财政、税收、产业政策以及政府采购和推行绿色消费，鼓励和引导企业进行环境保护；再次，要完善市场手段进行环境治理和环境保护，生态补偿、排污权交易都是在一定程度上有效的市场手段，运用市场手段的关键在于公平，要做到谁污染、谁负责，谁受益、谁治理，防止非法交易和幕后交易；最后，要充分发挥第三方力量如行业协会、非政府组织在环境治理中的作用，使之成为环境治理体系的补充组成部分。

第五，在环境治理的资金来源上，可以学习欧盟做法，建立环保基金和环保银行，支持环保项目技术的开发与引进，同时负责管理国际环保援助基金。环保基金的增长引进市场经济机制，把环保与经济效益结合起来。

当然，由于发展中国家在经济发展水平、技术进步及制度结构等方面与发达国家都有很大的不同，因此，将发达国家的政策完全移植过来肯定是行不通的。对发展中国家而言，借鉴发达国家的环境治理经验，最需要重视的是在选择环境政策时，一定要与本国的环境保护目标、技术发展水平及市场制度的完善程度相一致，当上述因素发生变化时，环境政策也必须进行相应的调整，我们将在下面的章节中对此进行进一步的补充论述。

第 10 章　中国环境政策体系的
演化历程及其评述

环境保护政策体系是国家为保护和改善环境而对影响环境质量的人为活动所规定的一系列行为准则的总和。我国的环保政策体系是随着经济社会的发展和人们对环境问题认识的不断深化而逐步发展起来的，是为有效地保护和改善环境而制定和实施的环保路线、方针、政策的总称，也是我国实施环境保护工作的实际行动准则。随着经济社会的不断发展和人们对环境问题认识的不断深化，我国环境政策体系的内容也在不断地丰富和完善。

10.1　中国环境保护工作的发展过程

与西方发达国家相比，我国的环境保护工作开展的相对较晚。新中国成立之初，由于工业水平还比较落后，环境问题并不十分突出。因此，我国的首要任务是快速推进工业化进程，迅速壮大国民经济，提高国力，改善人们生活水平。但是，由于我国推行的是重工业优先发展战略，所以随着经济的不断发展，环境质量也开始迅速恶化并日益威胁到经济发展本身且影响人们的生活质量。在这种情况下，环境问题开始引起比较普遍的关注，并被逐步提上政府的议事日程。1973 年，国务院召开了第一次全国环境工作会议，标志着我国环境保护事业的正式起步。此后，我国的环境保护工作基本上可以划分为以下五个阶段：

第一阶段：从 1973 年第一次全国环境保护工作会议至 1978 年中共十一届三中全会止。1973 年 8 月国务院组织召开首次全国环境保护会议，对我国在环境污染和生态破坏方面存在的突出问题进行了讨论和研究，制定了《关于保护和改善环境的若干规定（试行草案）》。这是我国第一部有关环境保护的政策文件，揭开了我国环境保护事业的序幕。该次会议提出了全面规划工业的合理布局、改善老城市环境质量、植树造林、资源综合利用、水土保持、环境监测等多项关于环境保护的政策措施，确立了"全面规划，合理布局，综合利用，化害为利，依靠群众，大家动手，保护环境，造福人类" 32 字方针，并要求要以该方针作为环境保护的出发点，通过资源的高效利用和配置来充分维护社会各界的利益，依靠人民群众的力量，真正地实现为人民服务。1974 年，国务院成立了国家级的环保机构国务院环境保护领导小组办公室，并陆续颁布了一些治理环境污染的规章制度，如《中华人民共和国沿海水域污染暂行规定》（1974 年）、《放射性防护规定》（1974 年）等法规。1975 年，国务院环境保护领导小组将《关于环境保护的 10 年规划意见》和具体要求印发各省区市和国务院各部门参照执行。1978 年，第五届全国人民代表大会通过的《宪法》，首次将环境保护工作列入了其中，明确规定"国家保护环境和自然资源"，防治污染和其他公害，这为我国环境政策法定化奠定了基础。总而言之，这一时期是我国环境保护工作的初步的探索阶段，也是环境保护政策合法性的逐步确立阶段。

第二阶段：从 1979 年至 1994 年《中国 21 世纪议程——中国 21 世纪人口、环境与发展白皮书》的发表。这一阶段是我国经济的蓬勃发展时期，通过强化行政手段开展环境治理，初步建立环境保护的政策法规体系，环境保护上升为基本国策，在法律制定、机构建设、行政治理等多方面都取得了重要进展。1979 年，出台了《中华人民共和国环境保护法（试行）》，第一次明确要求各部门和企事业单位"在进行新建、改建和扩建工程时，必须提出对环境影响的报告书，经环境保护部门和其他有关部门审查批准后才能进行设计；其中防止污染和其他公害的设施，必须与主体工程同时设计、同时施工、同时投产"，"已经对环境造成污染和其他公害的单位，应当按照谁污染谁治理的原则，制定规划，积极治理，或者报请主管部门批准转产、搬迁"。这里提出的"三同时"政策、"谁污染谁治理的原则"对此后我国的环境保护工作有着重要而深远的影响。1981 年，国务院作出《关于国民经济调整时期加强环境保护工作的决定》，确定了北京、杭州、苏州、桂林几个重点治理城市。1983 年召开第二次全国环境保护会议，明确提出了"环境保护是中国的一项基本国策"。国策地位的确立，使环境保护工作在国家经济建设中的地位开始提升。这期间，我国政府开始反思"先污染后治理"的思路，提出了"同步发展"方针，即"经济建设、城乡建设、环境建设同步规划、同步实施、同步发展，实现经济效益、社会效益、环境效益相统一"战略。同期，我国还陆续制定并颁布了污染防治方面的各单项法律和标准，如《水污染防治法》《大气污染防治法》《海洋环境保护法》，还相继出台了《森林法》《草原法》《水法》《水土保持法》《野生动物保护法》等资源保护方面的法律，初步构建了环境保护的基本法律框架体系。1982 年，国家设立城乡建设环境保护部，内设环保局，结束了"国环办"作为环境保护临时主管机构的状态。1984年 5 月 8 日印发《关于环境保护工作的决定》，成立了国务院环境保护委员会，建设部属环保局改为部管国家环保局。1988 年国务院机构改革，国家环保局从城乡建设环境保护部中分出，作为国务院直属机构，以加强全国环境保护的规划和监督管理。1989 年 4 月在北京召开了第三次全国环境保护会议，总结确定了环境保护三大政策和八项有中国特色的环境管理制度。1990 年 12 月 5 日颁布的《关于进一步加强环境保护工作的决定》，强调了自然开发利用中要重视环境保护，并首次提出了环境保护的目标责任制。1991 年开始，环境保护计划指标开始纳入国民经济和社会发展计划中。1992 年我国向联合国环境与发展大会提交了《中华人民共和国环境与发展报告》，该报告系统阐述了中国关于可持续发展的基本立场和观点；同年 7 月出台的《中国环境问题十大对策》，明确了"实施可持续发展战略"为国家主导发展战略。可持续发展战略是对过去"同步发展原则"的一个重要调整，这一战略将环境保

护与社会经济发展视为一个完整的系统，在国家发展的指导目标与战略
方针上，更加突出了对环境问题的关注，深化了对社会发展本质的认
识。这一阶段，我国在环保法律体系的完善方面也取得了较大进展，全
国人大环境资源委员会陆续修订了《水污染防治法》《大气污染防治
法》《海洋环境保护法》，出台了《固体废物污染环境防治法》《环境噪
声污染防治法》《防沙治沙法》等多部环境法律法规。1993 年 10 月召
开了全国第二次工业污染防治工作会议，总结了工业污染防治工作的经
验教训，提出了工业污染防治必须实行清洁生产，实行"三个转变"，
即由末端治理向生产全过程控制转变，由浓度控制向浓度与总量控制相
结合转变，由分散治理向分散与集中控制相结合转变，标志我国工业污
染防治工作指导方针发生了新的转变。1994 年 3 月国务院正式批准
《中国二十一世纪议程——中国人口、环境与发展》，这是全球第一部国
家级的"二十一世纪议程"，标志我国环境保护事业有了根本性转变，
环境与发展相结合的可持续发展战略被确立为中国发展的基本战略。
《中国环境问题十大对策》和《中国二十一世纪议程——中国人口、环
境与发展》这两个文件，初步提出了环境治理要适应社会主义市场经济
体制要求的要求，为未来环境制度的改革转型奠定了基础。总体来说，
这一阶段环境政策的基本思路是主要依靠政府行政规制手段对环境问题
加以强制管控，强调以行政命令来督促加强环境治理，实践证明这在当
时是富有成效的，也使我国环保事业在这一阶段迈上了一个新的台阶。

　　第三阶段：从 1995 年至 2003 年中共十六届三中全会科学发展观的
正式提出。这一时期是我国环保政策的初步整合与环境污染重点治理阶
段。在环保法规体系得到进一步修订和完善的同时，大力加强了对重点
地域突出环境问题的整治。20 世纪 90 年代中后期开始，我国工业污染
防治政策有了新变化，突出表现在从以前的只强调污染的末端治理开始
逐步向全过程控制转变，从分散治理开始向分散与集中治理相结合转
变，同时启动了清洁生产的试点工作。1995 年 9 月中共中央《关于制
定国民经济和社会发展"九五"计划和 2010 年远景目标的建议》强调
指出，"到本世纪末，力争环境污染和生态破坏加剧趋势得到基本控制，

部分城市和地区环境质量有所改善；2010 年基本改变生态环境恶化的状况，城乡环境有比较明显改善"。1996 年 1 月，国家环保局实施 ISO 14000 系列标准的辅助机构"国家环保局环境管理体系审核中心"的成立，是实施环境标志制度的一个重要举措。1996 年 3 月在《国民经济与社会发展"九五"计划和 2010 年远景目标纲要》中，首次将可持续发展战略列为国家基本发展战略，实现了走可持续发展之路的战略转变，以此为标志我国环境政策进行了一系列的调整和改革。7 月在北京召开的第四次全国环境保护会议，提出保护环境是实施可持续发展战略的关键，保护环境就是保护生产力的战略口号。8 月国务院做出《关于环境保护若干问题的决定》，提出了"一控双达标"和 33211 工程，加大了重点地区和重点流域的治理力度，这个决定所明确的环境经济政策，特别是"排污费高于污染治理成本"的原则，标志着我国环境政策体系走向突破了过去单一依靠行政、法律手段的局限性，运用市场手段进行环境保护开始成为一种新的政策选项。1997 年颁发了《关于治理工业"三废"开展综合利用的几项规定》，这是我国第一个排放标准，也是防治工业污染和保护自然资源的一个重要标志性政策文件。1998 年 3 月召开的中央计划生育和环境保护工作座谈会上，提出了"建立和完善环保投入制度，排污者和开发者要成为投入的主体，多渠道筹措环保资金"，这是我国环境保护转向发挥市场机制作用的又一重要标志。同年 12 月国务院通过的《全国生态环境建设规划》提出了"按照'谁受益、谁补偿，谁破坏、谁恢复的原则'建立生态效益补偿制度，按照'谁投资，谁经营，谁受益的原则'鼓励社会上的各类投资主体向生态环境建设投资"，标志着我国政府已从法规上确定了利用市场机制保护和建设生态环境的政策。1999 年 10 月召开的第二届中国环境与发展国际合作委员会提出，"综合运用法律、经济和必要的行政手段，加强对环境保护和生态建设的调控。在高度重视发挥政府调控作用的同时，充分发挥市场机制对资源配置的作用"，进一步表明了我国环境政策制定的指导思想的转变。2002 年 1 月，第五次全国环境保护会议强调要按照社会主义市场经济的要求，动员全社会的力量做好环保工作，并加大环保投入。同年 11 月，第十六次全国人民代表大会提出了全面建设小康社会的目标，并将"可持续发展能力不断增强，生态环境得到改善，资源利用效率显著提高，促进人与自然的和谐，推动整个社会走上生产发展、生活富裕、生态良好的文明发展道路"作为主要内容之一。2003 年 10 月，中共十六届三中全会通过的《中共中央关于完善社会主义市场经济体制若干问题的决定》，提出了科学发展观，科学发展观是对可持续发展理念的完善和提升，它强调了以人为本和可持续发展的重要性，在与环境政策融合过程中主要体现为公众参与和循环经济两个方面。在这一阶段，我国的环境法律法规有了空前的增加，政府对环境的直接行政管理力量也有了很大的加强，但在强化法律与行政治理环境的同时，也开始更多地关注市场机制在环境治理中的作用，加大了环境保护的经济激励措施的制定与完善，进一步改善了排污收费制度，扩大了排污权交易的试点范围。如 1998 年开始在杭州、郑州和吉林三市尝试总量排污收费制度；1999 年对《排污费征收暂行办法》和《污染源治理专项资金有偿使用暂行办法》进行了修正；1994 年以来，在上海、天津、贵阳、本溪、绍兴、包头、开远、太原、柳州、平顶山等多个城市开始实行大气排污交易的政策试点。此外，这一时期国务院机构调整中，也将原国家环境保护局升格为国家环保总局，这意味着环境保护的地位也有了新的提高，受到了中央政府的进一步重视。

第四阶段：2004 年至 2012 年中共十八大的召开。这一阶段的突出特征是，出台了多项环境保护的重大举措，环境财税等政策工具也进入了设计和推广阶段，同时政府开始大力整合各种力量，开展环境的全面治理。2003 年的中共十六届三中全会上提出了"树立全面协调可持续的发展观"，标志着科学发展观的正式提出。2004 年国务院《政府工作报告》提出大力发展循环经济。2005 年 10~11 月，中共十六届五中全会确立了"节约资源，环境保护"的基本国策，提出了建设资源节约型和环境友好性社会的方针。同年 12 月，国务院先后发布了《促进产业结构调整暂行规定》《关于落实科学发展观加强环境保护的决定》，表明了我国将通过调整产业结构来改善环境的策略与决心，逐步扭转长期以来重经济、轻环境的发展倾向，环境保护在经济社会发展中的重要性进一步凸显出来。2007 年中共十七大召开，进一步提出"建设生态文明"的战略目标和战略任务，开始初步探索生态文明建设与经济建设、政治建设、文化建设、社会建设的关系，赋予了生态文明建设与其他建设在全面建设小康社会进程中同等重要的地位，其间出台和修改了许多规章制度，如《关于落实环境保护政策法规防范信贷风险的意见》(2007)、《关于环境污染责任保险工作的指导意见》(2007)、《中华人民共和国节约能源法》(2007) 等。2011 年 12 月召开了第七次全国环境保护会议，提出了在发展中保护，在保护中发展，经济转型发展是否有成效要看环境是否改善，明确了节能减排、农村环境保护等专项规划，提出了实行环境保护"一票否决"制。其间，2008 年国务院结构改革方案将国家环保总局升格为环保部，进入国务院组成部门，成为在国民经济全局中极为重要的职能机构，使之在环境决策、规划和重大问题上更能发挥统筹和协调作用。

第五阶段：中共十八大召开至今，我国环境保护工作的重点开始迈向全面深化改革和综合协同治理的转变与推进阶段，生态文明建设思想成为引领环境保护体制机制变革的根本遵循。中共十八大在肯定我国构建资源节约型、环境友好型社会建设取得重大成果的基础上，明确指出了建设生态文明是关系人民福祉、关乎我国未来的长远大计。面对环境污染严重、资源约束趋紧、生态系统退化的严峻趋势，必须树立尊重自然、顺应自然、保护自然的生态文明理念，把生态文明建设放在突出地位，并将其纳入中国特色社会主义事业"五位一体"的总体布局，对生态文明建设的具体政策和制度进行了阐述，提出深化生态文明体制改革，加快建立生态文明制度，健全国土空间开发、资源节约利用、生态环境保护的体制机制。生态文明建设战略的实施意味着未来的环境保护必须从忙于被动应对污染处理、生态危机的状态中逐步摆脱出来，要更多地转向对污染源的防控及主动将生态文明理念贯彻生态环境治理的全过程。2014 年 4 月 24 日，十二届全国人大常委会第八次会议修订了《中华人民共和国环境护保法》，明确了从国家战略格局到环保立法及制度保障体系的全面落实，再到环保监管、考核与全民参与，以及环保社会力量的长足发展，并于 2015 年 1 月 1 日起正式施行。新《环保法》史无前例地加大了对环境违法行为的处罚力度，被媒体评论为"史上最严环保法"。2014 年 5 月，中共中央、国务院出台《关于加快推进生态文明建设的意见》，对我国推进生态文明建设做了总体部署。2014 年 8 月 29 日第十二届全国人民代表大会常务委员会第十六次会议修订了《中华人民共和国大气污染防治法》，将排放总量控制和排污许可的范围扩展到全国，明确分配总量指标，对超总量和未完成达标任务的地区实行区域限批，并约谈主要负责人。在此前后，其他环保领域的规范性文件也密集出台，如 2013 年 9 月，国务院颁布了《大气污染防治行动计划》，要求经过 5 年努力实现全国空气质量"总体改善"。2014 年 3 月，环保部审议并通过了《土壤污染防治行动计划》，提出依法推进土壤环境保护，坚决切断各类土壤污染源，实施农用地分级管理和建设用地分类管控以及土壤修复工程。2015 年中共十八届五中全会审议通过的《中共中央关于制定国民经济和社会发展第十三个五年规划的建议》中，提出实行省以下环保监测监察执法垂直管理；同年，中共中央办公厅、国务院办公厅印发《党政领导干部生态环境损害责任追究办法（试行）》，对地方各级党委和政府对本地区生态环境和资源保护的责任进行了细化，对失职行为将依法严格追究责任。此外，环保部也在这一年颁布了《环境保护公众参与办法》，明确了落实公众环保参与的具体措施。2016 年底，国家发展改革委、统计局、环保部、中组部等制定了《绿色发展指标体系》《生态文明建设考核目标体系》。环保部联合中宣部、中央文明办等单位共同制定了《关于全国环境宣传教育工作纲要（2016—2020）》，对新阶段的环保宣教做了新的部署。这些重大变革措施的出台标志着我国环境管理的体制机制改革开始进入全面深化阶段。2017 年，中共十九大报告进一步明确了加快生态文明体制改革，建设生态文明是中华民族永续发展的千年大计，强调必须牢固树立和践行"绿水青山就是金山银山"的理念，推动形成人与自然和谐发展的现代化建设新局面。2018 年，根据《关于深化党和国家机构改革的决定》，国务院新组建了生态环境部,进一步整合原环境保护部、原国土资源部、水利部、原农业部、原国家海洋局等机构的职能,为协同统筹推进大气、水体及土壤的污染防治,构筑陆地、海洋、天空立体化的生态文明建设格局拉开了序幕。同年,十三届全国人大一次会议表决通过中华人民共和国宪法修正案,把发展生态文明、建设美丽中国写入宪法。这标志着生态文明理念开始在全社会得以牢固树立,并为我国在新的历史发展阶段继续推进环境保护事业的发展提供了方向指引与行动指南。

10.2 中国环境政策体系的内容概述

我国环境政策体系的内容是随着我国经济社会发展阶段的不断向前推进而不断发展与完善的。自 1972 年我国派代表团参加斯德哥尔摩联合国人类环境大会以来,环境政策就开始正式纳入我国各级政府部门的议事日程,环境政策的内容也开始不断丰富和完善,概括如下。

10.2.1 预防为主、防治结合、综合治理的政策

实践证明,实行经济建设和环境建设同步发展的政策,是解决发展与环境矛盾的正确途径,既有利于环境的保护,又有利于经济持续、稳定、协调发展。我国推行环境问题的预防为主、防治结合、综合治理政策的内容主要包括以下方面:

(1)把环境保护纳入国民经济和社会发展长远规划和年度计划,在工农业发展中防治环境污染和生态破坏。这是从 1982 年末公布的第六个五年计划开始的。环境保护具体要求是,建设项目必须提出对环境影响的报告书,经环保部门和其他有关部门审查批准后才能进行设计;新建工程防止污染的设施,必须与主体工程同时设计、同时施工、同时投入运行;分期分批地抓好老企业污染的治理,"三废"排放要符合国家规定的标准;控制长江、黄河、松花江、淮河、渤海、黄海等主要江

（河）段、主要港湾水质恶化的趋势，保护好各城市的主要饮用水源和漓江、滇池、西湖、太湖等风景游览区水域的水质。在这些五年计划中，提出了包括政策、法规、监督管理和资金投入在内的各项措施。这些政策的执行，不仅初步控制住了污染急剧恶化的趋势，而且一些污染指标还有所下降，是新中国成立后环境保护工作卓有成效的一段时期。

（2）对城市建设进行全面规划和综合整治，在城市化进程中改善环境质量。城市是中国环境污染最集中最严重的地区，需要按照城市总体规划的要求，实行城市环境综合整治，即通过调整工业布局、改变城市能源结构、按功能区分及保护等措施，有计划地从整体上改善城市环境质量。为此，根据国家统一部署，全国城市都按照其性质、功能分别制定了总体发展规划，国家对北京、天津、上海等32个重点城市进行定量考核；城市环境综合整治是城市政府的一项重要职责，市长对城市的环境质量负责；这项工作应列入市长的任期目标，并作为考核政绩的重要内容；城市人民政府应按考核指标分级制定本市的环境综合整治目标，并在年度计划中分解落实到有关部门、组织实施。考核范围包括大气环境保护、水环境保护、噪声控制、固体废弃物处置和绿化五个方面，共20项指标。考核结果向群众公报，接受群众监督。该项制度使城市环境保护工作由定性管理转向定量管理，也使环境保护工作增加了透明度。所有这些城市的总体规划都毫不例外地把环境保护规划作为其重要组成部分。总体规划中的环保措施主要有：在确定城市性质和规模的前提下，合理制定工业布局；改善城市能源结构和燃烧方式，控制大气污染；保护和节约水资源，防止水源污染；强调城市环境保护要"办实事，见实效"。在城市建设按照这种总体规划进行的过程中，城市环境综合整治措施得到了比较好的落实，并取得了比较好的成效。

（3）对开发建设项目进行环境影响评价制度。环境影响评价就是在进行建设活动之前，对建设项目的选址、设计和建成投产使用后可能对周围环境产生的不良影响进行调查、预测和评定，提出防治措施，并按照法定程序进行报批的法律制度。其主要目的在于：一是保证工程项目的选址适当，布局合理；二是保证开发建设项目必须有防治环境污染和生态破坏的切实措施。按照这项制度要求，凡大中型工程建设项目没有环境影响评价报告书的均不予批准建设；有报告书但没有环境保护部门的批准，也不批准建设。所以，自我国 20 世纪 80 年代初开始推行开发建设项目环境影响评价报告书制度以来，取得的效果也比较明显，可以调查清楚周围环境的现状，预测建设项目对环境影响的范围、程度和趋势，提出有针对性的环境保护措施；还可以为建设项目的环境管理提供科学依据，特别是在一定程度上防止了新的环境问题的产生。

（4）对批准的建设项目实行"三同时"制度。"三同时"制度是在中国出台最早的一项环境管理制度。它是中国的独创，是在中国社会主义制度和建设经验的基础上提出来的，是具有中国特色并行之有效的环境管理制度。根据我国《环境保护法》第 26 条规定："建设项目中防治污染的措施，必须与主体工程同时设计、同时施工、同时投产使用。防治污染的设施必须经原审批环境影响报告书的环保部门验收合格后，该建设项目方可投入生产或者使用。"这一规定在我国环境立法中通称为"三同时"制度。它适用于在中国领域内的新建、改建、扩建项目（含小型建设项目）和技术改造项目，以及其他一切可能对环境造成污染和破坏的工程建设项目及自然开发项目。经过多年的努力，这项政策在工业建设中被普遍推广，在控制新污染源产生方面发挥了较大的作用。

（5）环境保护目标责任制度。环境保护目标责任制是一种具体落实地方各级政府和有关污染的单位对环境质量负责的行政管理制度。一个区域、一个部门乃至一个单位环境保护的主要责任者和责任范围，运用目标化、定量化、制度化的管理方法，把贯彻执行环境保护这一基本国策作为各级领导的行为规范，推动环境保护工作的全面、深入发展，是责、权、利、义的有机结合。

（6）排污申报登记和排污许可证制度，推动末端管理与全过程管理相结合。申报登记制度在性质上是环境保护行政主管部门收集和掌握管辖区的污染和治理情况的一种途径，其目的是为当地人民政府和环境保护部门监督提供依据。排污许可证在性质上是主管机关对申请排污单位的排污活动是否准允，其目的在于控制和约束排污行为。

（7）制定环境时限标准，对工业企业实行超前管理。为贯彻《中华人民共和国环境保护法》《中华人民共和国标准化法》等法律要求，进一步规范国家环境保护标准制修订工作，环保部对《国家环境保护标准制修订工作管理办法》进行修订和整合，制定了新的《国家环境保护标准制修订工作管理办法》，制定环境时限标准，对工业企业实行超前管理。

10.2.2　谁污染谁治理政策

我国的谁污染谁治理政策是从经济合作与发展组织提出的"污染者负担"原则引申出来的。主要目的是解决两个问题：一是分清环境责任，二是解决治理环境污染的资金来源问题。这项政策的基本内容包括：

（1）结合技术改造防治工业污染。由于我国的工业企业很多是在20世纪50~60年代发展起来的，因此企业的工艺技术装备都处于相对落后的水平，表现为燃料、原料消耗高，废弃物排放量大，污染严重等问题普遍存在，工业污染是造成环境污染的主要方面。开展工业技术改造不仅是扩大生产能力、提高经济效益的积极措施，也是减少污染、改善环境的根本出路。为进一步消除污染、保护环境、促进生产、提高经济效益，把三废治理、综合利用和技术改造有机地结合起来进行，1983年2月国务院颁布了《国务院关于结合技术改造防治工业污染的几项规定》。该文件除对技术改造中必须采取的环保措施做出规定外，还规定了用于防治污染的资金不得少于技改总投资7%的要求。这项政策的执行也取得了一定成效，许多被改造的企业除提高了生产能力和经济效益之外，也减少了废水、废气、废渣等有害环境物质的排放量。

（2）对工业污染源实行限期治理。由于过去长期忽视环境保护工作，建设起来的工业企业污染严重，欠账较多，短期内是难以解决的。因此，只能按污染危害的轻重缓急，分期分批加以解决。按照谁污染

谁治理的原则，1978 年国家下达了 167 项重点污染源限期治理项目，
到 1985 年全部陆续完成。1996 年 8 月的《国务院关于环境保护若干
问题的决定》提出在 2000 年实现"一控双达标"的工作任务，进一
步推动了限期治理工作的开展。实践证明，我国工业污染源限期治理
政策的实施取得了一定成效。推动了企业积极筹集污染治理资金，集
中有限的资金解决突出的环境污染问题，产生了投资少、见效快的短
期政策效应。集中解决了一批群众反映强烈、污染危害严重的突出污
染问题。

（3）排污收费制度。1979 年国务院颁布的《中华人民共和国环境
保护法（试行）》中规定："超过国家规定的标准排放污染物，要按照
排放污染物的数量和浓度，根据规定收取排污费。"1982 年 2 月国务院
公布了《征收排污费暂行规定》，同年 7 月 1 日在全国各地实施。这项
规定的目的主要是通过经济杠杆来制约环境污染，提高政策效率。最初
的规定是，凡符合国家和地方污染物排放标准的排污量不征收排污费，
只对那些数量和浓度超过规定标准的部分征收费用。经过几年实践探
索，这项规定有了新的发展，即除了坚持"超标收费"规定外；又增加
了"排污收费"的规定，即对所有排污单位，即使排污符合规定标准，
也要按数量和浓度收取排污费。目前，排污收费制度已在全国逐步推
行，征收范围在不断扩大：由最初只向工业企业征收发展到向事业单
位、机关、团体征收；由向大中型企业征收逐步扩展到对乡镇企业征
收；由单项污染因子征收开始向多项污染因子征收转变。排污收费制度
是我国强化环境管理的重要政策之一，在制约环境污染方面发挥着积极
的作用，不仅强化了企业对污染的治理，同时也为治理污染开辟了一条
重要的资金来源渠道。但由于这项制度本身的设计还存在不少的问题，
因此，在执行过程中还没有真正实现其应有的效果。

10.2.3 强化环境行政管理政策

环境行政管理政策是环境保护政策的重要组成部分，它是从强化行

政管理的角度确定环境管理实践应遵循的准则和一系列可以操作的具体实施办法。1979 年以来，在实事求是、一切从实际出发的思想路线指引下，人们开始认真研究中国的国情，探索具有中国特色的环境保护道路，并基本达成了两点共识：第一，中国是个发展中国家，发展水平低，经济还不很富裕，因此在一个相当长的时间内都不可能拿出很多钱来治理环境。第二，现存的许多环境污染问题与管理不善有很大的关系，由于管理不善造成的环境污染差不多占环境污染总量的一半左右。这意味着只要加强管理，不需要花很多钱，就可以解决大量的环境问题。强化环境行政管理的内容主要包括：

（1）制定法规、政策和规划，使各行各业有章可循。20 世纪 90 年代中期以来，随着我国经济转型与改革开放的进一步深化，污染防治也开始实行"三个转变"，即从末端治理向全过程控制转变、从单纯浓度控制向浓度与总量控制相结合转变、从分散治理向分散与集中治理相结合转变，并利用世界银行贷款开始了清洁生产的试点。与之相适应，环境与资源立法速度也逐步加快，环境治理的行政管理措施在不断加强。1996 年，全国人民代表大会审议并通过了 2000 年与 2010 年的环境保护目标；同时，国务院发布了《关于环境保护若干问题的决定》。国务院及其有关部门还对重点流域水污染治理、酸雨控制、停用无铅汽油、加强生态建设等制定和发布了一系列法规。在国家环境标准加快拓展的同时，地方性法规和地方环境标准也在不断推出。包括：推行污染物排放许可证制度，即根据污染的危害程度对污染源排放的污染物实施总量控制，所有污染源都必须在排污许可证规定的范围内排放，否则就要受到处罚；推进污染集中控制制度，这一制度是根据过去分散治理不能有效控制污染，而且投资浪费较大的经验提出来的，即强调污染治理要走集中治理和分散治理相结合的道路，并以集中控制作为发展方向；强化环境准入，严格执行重大经济社会发展规划环境影响评价制度；建立严格的产业淘汰制度，将保护环境作为重要依据来制定产业政策，公布技术落后、污染严重的生产工艺和设备淘汰名录。

（2）建立和健全环境保护机构，加强对环境的监督管理，不断完善在统一领导下分工协作的环境行政管理体制。统一领导下分工协作的环境行政管理体制其主要特点是实行环境保护目标责任制，明确环境管理机构和政府的环境责任。即实现环境责任首长负责制，规定省长对全省的环境质量负责，市长对全市的环境质量负责，县长对全县的环境质量负责，乡长对全乡的环境质量负责。同时，推行城市环境综合整治定量考核制。多年的环保实践告诉我们，再好的方针、政策、法规、规划，如果没有相应组织机构的监管，没有一支训练有素的环保队伍的监督执行是很难落实的。我国的环境管理机构经历了从无到有、从小到大、从不健全到比较健全的发展过程。1974 年，国务院成立了国家级的环保机构——国务院环境保护领导小组办公室。1982 年，国家设立城乡建设环境保护部，内设环保局，结束了"国环办"作为环境保护临时主管机构的状态。1984 年成立了国务院环境保护委员会，建设部属环保局改为部管国家环保局。1988 年国务院机构改革，国家环保局从城乡建设环境保护部中分出，作为国务院直属机构。1998 年国务院机构调整中，也将原国家环境保护局升格为国家环保总局。2008 年将国家环保总局升格为环保部，进入国务院组成部门，成为在国民经济全局中极为重要的职能机构。2018 年，生态环境部挂牌成立，进一步整合了原环境保护部、原国土资源部、水利部、原农业部、原国家海洋局等机构的职能。目前，从国家、省、市、县到乡镇都已经基本上建立了环境管理机构。其中国家、省、市三级还建立了科学研究、监测、宣传教育中心等配套机构。

10.2.4　环境经济政策

环境经济政策指通过市场激励方式借助经济手段来解决环境问题的政策，具体包括排污费（税）的征收、排污权交易、生态补偿等环境政策。排污（税）费征收政策的基本原理来自经济学中的外部性理论，主要是针对企业对外排污的负外部影响征收相应的（税）费，使企业的外部成本内部化，进而激励企业从自身利益最大化出发来控制对外排污。

1982 年以来，我国先后发布了《征收排污费暂行办法》《污染源治理专项基金有偿使用暂行办法》，标志着排污收费制度正式成为我国环境经济政策中的一项重要内容。该项政策实施以来，对于转变环境治理理念、激发企业环保意识、强化其环境治理的社会责任、在全国范围内筹集环保资金、促进环境质量的改善并推动环境事业的发展做出了"开拓性"的贡献。但是，在几十年的实践过程中，也暴露了很多的不足和需要进一步完善之处，如排污收费的标准过低，激励作用有限甚至存在"逆向激励"企业排污的问题，排污费征收范围偏窄，征收资金使用不规范的问题等。这些问题的存在使排污费应有的政策效应没有在我国环境治理实践中得到充分的体现。排污权交易政策的基本原理主要来自著名的"科斯定理"，按照科斯的经济学思想，只要能明确环境资源的产权（包括污染权），那么在市场机制中各市场主体就可以通过产权的自由交易来更好地实现自身所拥有的资源所有权的最佳效益，客观上也能促进全社会环境资源的最优配置。排污权交易政策的实践也源自美国，美国经济学家戴尔斯于 1968 年最先提出了排污权交易的政策设想，此后，德国、英国、澳大利亚等国家也相继开始了排污权交易的实践。在借鉴发达国家这一市场化环境政策实施的经验基础上，我国也从 1988 年开始排污许可证制度试点工作。1993 年国家环保局开始探索大气排污权交易政策的实施，并以太原、包头等多个城市作为试点。1999 年，中美两国环保局签署协议，以江苏南通和辽宁本溪两地作为试点基地，在中国开展"运用市场机制减少二氧化硫排放研究"的合作项目。2001 年南通天生港发电公司与南通另一家大型化工公司进行了二氧化硫排污权交易，这是我国第一例二氧化硫排污权交易实践。2002 年 7 月，原国家环保总局召开山东、山西、江苏等七省市"二氧化硫排放交易"试点会议，进一步研究部署进行排污权交易试点工作的具体步骤和实施方案。2004 年，南通市环保局经过研究和协调，审核确认由泰尔特公司将排污指标剩余量出售给亚点毛巾厂，转让期限为 3 年，每吨 COD 交易价格为 1000 元。这是中国首例成功的水污染物排放权交易。2007 年以来，财政部、环境保护部、国家发展改革委先后批复江苏、浙江、天津、湖北、湖南、山西、内蒙古、重庆、河北、陕西、河南及青岛市开展排污权有偿使用和交易试点，按照《关于进一步推进排污权有偿使用和交易试点工作的指导意见》的要求，截至 2018 年，11 个试点地区由浅到深、由点到面，稳步推进排污权有偿使用和交易工作，总体上取得了初步成效。此外，另有 16 个省（自治区、直辖市）自行开展了排污权有偿使用和交易试点，其中大多数试点地区选取火电、钢铁、水泥、造纸、印染等重点行业作为交易行业，浙江、重庆等部分地区扩展到全行业范围，截至 2018 年 8 月，一级市场征收排污权有偿使用费累计 117.7 亿元，二级市场累计交易金额 72.3 亿元。在地方性法规或规章层面，目前全国共有 18 个省（自治区、直辖市）对试点工作做出了明确规定，其中专门针对排污权有偿使用和交易政策制定发布的管理办法、指导意见等文件达 30 多份。在规范性文件层面，各试点地区共发布了 300 多份排污权有偿使用和交易实施方案、实施细则以及相关技术文件。实践表明，排污权交易制度作为一种以发挥市场机制作用为特点的新型环境经济政策，能够有效地控制环境污染，起到了节省治理费用、改善环境质量的作用。但是，由于排污权交易在我国的实践时间有限、实践范围不广，加之排污权交易市场繁杂，规则与程序的操作难度高，高素质的专业人员也严重不足，使得我国排污权交易政策目前总体上仍处在摸索完善阶段，还有许多亟待解决和进一步需要完善的问题。相对于排污收费与排污权交易政策而言，生态补偿政策主要是针对环境保护过程中出现的利益矛盾冲突而产生的一种更新的环境经济政策手段，生态补偿作为调节生态环境保护和建设过程中利益相关方的关系，使外部成本内部化的环境经济手段日益受到重视。20 世纪 90 年代末，我国先后实施了一系列大型生态建设工程，为确保项目推进，从中央到地方出台了一系列生态环境保护与补偿措施，推动了生态修复和生态补偿工作的快速发展，并为生态修复与补偿制度的建立积累了宝贵的实践经验。1996 年，《国务院关于环境保护若干问题的决定》提出"建立并完善有偿使用自然资源和恢复生态环境的经济补偿机制"。1999 年开始的退耕还林工程，是迄今为止我国政策性最强、投资量最大、涉及最广、群众参与程度最高的一项生态修复和建设工程。该工程改变了中西部地区垦荒种粮的传统耕作习惯，对区域生态建设及社会经济发展产生了深远影响。在退耕还林工程实施中，生态补偿作为经济手段发挥了重要作用。2010年，国务院将制定《生态补偿条例》列入立法计划，标志着生态补偿制度建设正式进入法治阶段。此后，从中央到地方各级政府都开始了积极探索建立市场化、多元化生态保护补偿机制的行动。2014年，山东省制定了《山东省环境空气质量生态补偿暂行办法》，积极调动山东省各级党委政府治理大气污染的积极性和主动性，推动了大气环境质量持续改善。2016年，山东省印发了《山东省海洋生态补偿管理办法》，明确规定山东省海洋生态补偿的内容，并出台了《用海建设项目海洋生态损失补偿评估技术导则》，初步尝试建立海洋生态补偿制度。2018年，北京市、湖北省等地先后出台《关于健全生态保护补偿机制的实施意见》，提出做好禁止开发区域、重点生态功能区域、生态保护红线等重要区域生态保护补偿全覆盖，补偿水平与经济社会发展状况相适应，发挥转移支付机制的政策效应，提升生态保护补偿效益，建立多元化生态保护补偿机制。2018年7月，安徽省政府办公厅制定了《安徽省环境空气质量生态补偿暂行办法》，用于生态补偿的资金实行省、市分级筹集，以各设区市的细颗粒物和可吸入颗粒物平均浓度季度同比变化情况为考核指标，建立考核奖惩和生态补偿机制。2018年11月，湖北省政府制定《湖北省环境空气质量生态补偿暂行办法》，对环境空气质量改善的地方安排生态补偿资金，对环境空气质量恶化的地方扣缴生态补偿资金，扣缴的资金用于补偿空气质量改善的地方，不足部分由省级统筹安排，逐步实现奖惩平衡；2018年12月，重庆、湖南两省市政府签署了《酉水流域横向生态保护补偿协议》，标志着省级生态补偿开始进入实践的新阶段。从中央层面看，2018年，财政部、环境保护部、国家发展改革委、水利部印发了《中央财政促进长江经济带生态保护修复奖励政策实施方案》，预拨80亿元奖励资金，对长江经济带11个省（市）实行奖励政策。7月，财政部、国家林业和草原局发布《林业生态保护恢复资金管理办法》，以加强和规范林业生态保护恢复资金使用管理，提高财政资金使用效益，促进林业生态保护恢复。随着生态文明建设进程的加快，未来不同行政区划之间的生态环境保护协作治理也将越来越加强，生态补偿政策的应用空间也将越来越拓展壮大。

10.2.5　环境领域的国际合作政策

环境领域的国际合作政策指处理国际环境活动和涉外环境事务的政策，又称涉外性环境政策。主要包括：国际环境外交政策，国际环境贸易政策，对外国和国际性环境组织的政策，对外国投资（包括外国企业和跨国公司）的环境政策，国际环境合作交流政策，国际环境纠纷处理政策，处理各种国际环境问题的政策，保护全球共有环境资源的政策等。目前，我国的许多环境法律、法规和政策都有国际环境政策的内容，如《国务院关于进一步加强环境保护工作的决定》（1990 年）就"积极参与解决全球环境问题的国际合作"做了原则规定；还制定了一些专门的国际环境政策文件，如《我国关于全球环境问题的原则立场》（1990 年）和《关于加强外商投资建设项目环境保护管理的通知》（1992 年）。多年以前，中国就是南南环境合作的积极倡导者、支持者和实践者。中国和很多发展中国家面临非常相似的环境挑战，对于开展国际环境合作有着共同的利益诉求，所以中国政府一直都高度重视并积极推动南南环境保护合作。如通过中国－东盟环境保护合作中心、澜沧江—湄公河环境保护中心这样的机构，专业性开展南南合作；通过举办中非环境部长对话会、中国－阿拉伯环境合作论坛等方式促进发展中国家之间互相交流，分享环境保护方面的政策和经验；通过开展环保产业和技术合作，依托国内生态环保园区，建设环保产业国际合作示范基地向发展中国家推介我们的环境综合解决方案，进而推动中国和发展中国家共同提高环境保护能力；通过开展联合研究，如与东盟专家共同编制并发布了《中国－东盟环境发展展望报告》，一方面探讨中国和东盟面临的环境问题，另一方面探讨共同合作的领域。上述举措，不断深化了中国与发展中国家之间的环境合作深度与广度。在加强"南南合作"的同时，中国与发达国家之间的环境交流与合作也日益加强，如通过与美国、日本、德国等发达国家的环保合作交流，学习借鉴其先进的环保理念和经验，促进了环保技术水平提升和环保产业的发展，对中国的生态环保工作发挥了积极作用。此外，中国在中日韩三国、金砖国家、上海合作组织、亚太经合组织等区域合作框架下，也积极参与区域环境合作倡议，贡献了中国力量。以中日韩环境合作为例，1999年，三国就建立了环境部长会议机制，至今已经连续召开20次部长会议。在部长会议机制下，三国启动并实施中日韩环境合作的联合行动计划，涉及生物多样性保护、大气污染防治、水污染治理、生态修复、公众意识、化学品管理以及电子废弃物越境转移等诸多领域。三国多年来形成了一套比较顺畅的沟通与合作机制，这种合作机制在世界范围内也不多见。近年来，随着中国改革开放的深入与综合实力与国际影响力的大幅度提高，中国已经开始从环境保护国际合作的参与者与接受者的角色逐步向推动者与主导者的角色转变。尤其是中国提出的建设生态文明、推进绿色发展等一系列新发展理念，为全球环境治理贡献了中国智慧和中国方案，受到了国际社会的普遍重视并赢得了广泛赞赏。联合国环境署2016年发布的《绿水青山就是金山银山：中国生态文明战略与行动》报告指出，中国是全球可持续发展理念和行动的坚定支持者和积极实践者，中国的生态文明建设将为全球可持续发展和2030年可持续发展议程作出重要贡献。中国在建设生态文明方面的大胆实践和尝试，不仅有利于解决自身资源环境问题，还将为后发国家避免传统发展路径依赖和锁定效应，提供可资借鉴的示范模式和经验，有利于推动建立新的全球环境治理体系。总之，积极参与和务实促进国际环境合作，既是中国实施绿色发展战略、加强生态环保的内在需要，也是中国参与全球治理、构建人类命运共同体的责任担当。未来中国将继续拓展和深化环保国际合作，积极参与全球环境治理，大力推动绿色"一带一路"建设，全面提升国际环境合作的深度和广度。

10.3　中国环境政策体系的简要评述

综上所述，经过几十年来的实践探索，我国的环境保护政策体系内容日趋丰富和完善，取得了一些实实在在的环境保护工作成效，突出表现在以下五个方面：

（1）较早确立了环境保护是一项基本国策，奠定了环保工作在国家经济社会发展中的重要地位。在此基础上，进一步明确了实行经济建设、城乡建设和环境建设同步规划、同步实施、同步发展的指导方针，并将环境保护纳入国民经济和社会发展的长远规划和年度计划中，为我国深入推进富有中国特色的环境保护之路奠定了政策基石。

（2）基本形成了以政府为主导的不断强化政府环境管理职责为特征的环境政策体系，环境管理的政策法规内容随着经济社会的不断发展日趋丰富。从 1973 年 8 月国务院组织召开首次全国环境保护会议，确立了"全面规划，合理布局，综合利用，化害为利，依靠群众，大家动手，保护环境，造福人类"32 字方针开始，到 2018 年中共中央、国务院发布《关于全面加强生态环境保护坚决打好污染防治攻坚战的意见》和第十三届全国人大常委会第四次会议通过《关于全面加强生态环境保护依法推动打好污染防治攻坚战的决议》，提出建立健全最严格最严密的生态环境保护法律制度为止，近半个世纪以来，我国的环境保护工作走过了"从探索环境保护政策合法性的起步阶段"开始到"迈向全面深化改革和综合协同治理的转变与推进阶段"这一不断开拓前行的不平凡历程，从确立环境保护是一项基本国策到生态文明建设思想开始成为引领我国环境保护体制机制变革的根本遵循，意味着我国环境政策的内容体系也在随着中国经济社会改革开放的进程而不断与时俱进，主要体现为环境治理的法规体系不断完善、环境行政管理措施不断强化、环境经济手段开始推行、环境国际合作日益深化。

（3）环境管理体制机制不断完善，改革不断深入，初步建立起一个统一领导、分工协作的环境保护管理体制机制。在几十年的环境保护工作实践进程中，中央和地方政府在有关环境保护的科学决策制度、法治管理制度、道德文化制度等方面进行了全方位多层次的制度改革与创新。在建立有效的环境与发展综合决策机制方面，逐步加强了对重大规划和发展项目进行科学和有广泛社会参与的环境影响评价，增加了资源环境主管部门在经济发展决策中的话语权，不断加快资源环境部门的"大部制"建设进程，不断强化了各级政府、人大及政协对环境问题的协同职能，特别加大了中央政府对地方政府环境管理工作的督查监督与问责力度。在法制管理制度方面，逐步扩大了环境影响的主体范畴，从资源环境角度形成对全社会的制度约束和规范，基本上做到凡对环境有影响的人类行为，都有相应的法规制度进行调节和管束。很多地方政府也不断加强了资源环境等部门的执法队伍建设力度，不断增加投入改善环境执法的软硬条件，提高执法水平，加大司法力量对生态环境建设的保障作用。此外，不断加强了环境经济政策的研究制定工作，推进排污费改税法律进程，扩大资源税征收试点范围。在道德文化制度方面，一些城市将生态价值观纳入社会主义核心价值体系，形成了资源节约和环境友好型的执政观、政绩观，强化企业的社会责任感和荣誉感，培育公众的现代环境公益意识和环境权利意识等，并试图逐步建立和完善环境保护的道德文化制度，努力构造全社会环境保护的"自律体系"，形成持久环境意识形态，广泛动员社会力量参与环境保护，增强环境保护的软实力。

（4）生态文明建设被纳入中国特色社会主义事业"五位一体"的总体布局，"发展生态文明、建设美丽中国"写入了宪法，标志着我国环境保护工作在新时代具有了更高的地位和更广阔的发展平台与拓展空间，环境政策体系的改革与完善继续向纵深发展。随着中共十九大作出的重大决策部署，2018年6月，中共中央、国务院发布《关于全面加强生态环境保护坚决打好污染防治攻坚战的意见》，要求进一步健全生态环境保护法治体系。7月，第十三届全国人大常委会第四次会议通过关于全面加强生态环境保护依法推动打好污染防治攻坚战的决议，提出建立健全最严格最严密的生态环境保护法律制度。与之相适应，一大批新的环境保护法规、规章、规范性文件相继出台。如《中华人民共和国土壤污染防治法》从 2019 年 1 月 1 日起施行，这是我国首次制定专门的法律来规范防治土壤污染，是继水污染防治法、大气污染防治法之后，土壤污染防治领域的专门性法律，填补了以前的立法空白。《环境影响评价公众参与办法》也自 2019 年 1 月 1 日起施行，该办法主要针对建设项目环评公参相关规定进行了全面修订，充分保障公众参与的充分性和有效性，进一步提高公众参与的效率、优化营商环境。2018 年 11 月 16 日，生态环境部发布了《关于统筹推进省以下生态环境机构监测监察执法垂直管理制度改革工作的通知》，标志着省级环保垂直改革也开始步入快车道。环保督察工作继续向前深入推进，督察力度得到了前所未有的加强。中央环保督察行动已经成为新时代我国环境保护制度创新的一项利器，不仅在短期内取得了突出的生态环境治理成效，也对冲破长期以来地方经济保护主义对环境保护工作的桎梏产生了深远的影响。

（5）积极参与国际环境治理合作，提出构建人类命运共同体、推动绿色"一带一路"建设、建设生态文明、推进绿色发展等一系列新发展理念，为全球环境治理贡献了中国智慧和中国方案的主张，赢得了国际社会的普遍认同和赞赏，凸显了新时代中国在国际环境合作中的作用和地位得到了前所未有的加强，成功实现了从国际环境治理的参与者与接受者的角色逐步向推动者与主导者的角色转变。

当然，回顾几十年来我国环境政策的制定与实施过程，我们也不难发现，从整体来说，我们的环境保护政策仍然还带有较强的计划经济的色彩，环境管理仍主要是以政府的干预和控制为主，而通过市场机制来解决环境问题的措施还显著不足。例如，对现有污染企业要求限期治理，否则处以"关、停、并、转"的处罚是我们在控制企业污染时最常用的方式。另外，其他政策包括针对新建企业的"三同时"制度、污染申报制度、污染排放标准、行政禁令（如禁止在长江上游乱砍滥伐）等也在环境保护中扮演着重要的角色。相反，目前在发达国家已获得越来越多运用以市场激励为基础的环境治理措施，如污染税（费）及排污权交易等政策却还基本上处于试点与起步阶段，还很不成熟。例如，在实行排污费（税）政策过程中，由于"违法成本低，守法成本高"，有些污染企业宁愿交排污费也不去治理污染，使得排污收费不仅没有能充分激发企业减少污染排放的自觉性，反而变相鼓励了一部分社会责任缺失的企业以"合规"的方式加剧其排污力度。排污权交易政策的实施由于需要建立从排放量的计量和核定、减排认证机构和认证标准、排放交易规则到碳资产的登记和管理等很多基础的制度和技术方面的准备，其推广实施效应也还不尽人意。此外，我国环保投入的重点主要还是面向末端治理，切合生态文明建设要求的、能有效促进社会经济可持续发展的长期措施，如鼓励清洁生产、循环利用等内容还比较单薄。如果按照未来生态文明建设的战略部署要求，我国现有环保制度显然还有很多不够完善之处：

（1）我国整体环境监管体制不够健全。当前我国推行以行政区域为单位，各行政区域环保主管部门统一监管和各部门分工负责的环境监管体制。这种环境监管体制存在很多缺陷，具体如下：一是环保行政主管部门统一监管和各职能部门分管相结合的环保监管体制造成环境执法部门协调难，各自为政的环保监管体制对解决跨区域环境纠纷问题也无能为力。事实上，环境保护工作涉及环境保护、农业、水利、林业等多个部门，他们都有执行环境法律、法规的相应权力。由于部门之间分工不明确，地区之间缺少协调统筹治理机制，因此在执行环境政策的时候为了部门与地区利益，往往会出现各自为政甚至引发相互推诿的矛盾纠纷，导致政府的环境保护工作效率很难得以提升。二是环保行政主管部门对环境监管的执法权力还没有得到充分加强。尽管我国于2008年成立环保部，2018年的国务院机构改革将环保部改为生态环境部，提升和强化了其权威和职能。但地方各级环保部门仍然属于地方政府部门，其执法权没有得到强有力的提升，这导致了两方面问题：首先，地方环保部门只有监督权，而直接执法权属于地方政府，那么，在地方政府如果只强调经济增长，轻视环境保护的情况下，环境保护部门在地方具体的环境执法过程中显然会力不从心；其次，由于地方环保部门属于地方政府主管，因此，地方环保部门官员的职务升迁、职务变动仍然归地方政府所管，环保部门的财务由地方政府财政主管，从而导致环境部门的执法受制于地方政府，必然引发有法难依，执法不严现象。所以，由于地方环境保护部门的工作很大程度上受制于地方政府的各方面约束，很难独立展开对污染企业的调查和处罚，环境违规企业在地方经济利益主义保护下也可能阻碍环境保护部门的工作，使得环境政策的执行往往是服务于地方经济发展的需要，缺乏足够的独立性。

（2）环境法律依然存在很多缺陷和不足。首先，环境法律体系还不够完备，特别是在核安全、生物安全、化学品管理等方面法律法规尚存在一些立法空白。其次，很多环境法律法规呈现出"柔性有余而刚性不足"的特征，处罚标准和执行力度都不能足以遏制一些企业的环境违规行为。最后，环境责任的法律制度还存在缺失。一是对造成重大环境事故的主体追究刑事责任的相关规定还不够严格，刑事震慑作用很难得到充分体现。二是环境损害的民事赔偿还不能在相关法律中得到充分体现并很难在现实司法实践中得以实现。

（3）公众参与环境保护的积极性主动性还远没有被充分激发出来。这主要体现在以下两方面：一是我国的环境决策主体在环境决策过程中与企业、公民开展实质性的沟通和交流不够。体现在参与环境影响评价时，群众的参与范围与参与深度及广度还受到很多因素的制约，公众不愿参与、不能参与相关决策的现象还相当普遍，即使是涉及公众切身利益的环境决策，公众事后的被动参与也往往比事前的主动参与情况更普遍，严重影响了政府决策的科学性和现实可行性。二是公众参与环保行为长期处于一种"自发的松散式"状态，无论在物资还是精神层面都没有建立相应的激励机制来鼓励与激发广大公众参与各类环境保护活动的积极性，没有在全社会范围内充分调动和发动广大人民群众自觉参与环保行动。

（4）环境资金投入不足与使用不规范导致环境治理的速度赶不上环境污染的速度。环境保护资金长期投入不足，必然导致环境基础设施建设处于长期欠账状态，导致即使政策主张出台也未必比能真正落实到位的窘态。更为严重的是，在有限环境保护资金的使用过程中，当遇到短期经济利益与长期环保利益出现冲突时，往往会过多考虑经济利益而进一步裁减环保资金，严重削弱了环境政策的执行效果。这种情况在地方政府层面表现更为明显，引发中央政府环境决策层层下达后在执行过程中出现政策效应逐级衰减的普遍现象。

（5）一些已经不合时宜的政策没有得到及时的清理整顿，导致新的政策措施效应也难以有效发挥。随着我国社会主义市场经济体制的不断完善，社会经济的运行方式也在不断发生新的转变，迫切需要对环境政策体系的内容进行及时清理与调整，使原有的已经不能适应现实经济社会发展需要的旧政策逐步退出，为新政策效应的发挥腾出了舞台空间，减少了新旧政策交织在一起带来的摩擦与内耗。但从目前全国各地环境治理的实际来看，政出多门，相互掣肘的现象还在一些地方比较普遍存在。

（6）通过合理生态补偿来协调生态环境整体治理过程的矛盾利益冲突的政策内容还相当匮乏。随着我国社会主义市场经济的发展和社会结构的转型，社会阶层分化、利益多元化的趋势日益明显，不同利益群体以各种不同的方式影响着环境政策的执行。一个亟须解决的问题就是如何通过科学合理的生态补偿机制来实现利益相关者之间的利益平衡。但有关生态补偿的制度体系远未完善，生态补偿的范畴和总体框架没有建立起来，补偿标准的确定缺乏科学依据，补偿资金来源不足，补偿的方式单一，补偿的范围不够合理等问题还比较突出。

（7）环境政策的执行方式还有待进一步合理完善。几十年来，我国环境政策在执行过程中主要存在以下两方面突出的倾向：一方面，在环境整治过程对政策的标准执行不够严格，失之于"宽、松、软"，严重影响了环境政策的环境效益。另一方面，在环境整治过程中也普遍存在执行政策的"一刀切"现象，突出地表现为不顾不同地区、不同行业、不同经济发展阶段差异的客观现实，采取简单粗暴方式去进行环境管治，完全不顾及因此而带来的经济效应、社会稳定效应，民生效应等方面的负面影响，引发经济发展与环境保护之间的严重对立，这就从根本上背离了环境政策的实施要充分体现出生态文明建设的内在精神实质的根本要求，即经济发展与生态环境保护之间是协调统一的双赢关系，不能陷入非此即彼的对立状态。环保政策只有有利于实现经济社会的可持续发展、有利于生态文明建设、有利于实现环境－经济关系和谐演进才是科学可行的。

第 11 章　中国环境保护决策体系的优化

从我国环境保护政策体系的发展演化历程来看，经过几十年来的不断发展演变，政策内容体系不断丰富，政策地位不断提高，政策效应也不断加强。但从我国经济发展所面临的生态环境压力一直处于比较严峻状态的现实来看，我国环境政策的目标、手段及政策的决策执行与实施效果等各方面都还不能与我国经济社会的发展变化和人民生活水平的不断改善完全适应，还有很大的需要进一步改进完善的发展空间，下面我们将主要针对本书第 10 章结论部分所指出的我国环境保护政策体系存在的不足之处来提出对其进一步优化完善的对策。

11.1　环境保护政策目标的优化

从构建和谐的环境 - 经济关系的目标出发，环境保护要有利于提高经济发展后劲，经济发展也要有利于增强环境保护的能力，两者相辅相成、相互促进和制约。因此，我国环境保护目标要与发展阶段相吻合，既不能脱离经济发展阶段的财力约束不切实际的提高生态环境保护方面的投入成本，也不能无视生态环境的压力片面追求经济规模的无限扩张。

辩证唯物主义认为，任何事物的矛盾都具有普遍性与特殊性，不同质的矛盾只有用不同质的方法才能解决。过去我们不承认环境问题有普遍性，即否定社会主义国家也存在环境问题显然是不对的，但今天，如果我们只承认环境问题的普遍性而不承认其特殊性，照搬外国模式也肯定是不对的。对我国而言，无论是环境问题本身的特点还是解决环境问题所面临的历史条件都与其他国家有很大的差异。所以，我国环境政策的确立必须充分考虑我国的现实国情，这也是我们制定环境政策的一个基本出发点。我国生态环境禀赋本来就先天不足，新中国成立后一段时期内的一系列政策失误更加剧了这一问题的严重性。主要表现在：错误的人口政策导致了人口的急剧膨胀，形成了人口对资源和环境的长期压力；"大跃进"时期搞大炼钢铁，给森林和矿产资源带来了巨大的灾难；"文化大革命"时期搞大而全、小而全的工业体系，奠定了工业污染的格局；20 世纪 80 年代以来以低技术组合、高资源耗费进行的高速经济增长给生态环境造成了规模最大、后果最严重的冲击等。毫无疑问，环境问题已经开始成为严重制约我国实现科学发展的重要因素，我们必须采取最有效的政策措施来解决这一难题。但问题的复杂性在于，我国目前仍然是一个并不富裕的发展中大国，工业化与现代化的压力还非常大。而一般说来，在发展的早期阶段，提出过高的环境保护目标并不现实。因为这一阶段人民最迫切的愿望还是要求加速经济增长，创造尽可能多的物质财富以快速摆脱贫困。所以，国家也不可能有"无限"资金投资于环境保护。同时，在发展的初期阶段，提出过高的环境保护目标也不符合发展的规律，从经济意义上来说很可能是得不偿失的。就像目前发达国家要求发展中国家实现与它们同样的环境标准一样是极不合理的。因为从某种程度来说，遵守较高的环境标准意味着付出较高的经济代价，而这一代价如果超越了发展中国家的承受能力，将造成很大的损失。从实际情况来看，任何发展经济的行为都会有废物和废能的产生，而最终不可继续循环利用的废物和废能必然会对环境带来不利的影响。所谓"边发展，边治理；边利用，边保护"的思想就已经包含着发展过程本身不可避免地存在着对生态环境污染和破坏的含义。所以实际上，问题的关键并不在于经济发展会不会污染环境，而在于发展对生态环境的损害程度在具体的发展阶段是否可接受，经济发展的成就能否抵消不利的环境影响。当然，这并不意味着发展中国家在发展的初始阶段可以完全不顾环境，全然不考虑对生态环境的保护。而是说在发展的较低阶段，经济发展应该是主要的任务，不能脱离经济发展本身去单纯地从事环境保护，也不能把环境保护看得比经济发展还要重要。不过，当生态破坏和环境污染阻碍了经济发展的基础，削减了经济发展的后劲，也严重影响人们的健康生活时，必须立即加以解决，而不应拖到将来去处理。从科学发展与生态文明建设的视角来分析，经济发展与环境保护的协调是可以在人们追求可持续发展的过程中逐步实现的，并在经济、社会、环境这一复合系统动态的演化过程中不断地加以完善。事实上，在经济发展与环境保护关系的问题上，通常流行三种基本观点：即"先污染，后治理；先发展，后保护"的观点；"边发展，边治理，边建设，边保护"的观点；以及"环境保护优先于经济发展"的观点。这三种观点实际上反映了第二次世界大战后不同发展阶段的国家在环境保护上的看法及认识。我国独特的资源环境条件，决定了我们不可能按西方国家的老路来实现现代化。西方国家在其工业化过程中走的是高消耗、高污染和"先污染，后治理"的发展道路，显然，这是一条我们不能走也不可能走的道路。历史经验已经证明，西方国家已经走过的这条道路付出了极大的代价，作为后发展国家，完全可以从其发展的经验教训中得到启示，避免类似错误的发生。即使我们不顾后果沿着西方国家的老路走，恐怕也走不了它们这么远了。道理是明摆着的，西方国家推行工业化时，世界上绝大多数国家的工业化远未开始，因此世界上有着足够丰富的资源供它们利用，有足够的环境容量供它们占用。但是，在当今的时代里，人口、资源及环境状况与经济发展的矛盾已经非常尖锐，我们再也不具备西方发达国家所具有的那种先发的环境优势了。因此，中国要较好地实现自己的科学发展战略，就不能超越发展的客观历史阶段，应该对自己所处的发展阶段有一个科学的把握。如果在环境保护问题上，超越我国的现实国情，提出过高的环境目标，将不仅不能实现这一目标，反而会因此而造成资源的大量浪费，最终削弱我们不断改善环境的经济基础，显然这是极不明智的。

所以，尽管环境问题的解决已经变得十分迫切，但环境政策的制定却必须十分理性。如果光从环境本身的角度来考虑问题，不顾及社会经济发展的现实情况，那么环境政策的定位就会出现很大问题。在我国加速工业化和实现基本的现代化阶段，无论从发展的主要任务，还是从综合经济实力来看，我们现在都不应该去追求超越社会发展阶段的不切实际的环保目标，如果执着地这样做，则很可能欲速则不达，对经济发展与环境保护都将产生不利的影响。所以，凡是国家层面的环境政策目标制定，国务院环境保护主管部门应在充分考虑国家经济发展阶段、技术条件制约、人民物质生活水平等因素的基础上来制定相应的国家环境质量标准。在行业层面，则需要结合国家环境形势和各产业政策要求，对行业清洁生产工艺、污染治理技术、产排污情况，以及全行业排放达标成本效益对比情况进行比较分析后，合理制定企业的污染物排放标准。要让环境目标的实现，不仅在经济技术是可行的，在改善民生上是有益的，也能实现总体生态环境效益的最大化。

　　从环保目标制定的国际层面分析，尽管我国现阶段环境政策的制定需要理性，需要顾及社会经济发展的现实情况，但是从长远来看，需要与国际接轨，需要体现负责任大国的身份。环保与国际接轨主要体现在环境立法与国际接轨，环境标准与国际接轨，逐步采用高科技、环保水平高的生产设备，实行"低能耗、低排放、低污染"的生产方式，使国内环境质量逐步达到国外先进国家环境质量水平。长期的考量是参与制定并引领全球生态治理与环境保护目标，并采取实际行动，推动全球环境目标得到落实。从中短期来看，必须采取实际得力措施，将中央政府提出的"相互帮助、协力推进，共同呵护人类赖以生存的地球家园"的环保国际合作方针落到实处，将我国在多哈及巴黎气候会议上宣布的单位国内生产总值二氧化碳减排目标落实到位，同时，要继续推进污染减排，大力转变经济发展方式，建设资源节约型和环境友好型社会。

　　总之，从贯彻落实生态文明建设战略要求出发，我国现阶段的环保工作更现实的选择是要把环境保护目标与把经济发展目标密切地结合起来，这样既能避免完全不顾生态环境后果单纯追求经济增长效益的错误，又能克服超越经济发展阶段追求过高环境目标的片面性，进而在发展过程中逐步实现对生态环境的改善，并将生态环境保护目标纳入国民经济整体建设战略的重要组成部分，使我国生态环境治理体系与治理能力随着经济发展水平的提高而不断提高。

11.2 拓展市场激励型环境政策的推广应用范围，充分发挥市场机制在创新生态环境治理过程中的重要作用

与生态文明建设相吻合的环境政策体系自然包括经济政策工具在内的各种政策组合。绿色发展的本质之一就是要提倡以更少的环境成本实现更多的经济效益。因此，从效率的角度出发，环境保护政策必须更多重视经济激励手段的效应。

新中国成立后的相当长一段时期以来，我国实行的是社会主义计划经济体制，在这一体制下，政府是整个社会经济活动的调节主体，主要运用计划调控政策对社会经济生活的各个环节和领域进行干预来引导经济的发展。同样，在计划经济体制下，政府也主要是通过制订计划、安排项目、划拨资金并具体组织项目实施、负责设施运行等方式来引导和推动环境保护的发展。这种单纯依靠政府运用计划政策来引导和推动环保工作的模式有着明显的弊端，既调动不了社会公众参与环境保护活动的积极性，也不可能形成环境保护发展的内在机制，一句话来概括就是没有充分发挥市场在环境保护投资中有效配置资源的基础作用。目前，我国仍然处于从计划经济向市场经济体制转型的改革完善阶段，在这一渐进的制度变迁时期，市场力量已经在社会经济生活中发挥越来越重要的作用，但与此同时，同市场经济相适应的各种制度安排却尚未完全建立起来。特别是随着经济的快速发展，我国一直面临着严峻的环境与资源压力。我国目前以及未来的社会经济背景条件的变化，必然要求公共政策包括环境政策必须适应市场经济的要求，改变目前主要依赖于命令－控制型政策来治理环境的状况，更多地发挥市场机制在环境保护中的作用，使我国的环境政策体系充分体现环境经济政策与命令－控制型

政策相互补充、相互完善的特征。因此，采用具有行为激励功能和资金配置功能的环境经济政策，是我国环境管理体系特别是环境政策创新的必然要求。具体来说，主要从以下三方面着手：

（1）对现有的环境经济政策主要是排污收费政策进一步改革与完善。多年来，排污收费制度作为我国环境管理中最具有经济特色的环境政策取得了一定的环境效益、经济效益和社会效益，对促进老污染源治理，控制新污染源排污以及为防止污染提供专项基金以促进环境保护事业的发展等方面起到了积极作用。但由于我国排污收费制度政策设计本身存在的一些问题以及制度安排上的一些弊端，导致政策执行过程和执行结果与设计初衷并没有完全吻合，没有真正发挥出其在环境治理上的经济激励作用。从某种意义上来说，这一政策实质上还是披着"经济政策"外衣的行政政策。其不合理性主要体现在收费标准偏低，收费行为的政府干预色彩太强，主观随意性程度较大。很多情况下，根本就不可能激发企业减少污染排放的积极性，因为缴纳排污费比自己采取污染治理措施要便宜得多。但即使在这样一种低收费标准的状况下，对排污费的征收也存在着很大的不确定性，很多地方都不能保证自觉"足额"征收，而基本上是由污染企业与政府有关部门相互协商之后再确定企业实际上缴费用。显然，市场并没有起到相应的引导调节作用，政府仍然是这一政策的主宰者。所以，要使我国的排污收费政策真正发挥出激励企业主动治理污染的作用，就必须使收费标准略高于企业治理污染的实际费用，使企业明确感受到主动治理比上缴排污费在经济上更划算而主动采取减污行动来实现政府制定的相应的环境目标。当然，由于大多数污染企业的经营状况一般，所以大幅度提高现行的排污收费标准也许并不现实。加之政府不可能清楚每个企业的实际治理污染的成本，也很难确定比较合理的收费标准。所以，大幅度提高排污收费的举措实际操作起来也会比较困难。在此，我们提出一个比较可行的折中解决方案。即首先由政府制定一个理论上的高收费标准，使大部分企业感到自己进行污染治理更合算，然后政府再根据各企业的实际减污数量从所收取的排污费收入中给予一定的补贴以减轻企业的负担，而那些没有削减污染数量的企业则不享受这种待遇。这样，既能发挥企业污染防治的积极性，又不会导致大部分企业的经营因污染治理费用增加而难以为继。

（2）加强和完善环境税收政策。目前关于环境税收的理论研究和实际操作都主要集中在发达国家（尤其是 OECD 国家），虽然发达国家的这些研究和实践对发展中国家的环境税收研究和实践无疑有着有相当大的借鉴意义。然而，发展中国家的环境税收研究必须针对发展中国家的具体情况。例如，发达国家对环境税收的"双重收益"的研究主要侧重于在"收入中性"原则下，用环境税收代替直接税，焦点是代替对劳动要素的征税，以鼓励社会就业率的提高。然而，在发展中国家的税制结构中，占主要地位的是间接税（流转税和商品税），所以，大量潜在失业和非自愿失业并非高工资税所致，因此用环境税收代替劳动要素税的策略未必能够在发展中国家产生经济收益。此外，由于发展中国家普遍存在着比较严重的财政赤字现象，把环境税收作为一项新增的政府收入来源要比"中性"原则更具吸引力。因此，在我国不断深化对环境税收的研究，并且在实践中将环境税作为一个新税种全面引入现行税收体系和环境管理体系，对我国的环境保护而言有着非常重要的意义。环境税收的理论研究与实践，不仅可以为政府调节个人的经济行为、促进资源在当代人之间及代际之间的有效配置提供新的经济激励，也可以成为保证政府实现其各种职能的一项收入来源。另外，环境税收所具有的成本有效性特征，还将会极大地节约环境资源的管理成本，这也是为什么环境税收政策越来越受到各国政府普遍关注的原因之一。我们认为，随着中国市场经济体制的不断完善与社会经济的不断向前发展，与税收政策相关的法律基础、经济、社会条件也在不断成熟，这为我国环境税收政策的普遍实施提供了必要的条件：①必要的社会经济环境。完备的市场体系是环境税能够有效发挥作用的先决条件。中国向市场经济的逐步过渡、产品价格放开和企业经营机制的改革，使得价格信号对自主经营、自负盈亏的企业具有越来越灵敏的刺激作用。在不断完善的市场经济体系中，环境税收政策的行为激励作用就有可能充分发挥作用。②必要的法律体系保障。从新中国成立到现在，中国已经建立起较为完备的法律体系，与环境保护相关的法律体系及执法的机构和程序也在逐步完善。在此基础上，协调相关法律条款和规定，增添有关环境税收立法的条款是极为可能的。③公共财政功能基本健全。目前，我国政府的公共财政基本实现了资金的配置、分配和稳定的功能。税收作为主要的财政工具在宏观调控中的作用在不断增强。政府通过调整税率，改变公共支出和税种的组成，已经能够影响物价水平、就业水平和经济增长。在这种情况下，环境税收极有可能影响并改变具有不同环境影响的生产活动的产出水平。④环境税收的社会可接受程度在提高。随着生活质量的提高，人们对环境质量的要求越来越高，开始普遍希望并支持政府采取强有力的政策措施来改善环境。与此同时，税收体系的不断完善使得税收逐渐深入到普通民众的生活中，并逐步被普通百姓接受。环境意识和税收意识的不断提高为环境税收的成功实施并发挥相应的激励作用提供了必要的社会条件。⑤必要的机构设置。环境税收的实施需要税务部门和环境管理部门的协同努力，过去多年来，环境管理部门在制定和执行现有的环境经济政策方面，已经获得了比较丰富的经验，这些都可以为环境税收政策的制定和实施所借鉴。同时，现有税务部门较为完善的机构设置和强大功能也将保证环境税收的征收能够顺利执行。当然，由于环境服务所具有的公共物品特征以及税收所具有的收入再分配功能，在环境税的设计和实施过程中也必须对环境税的社会公平性问题进行深入研究，尽量避免因新税种的引入而使分配矛盾激化。

（3）在市场经济体制不断完善的情况下进一步扩大排污权交易政策的应用范围。排污权交易政策是科斯定理在解决环境问题上的典型的应用，其核心思想是通过建立合法的污染物排放权利，并允许这种权利像其他商品一样在排污权市场上进行交易，以充分发挥市场机制在环境资源配置过程中的作用，提高环境保护的效率。目前有关排污权交易政策设计的理论及其实践主要还是集中在美国，最根本的原因是美国最具有使这一政策充分发挥其优势所需的制度条件。一是美国有着很成熟的市场机制及完备的法律基础。二是美国有着多年来的排污权交易政策的研究及实践总结。三是美国拥有实行这一政策所需的先进的技术条件，相关企业都安装有可进行实时污染排放监控的设备，并与美国环境保护总局联成网络，使环境当局可以准确及时地了解有关企业的排污情况。四是美国有着比较完善的信息系统。以计算机网络为平台的排放跟踪系统、审核调整系统和许可跟踪系统使被控制企业、官员甚至公众都能随时了解企业的排污及交易情况，保证了排污权市场运转的透明性与公正性。显然，从美国的排污权实践可以看出，排污权交易政策的实施需要相应的制度与技术条件作保证。尽管目前像我国这样的发展中国家还不具备大规模采用这一政策所需的条件，但随着我国环境保护的不断发展和环境政策体系改革的深入，排污权交易政策也在一定范围内开始试点，并取得了相应的成效。但是要进一步推广这一政策的应用范围，还有很多工作要做。①加强立法，使排污权交易政策逐步纳入法制化轨道。美国实施排污权交易政策的成功经验告诉我们，要建立起规范的排污权交易市场必须有相应的法律保障，但中国迄今为止还没有一部明确规定可以进行大气排污交易的法律。②积极开展排污权交易的可行性研究及知识培训。虽然我国已经在某些地区开始了排污权交易的试点工作，但是对相关项目的可行性研究投入的力量并不是很多，很多相关理论问题并没有真正去搞清楚，这使得实际的实施效果并不是很理想。可以说，基于市场的排污权交易在中国还是一种新生的事物，为了进一步推广这一政策，提高我国环保工作的效率，除了加强相关研究外，还很有必要对环保部门的行政人员、相关科研工作者及企业管理者进行相关的培训，使排污权交易政策逐步被大家所熟悉和理解。③强化对污染源的监测工作。准确的排污计量是实施排污权交易政策能否成功的关键所在，但我国目前无论在技术还是资金上都很难保证对污染排放实施实时监控。而如果让那些不具备计量自身污染排放能力的企业也参与排污权交易计划，显然很难保证排污权交易的公正与合理性，这一政策自然也达不到应有的效果。所以，加大对有关污染排放监督的技术研究及购买相应设备的投入是我国进一步推广排污权交易要采取的必然举措。

中共十八届三中全会对环境问题和生态文明制度建设的重要性做出了新的强调，提出实行资源有偿使用制度和生态补偿制度，强化市场机制在环保领域中的作用，如"发展环保市场，推行碳排放权、排污权、水权交易制度，建立吸引社会资本投入生态环境保护的市场化机制，推行环境污染第三方治理"①。科斯最早提出利用市场和产权界定的方法来解决外部性问题，他认为在产权界定清晰的前提下，私人部门的交易可能达到个体最优与社会最优的统一，在这一过程中，交易机制和价格发挥重要的作用。因此，利用市场机制来解决环境污染问题具有可行性。目前，利用市场机制来解决环境污染问题主要体现在二氧化碳方面，我国也在这方面进行了探讨，但存在各种问题，需要在以下几个方面进一步完善：第一，培养和引进碳交易专门人才。中国碳交易市场建立时间不长，碳交易专业人才缺乏，成为制约碳交易发展的重要因素，因此很有必要加大培养和引进碳交易专门人才的力度。第二，完善碳交易法律体系，建立健全监管机制。完善的碳交易法律体系是建立完善的碳交易市场体系的必要条件，只有建立完善的碳交易法律体系，才能使碳交易做到有法可依、有法必依。同时碳交易有关的"检测排放量，审查企业交易申报的内容，查核排放权"等需要专门的专业人员、专业设备，因此很有必要建立专门的监管机构，以建立完善的监管体系。第三，在碳交易市场建设中加强高新技术的应用。碳排放的精确测算是碳交易的前提，如何及时、准确、高效测算微观企业的碳排放，是确保碳交易公开、公平的前提条件，为了确保这一点，很有必要引入先进的网络技术，建立覆盖全面的网络平台，对各微观企业进行监管。第四，加大政府的扶植力度。政府的前期支持对碳交易市场的建立和完善非常重要，因此首先需要将国家对碳交易扶持的相关优惠政策贯彻到位，这主要体现在财政支持、税收优惠，投融资渠道通畅等方面。加强碳期货、碳证券、碳基金等各种碳金融衍生品等方面进行创新也十分必要。第五，建立国际化的碳减排标准。碳信用的形成绝大多数需要第三方的标准认证，通过第三方注册和认证形成碳信用是交易的基础。目前的碳信用产品认证标准有 CCX 标准（Chicago Climate Exchange Offsets Program）、

---

　① 新华网，http://news.xinhuanet.com/mrdx/2013-11/16/c_132892941.htm。

CDM 项目的黄金标准等，在这些标准的基础上，建立一个有效的、能够充分发挥市场作用的国内碳交易市场体系，制定一套完整的、有公信力的、适合中国的碳减排标准体系。当然，建立完善的市场交易体系，不仅仅用于解决二氧化碳的排放问题，同时可以为建立健全其他污染排放交易市场提供借鉴。

11.3　进一步加强和完善政府在环境管理中的作用

　　环境经济政策的引入固然使市场机制在环境保护活动中发挥着越来越重要的作用，在相当程度上减轻了政府在环境治理过程中的沉重负担。但这并不意味着要削弱政府在环境管理中的作用，更不是让市场机制完全取代政府来承担环境保护的任务。客观地说，由于环境保护行为在很大程度上具有公共产品的性质，所以政府在环境治理中的地位仍然是无法被取代的。但是，在市场经济条件下，环境保护机制与传统体制下环境保护机制有着很大的不同，因此政府在环境治理中所扮演的角色也应该进行相应的调整。政府角色转换的根本目的是尽量避免前面所述的"政府失灵"现象的发生，提高政府在环境治理中的效率。与传统体制下的环境治理机制相比，市场经济条件下的环境治理机制主要有以下突出的特征：一是环境治理模式有显著的不同。如果说传统体制下的环境治理模式主要是依靠政府对违反环境要求的企业实行行政与经济制裁来保证环境目标的实现，那么，市场经济体制下的环境治理模式则主要是通过经济利益来约束污染者的行为，使其在考虑自身经济利益的条件下主动满足政府所规定的环境要求。二是环境治理的主体不同。在传统体制下，主要是由政府环保部门来负责环境污染的防治，或是由政府责成造成环境损失的企业进行治理。而在市场经济体制下，环境治理的任务最终主要是由拥有专门化环保技术的企业来完成。三是在市场经济体制下，环境污染治理将由零星的点源治理逐步向社会化产业化治理方式转变，环保产业的发展将在环境污染治理中发挥越来越重要的作用。

与新的环境治理机制相适应，政府在环境治理中的行为也必须进行相应的调整。第一，政府的环境管理行为必须符合市场经济的总体要求，即主要由原来的以计划政策管理为主转向以市场政策及法律政策管理为主，由微观和直接管理为主转由通过制定政策、提供服务和强化监管等措施来实现宏观和间接管理，从外部环境方面为实现环境与经济的协调发展提供相应的制度安排。第二，进一步明确各级政府在环境管理中的职能及其分工。随着市场经济条件下政府职能的转变和企业的转制，各级政府部门原来所承担的环保职能格局也必须进行调整。主要是要根据体制转型后的特点，重塑科学合理的环保职能，使政府、企业及环保中介组织之间各司其职、合理分工，建立起自我约束、相互监督的运行机制。具体一点说，就是要把环境污染治理的责任留给企业，把环境资源配置的职能交给市场，把社会服务性职能转给中介组织，政府则主要负责相应的监督、管理及协调。政府要扮演好自己的角色，首先必须界定好中央政府与地方政府在环境管理上的职责范围。中央政府主要负责制定统一的环境保护政策，实施全国范围内的环境整治规划，负责跨流域、跨行政区域的大江、大湖和大河的污染治理，进行全国性的环境保护基础设施建设等。相应地，地方政府则主要负责区域性的环境治理、基础设施建设和环境条件的改善等。另外，政府各部门的环保职能及分工也要明确界定，即通过调整部门之间的职责权限，明晰各部门的行为空间及行为方式等，使各部门之间能相互配合，各司其职，避免因职责不明而产生的内部相互"扯皮"现象的发生。此外，还需强调的一点是不管政府内部的分工如何，中央政府在环境治理中的绝对权威性一定要有保证，这是防止地方政府从地方局部利益出发而在环境问题上敷衍塞责的根本举措。这一点也可借鉴美国的经验，即在全国范围内设立一定数量的区域性环保机构，强化中央政府对环境保护的垂直管理。第三，政府要大力培育环保中介组织。环保中介组织是指那些介于国家政治组织、行政组织及企业与社会利益相关者之间的各类环保社会组织。由于这些中介组织通常是以"第三者"的身份存在，因此能相对独立、客观和公正地从事各类环境保护活动，并成为沟通政府与企业、政府与社会之间的桥梁和纽带。各类环保中介组织的形成将组成一个能够提供全方位服务的社会监督网络，为培育环境市场、优化环境资源的配置发挥积极的作用。环保中介组织既受政府的指导，但又要脱离于政府管理部门，不能将政府的行政权力纳入其中，使之成为"准政府"组织。因此，政府应制定相应的环保中介组织的发展条例，明确其资格确认的法律程序以及中介组织的性质、地位、功能与职责，并规范其行为，促进其健康发展。

总之，在市场经济条件下，政府在环境保护中的地位依然是十分重要的。但政府的主要行为已不能再只是通过政府的直接投资来进行相应的环保活动，而是要通过制定相关经济政策，建立起与市场经济相适应的环境保护政策调控机制。换句话说，就是政府要充分利用经济杠杆和市场规律来推动和引导环境保护事业的发展。过去我们曾经提出"经济发展靠市场，环境保护靠政府"的口号，今天这一口号仍然没有过时，只是我们应该从一个新的角度和更高的层次来理解政府在环境保护中的作用。具体地说，环境保护依然需要依靠政府，但"靠政府"的内容和方式已经有很大的不同了，即主要是靠政府逐步完善环境经济政策体系，靠政府调控、引导和推动环保市场的发展，而不是像过去那样主要靠政府直接的介入环保市场来保护环境，尽管后者在一定程度上仍然是必要的。所以，在市场经济体制下，政府在环境保护中的作用非但不是无所作为的，而且还要进一步的强化，如果政府从环境保护领域中完全撤退出来，环境后果将会是灾难性的。当然，政府也一定要按经济规律办事，紧紧围绕市场做文章，针对我国转型发展过程中的现实国情，建立起与之相适应的环境政策体系，积极引导、培育、推动环保市场的建设，同时强化环境行政管理，严格环境执法，这样就会逐步形成环境保护自我发展的内在机制，进一步促进我国环保事业的发展。

11.4　强化企业的环境责任

11.4.1　企业环境责任的内涵

关于企业环境责任的解读，不同学科由于其理论基础不同而关注的侧重点并不一致。从经济学的视角来分析，我们认为，企业环境责任的实质就是企业要按照社会利益最大化而不是企业自身利益最大化的标准来配置和使用环境资源。换句话说就是企业要追求生态环境资源的利用效益最大化而不是企业自身的利润最大化。站在生态文明建设的视野，企业的环境责任主要是指企业在经营活动中充分考虑其对环境和资源的影响，把环境保护融入企业经营管理的全过程，使环境保护和企业发展融为一体，在企业不断发展壮大的同时，不影响生态环境资源的可持续利用。这要求企业发展的指导思想和经营活动的每个环节都以环保和资源可持续利用为基础，最终实现企业经济效益、生态效益和社会效益的统一。据此，我们对企业环境责任的理解，必须明确以下几个要点：首先，环境责任并不意味着企业完全不能对生态环境产生任何破坏效应。事实上，绝大多数企业在从事生产经营过程中都不可避免地会对自然生态环境系统带来某些负面影响，这也是人类在开发利用自然资源过程中能不断突破原始自然状态的制约并得以走向文明进步的必然。只要企业对生态环境系统的影响在生态环境容量和自净能力范围之内，那么，对生态资源的开发利用就是不断提升其价值效益的体现。例如，草原放牧、河流灌溉，只要在开发利用过程中其生态功能一直保持在能自我恢复与发展的状态，则其效益就能不断得到发展；相反，如果对自然资源完全不加以合理利用，也是一种资源的闲置与浪费。当然，如果企业过度开发利用自然生态资源追求自身的经济利益而对生态环境自我修复功能造成了损害则必须承担相应的环境责任。其次，环境责任并不必然意味着保护环境与追求利润相矛盾；相反，很多情况下，二者是可以有机统一的。如果企业基于对环境资源价值的综合权衡视角，自觉将自身经济利益与生态环境系统的可持续利用目标相吻合，那么从长远看，企业的可持续发展与环境的可持续发展将高度统一。所以，片面强调企业追求自身经济利益与社会整体生态环境利益的冲突，都是对企业遵守环境责任的误导。最后，环境责任不能简单地等同于环保公益活动或者企业的环境治理投入。如果企业在生产过程中主要采取不清洁的生产方式对环境产生破坏后，通过表面形式上的某些环保公益活动或者末端治理举措来掩饰其环境损害行为，我们认为，这其实也是一种典型的逃避环境责任的表现。综上所述，企业环境责任最核心的要义是指企业在生产经营过程中能自觉做到合理开发利用自然资源，维护生态环境系统的自我修复功能，在获取企业自身经济利益的同时，积极主动采取各种措施将其对生态环境系统的影响控制在不影响自然资源的可持续利用范围之内。

11.4.2　强化企业环境责任的必要性

近年来，我国生态文明建设和生态环境治理开始进入一个压力叠加、负重前行的新的历史阶段，面临的困难和挑战与日俱增。因为任何企业的生产经营事实上都离不开生态环境系统所提供的基础支持，所以，企业既是市场经济的主体，也是环境保护的主体。企业环境责任的产生从根本上是来自一系列社会因素共同作用的结果，是利益相关者理论在社会经济发展实践中的具体运用，从责权利对等的关系来分析，企业必然也必须要承担相应的环境责任。总体来说，强化企业的环境责任具有以下重要意义：

（1）有利于从源头上遏制环境破坏行为，缓解不断加剧的生态环境压力。环境问题产生的经济根源之一就是企业在生产经营过程中出现的"负外部性"行为，这是传统意义上作为理性"经济人"企业的"理性"选择，即企业以经济利润最大化为首要目标，而很少顾及所付出的生态环境代价。但显然这种负外部性行为盛行所带来的必然后果是社会经济发展与生态环境保护之间的尖锐冲突，这也是人类社会在工业文明发展阶段所遭受的普遍经历。随着可持续发展理念与生态文明建设战略的提出，学界开始对企业传统经营方式下的追求自身经济利益最大化这种纯"理性"特征开始进行反思与纠正。可持续发展理念要求企业充分考虑生态环境的价值，防止对自然资源的过度开发利用，确保生态系统的平衡与稳定，公正地对待自然，自觉履行保护生态环境的义务。在生态文明建设的大背景下，人们对企业的绿色经营提出了更高的要求，企业在获取自然生态系统所给予的物质基础保障的权利同时，也应该担负起保护自然、维护生态平衡的义务，否则，最终将会受到大自然的"报复"。所以，企业在生产发展过程中，必须处理好自身发展与自然生态系统的交换关系，避免对生态环境资源的不合理开发利用行为，维持自然生态环境功能的基本稳定。今天，我们强化企业的环境责任，实质就是要求企业在生产经营过程中主动采取资源节约和环境友好型生产方式降低能耗和污染，彻底放弃先污染后治理的传统经营模式，只有这样，才能从源头上减少经济发展过程中的生态环境压力，最终实现经济发展和环境保护的"双赢"。

（2）有利于提升企业社会形象，促进企业自身的可持续发展。大多数企业作为社会生产经营的基本主体，不仅需要自然环境的物质基础支持，也必须与其所处的社会环境和谐共处。企业的环境责任是企业社会属性的重要组成部分，是企业融入当地社会并获得社会广泛支持与认同的关键元素。具体来说，企业如果自觉履行环境责任，就能从根本上防止其生产经营过程中对自然生态环境的破坏，避免对社会公众利益的侵害，进而增加社会公众的信任，提升其社会声誉。企业良好的社会声誉对其长远发展来说是一种非常重要和稀缺的无形资产，既能替企业节约宣传推广产品的营销费用，也是其在激烈的市场竞争环境中战胜对手的重要资本。与此同时，企业良好的公众形象也是对其生产经营合法性的一种有力支撑，能极大程度减少企业应对公众投诉的潜在风险成本。可想而知，如果企业在生产经营过程中完全不顾及其应该承担的环境义务，那么无论是来自政府还是社会公众对其生产合法性与正义性的质疑必然阻碍企业前行的动力。所以，企业强化自身的环境责任，实质也是向社会传递了一个强有力的信号，这种信号机制能有效地将履责企业与逃责企业区分开来，使社会公众能在市场消费行为选择中用脚投票，支持环境表现良好企业市场规模的不断扩大，进而提高其市场声誉与市场份额，推动其可持续发展。更进一步分析，在大力倡导生态文明建设的新的历史阶段，社会对企业生产经营过程中的环境标准自然越来越严，企业产品的环境标准很多时候不仅是企业进入市场的准入门槛，更是新时代企业获得"生态竞争优势"的重要因素，没有通过环境标准的产品及其生产企业将无法在竞争中获得先机，甚至会被淘汰出局。所以，企业自觉履行环境责任，不仅能增加社会对企业生产经营活动的认同感与企业生产产品的信任度，也能促使企业在生产经营过程中充分发挥"履行环境责任"所带来的差异化战略机遇，使其在激烈的市场竞争环境中，顺应生态文明建设的趋势，实现自身的可持续发展。

（3）有利于尽快构建"政府—企业—社会"三方协同治理的机制，降低全社会环境治理成本，提高整体环境治理效率。2015年出台的新环保法确立了我国多元环境治理体系，即企业承担环境主体责任、公众承担监督责任、政府承担监管责任。环境执法理念由重强制向重引导转变，也意味着企业环境责任将从被动遵循向主动履责转变，这对推进"政府—企业—社会"三位一体环境协同治理体系起着至关重要的作用。因为企业自觉强化环境责任属于内生动力，而来自政府和社会公众的监管则属于外部压力，没有外部压力，固然会在一定程度上削弱企业履行环境责任的内生动力，但是，如果没有企业自身的内生动力，则再大的外部压力也很难持久地发挥效应。换句话说，有了企业自觉履责的内生动力基础，来自政府与社会公众的外部监管约束就能更加顺畅地传导到企业层面得以执行与遵守。因此，如果政府能采取有效措施将其对企业环境治理的外部压力转化为企业自觉履行环境责任的内生动力，使企业能将其需要履行的环境义务与其自身的经济利益与可持续发展紧密联系起来。那么，政府、社会和企业在环境治理领域就能协调一致，相互促进，形成合力。只要政府、企业、公众都能从各自的职责定位出发积极推动生态环境治理工作，各司其职，共同发力，就能最大限度减少相互之间的摩擦阻力，从整体上降低我国生态环境治理成本，提高治理效率，推进生态文明建设不断向前发展。

11.4.3　当前加强企业环境责任面临的主要挑战

（1）企业自觉履责的内部动力不足。毋庸置疑，企业作为营利性主体，实现自身利润最大化始终是其重点追求的目标，但自身利润最大化与全社会生态环境资源开发利用效益最大化往往存在冲突，在这种情况下，要企业主动牺牲自身局部利益而提升社会整体利益并不现实。因为企业作为法人与自然人相比，道德示范、环境教育及舆论评价对其自觉履行环境义务的约束效力并不显著，如果没有强有力的法律法规约束，相当一部分企业"唯利是图"的机会主义行为很难避免，如何在追求利润最大化与承担必要环境义务之间实现平衡并不能完全依靠企业的自觉自愿选择就可以实现的。一些企业决策者普遍认为，履行环境社会责任就必然会增加企业运行成本，减少企业利润和员工福利，不利于企业的经营发展和管理者的管理权威，因此，消极应对企业环境责任成为相当一部分企业的"理性"选择。

（2）政府督促企业履责的外部压力不够。强化企业的环境责任如果没有来自政府的外部压力与约束，往往会流于形式与宣传口号，很难得到实质性推广执行。但当前各地方政府在加强企业履行环境义务方面办法不够多、力度不够大。一是对不履行环境责任的企业惩处不到位。例如，对造成生态环境破坏的企业在事后处罚时往往存在处罚的力度与企业造成的环境损害不对等，一些企业因此在权衡处罚金额和履行环境义务所需付出的成本投入大小之后，选择接受处罚反而更能节约企业运营成本，致使所谓的惩罚压力甚至变相演变为一种不履行环境责任的"激励"。二是政府对企业环境履责的监管不到位。突出表现为各地方政府对环境保护的职责普遍落实不到位，对环境保护法落实任务的分工不明确，层层传导的压力不够，特别是越到基层监管动力越衰减。加上目前整体环境监管队伍力量不足，监管技术手段有限，客观上也很难实现对辖区内所有企业的实时全监控，让逃避环境义务的企业有可乘之机。三是部分地方政府对企业环境履责的认识不到位。尤其是在经济发展相对落后的地区，由于经济发展压力巨大，政府对"既要绿水青山，也要金山银山""绿水青山就是金山银山"的生态文明理念认识还不到位，导致在对待辖区企业严格履行环境义务方面存在模糊认识，对增强企业环境意识的培养、积极开展企业环境责任培训工作、督促企业开展环境责任信息披露等方面做得还很不够。

（3）社会公众对企业履责表现的关注度还不高。企业的社会属性注定企业的经营行为也必然会受到社会舆论关注度的影响，但在日益严峻的生态环境形势面前，目前我国社会公众对各类企业的环境表现的关注度还显著不够。相对于某些娱乐明星的八卦新闻而言，有关企业环境履责情况的信息公布无论是社会传播渠道、传播广度及传播热度等方面都远远不可同日而语。公众参与环境保护已成为世界各国的普遍共识，而信息公开与完整则是公众参与环境监督的基本前提。如果不能借助公众舆论监督力量产生的压力来促进企业更加自觉遵守环境法规，自觉履行环境义务，单靠政府的力量将很难真正使企业的环境责任完全落实到位。由于目前有关环境法规只要求企业向环境保护行政主管部门上报环境信息，且公布内容也基本是环境保护行政主管部门决定，所以，社会公众囿于对企业环境信息获取渠道和范围的有限，加之环境权利意识不强，导致公众不能及时主动地对企业进行监督，很难形成对企业环境履责行为的持续关注热度。从某种意义上说，社会公众对企业环境履责表现的漠视就是对企业逃避环境义务的纵容，也是当前强化企业环境责任需要改进完善之处。

11.4.4　加强企业履行环境责任的措施

11.4.4.1　政府层面

奖惩并举，加强企业自觉履行环境责任的动力与压力。一方面，要出台激发企业自觉履责的激励举措，让自觉履责的企业的经济利益与其履行环境责任的表现挂钩。另一方面，要革除对企业环境监管失之于宽失之于软的弊端，切实加大对逃避环境义务企业的惩戒力度。为此，我们必须建立和完善对企业履行环境责任的评价制度，包括制定评价体系、评价标准、评价办法等方面。只有在对企业环境责任状况进行客观评价的基础上，才能进一步为政府制定奖惩措施强化企业环境责任提供决策依据。从激励的角度，可以着力推进以下三方面工作：第一，政府可以从税收方面对主动采取清洁生产技术的企业进行税收优惠。政府可以在对各行业不同技术工艺对生态环境造成的影响评估基础上，确定一个技术采用奖励基准，超过行业平均技术标准的都可以进行奖励，技术越先进，对生态环境损害越少的企业税收优惠幅度越大。第二，上级政府应对主动进行环境保护与生态修复行为的下级政府辖区内企业进行财政激励。例如，对从事水土保持、大气污染防治等公共环境利益的企业直接给予公共财政补贴或者通过财政转移支付方式对企业所在辖区给予财政支持，要让因保护生态环境而牺牲了发展权的企业和辖区得到应有的生态补偿资金，激发其履行生态环境责任的动力。第三，政府可以对环境履责良好的企业进行公示表彰，帮助企业树立良好的社会形象，让履责企业得到社会公众更好的认同和支持。当然，在采取激励措施的同时，政府也应进一步完善对不履行环境责任企业的惩处制度，让逃避环境义务的企业得到充分的法律惩戒，因为若企业的环境侵权行为不能得到有效惩戒和约束，必将"纵容"更多企业"跟随"。首先，是环境执法标准要更严谨科学，要按照责权利对等的基本原则要求，让逃避环境责任的企业得不偿失；其次，要进一步加大执法力度，做到"逃责必究"，让企业规避惩罚的机会主义行为无处可行；最后，要大力提升监管技术，要顺应大数据时代的技术发展趋势，不断丰富和完善环境监测大数据系统，努力做到被监管企业范围的全覆盖。

11.4.4.2　企业层面

顺应时代发展趋势，建立全面履行环境责任的企业内部治理体系。强化企业环境责任，必须在企业内部建立起相应的治理制度，只有把企业的环境责任融入企业的发展战略与企业文化之中，企业才可能在生产经营过程中自觉主动践行环境义务。在大力倡导生态文明建设的今天，企业的经营理念与文化必须突破传统工业文明的羁绊，建立与生态文明相适应的发展战略才能顺应时代发展趋势，推动自身的可持续发展。为此，企业只有在其生产经营的全过程践行生态环保理念，采用资源节约环境友好型生产方式才能为社会所认同、法律所允许、市场所接受。企业在内部治理制度上融入环境责任，就是要把环境责任当成企业的内部目标之一，使承担环境责任成为企业的内在动力，也是企业承担环境责任最可靠、最持久的保障机制。如果企业内部环境监督治理机制建立了，也可以大大缓解企业履行环境责任对外部环境监管的要求。所以，在新时代企业的发展战略和治理构架中，企业必须打破传统格局，在经营决策层面设立环境战略决策事务部，从决策源头上来规范与引导企业对生态环境资源的影响。同时，在企业文化的培育中，也必须将生态文化因素融入进去，在企业内部明确自己的环境社会责任并将其融入企业的使命中去，围绕企业生态使命，把企业生态责任感提升到战略高度，进一步使之成为企业经营的指导思想。正如个人在道德的推动下，能自觉履行社会责任来实现自我价值、回馈社会一样，企业生态文化的盛行也会从根本上成为推动企业上上下下履行环境责任的助推器，而且随着社会公众对企业环境责任关注度的不断提升，企业也应该在长远发展战略上保持清醒的认识，即只有企业的发展战略中真正融入了生态环境因素，企业才有可能在生态文明时代立稳脚跟，顺应时代潮流与社会关切，在创造自身经济价值的同时，也成为生态环境价值的维护者和生态环境责任的践行者。

11.4.4.3 社会层面

进一步加强与完善社会舆论对企业履行环境责任的监督力度与监督范围，让逃避环境义务的企业能及时被曝光。在信息时代，社会舆论监督对逃避环境义务的企业有着巨大的震慑作用，被监督的违规企业除了要承担接受惩罚所带来的有形利益损失外，还会因此遭受企业社会形象受损所带来的无形利益损失，因此，进一步加强社会监督对促进企业履行环境义务势在必行。首先，建议进一步加强对企业环境信息公开的要求，为社会公众对企业环境履责的监督提供基础。具体来说，政府要对企业环境责任信息披露的内容、范围、披露的形式等做出明确规定，例如，可以借鉴国外某些发达国家的做法，要求全国所有的企业在上交年度财务报表的基础上，同时提交相应的环境会计报告，用以监督评判企业履行环境义务的依据。为此，环境部门可以出台具有行业特征的环境责任信息披露撰写指南，加强对企业环境责任信息披露的引导，鼓励企业采用统一标准发布环境信息。如果企业经营过程中的有关环境影响及其采取的相关环境治理措施与治理效益能像企业的经营成本、营业收入、生产利润等指标一样，在相关报表中能有据可查，那么社会各界对企业的环境监控就有迹可循，有据可依。其次，要尽可能扩大环境信息共享的范围，建立全国范围内联网的环境监测信息大数据平台系统，为社会对企业环境履责的监督效率进一步提高提供基础。如果各地企业的主要环境表现指标能像地方经济总量、财政收入等指标一样，在统计年鉴中集成整理与发布，并制定相应向社会有序开放的规则，则社会对企业的环境状况进行监督评价效率必将大大提高。最后，社会舆论监督也必须有序依规进行，必须符合国家相关法律法规要求，更不能取代和削弱政府部门对企业生产经营的常规监管。社会监督如果凌驾于政府监管之外，也必然导致两者之间的矛盾与冲突，不利于形成"政府—企业—社会"协同治理的合力。所以，政府在为社会监督企业环境责任提供基础支持的同时，也要相应出台规范舆论监督的相应法规，使社会监督始终在国家法律规范下真正成为协助政府部门发挥其监督企业环境履责的第三方监督力量。

11.5　积极引导公众力量参与环境治理

近些年来，被冠以"邻避效应"的环境群体性事件频频发生，无论是持续多年仍然肆虐在全国各大城市上空的雾霾现象，还是频发的江河流域水污染事件，以及最近发生的天津港与江苏盐城的化工园的爆炸事故，都极大加剧了公众对环境安全的担忧，也充分暴露了排除公众参与的传统环境决策模式的不足。我国《环境保护法》第六条明确规定："一切单位和个人都有保护环境的义务，并有权对污染和破坏环境的单位和个人进行检举和控告。"2015年9月1日起施行的《环境保护公众参与办法》也明确了公众可参与重大环境污染和生态破坏事件的调查处理，并指出公众参与环保事业的途径，即相关部门可通过征求意见、问卷调查、座谈会、论证会、听证会等不同形式让公众参与到环保中来。新的历史发展阶段迫切需要社会公众积极参与环境治理，推动环保事业获得新的发展。

11.5.1 公众参与环境治理的意义

概括来说，我们认为公众参与既可以联合有效市场的力量解决政府在环保领域的"失灵"问题，也可以通过与政府的有效合作解决市场在治理环境中所表现出的失灵状态。主要表现在以下三个方面：

（1）有效的公众参与能更好地提高政府环境决策的科学性、可行性，提高决策效率，减少政府失灵现象。公众参与能够降低政府在环境决策方面失误的可能性，是基于人的有限理性假设，有限理性意味着任何人在做决策的时候往往由于自身的局限性，无法获得充分的信息来确保决策的科学性，政府决策者也毫不例外，由于政府在获取环境信息方面的有限性，其环境决策行为也必然出现"失灵"的可能。一方面，由于公众与环境的联系更加紧密，对环境状况的感知比政府更灵敏，可以帮助政府提供更加及时可靠的相关信息，弥补政府决策信息的不足。另一方面，公众参与决策能够更加关注环境的公共利益，并将民众真实的意见和需求如实反映，向政府提出有关环保建议，协助政府作出更加周密的考虑和安排，使得决策更加合理。公众参与为公众提供了表达自己意见的平台，也为决策的制定提供了更多的信息，同时也避免了传统信息传递机制所带来的信息扭曲，使得政府环境决策行为和执法行为也更能得到公众的认同，进而减少政府环境政策执行过程中的阻力。因为如果政府决策的制定是建立在基于公众意愿的基础上，公众自然愿意看到决策取得预期的成效，决策实施的阻力就会大大减少。而公众认同和支持环境政策的力度越大，环境政策推行和实施的效率就会越高，效果就必然越好。此外，如果公众能够平等、主动地参与到环境保护的决策过程之中，政府的环境政策将会更加符合民意、更加透明与公正，环境政策执行过程中出现的偏差也将能及时得到纠正与调整，环境治理成本与初始决策失误带来的不可逆风险也将大大降低。

（2）广泛的公众参与能最大限度制约企业的机会主义行为，避免因此导致的市场运转失灵。在市场经济的背景下，市场主体的主要目标是追求自身经济效益的最大化，这种行为动机必然导致市场主体为了内部的经济性而千方百计向外转移成本，很多企业在生产经营过程中因此而刻意逃避对生态环境的保护责任并放松对自身环境破坏行为的自我约束。所以，在没有任何外部监督力量的约束情况下，大多数企业是没有动机去自觉遵守环境规制的要求，严格履行自身的环保责任与义务的。而且，外部监督力量越弱，企业向外转嫁环境成本的机会主义行为就会越严重。长期以来，我国对企业进行环境监管的主体是各有关政府部门，众所周知，无论是监管人员的数量、监管的技术水平还是监管体制机制等各方面的力量与需要完成对监管对象的监管任务而言，都远远达不到相应的基本要求，这也是我国长期以来各类环境政策很难得到企业普遍遵守的根本原因所在。换句话说，如果企业普遍意识到政府监管约束力量的不足，无法对其进行实时有效的监控，那么，很多企业就会钻政策法律法规和执法监管机制的空子来逃避守规义务。例如，在检查期间暂停超标排污，待检查结束后恢复超标排污的做法。所以，在政府监管之外，引入公众这个外部力量是有效防止企业在环境保护方面机会主义盛行的重要手段。相对政府机构而言，公众是环境利益的更直接相关者，公众对于环境状况的了解和需求比政府更敏感、直接，反应更灵敏。公众在为环境治理的有关部门提供更加真实的信息和帮助的同时，也会对企业生产经营过程中的环境表现进行更全面的监督与评估。即使一些污染企业可能运用不正当的手段去应付和化解来自政府监管部门的压力，但是，面对社会大众的联合监督力量，企业将很难掩饰自身的环境违规行为。公众作为参与者和监督者如果能直接参与到环境治理的决策全过程之中，相比政府部门而言，其行为将更少受到来自当事企业的干扰影响。而且，随着公众参与治理群体的规模与参与治理范围的不断扩大，公众对企业的外部监督力量将越强，这种强大的外部约束力量必然在很大程度上遏制企业进行环境成本外部转嫁的机会主义行为。

（3）有序的公众参与机制能有力防止政府与企业在环保决策中的合谋，特别是减少环保领域设租与寻租的"败德"行为的发生概率。公众作为独立于政府、企业之外的第三方力量参与环境决策后，不仅可以协助政府提高决策水平与决策效率，加强对企业环境破坏行为的外部监督，还可以大大减少政府掌握决策权力的官员与企业合谋损害环境公共利益的行为发生的概率。因为一旦公众参与到环境治理过程，政府行政部门运用手中的权力谋取个人私利的难度将大大增加，绕开公众做出有损公众环境权益的风险将显著提高。与此同时，污染企业逃避自身环境责任的成本也越来越高，因为企业贿赂社会大众的成本与难度要远远大于贿赂个别政府官员的成本与难度，进而迫使污染企业放弃暗箱操作的努力，回归到遵规守法的正确路径上来。所以，公众参与作为一种"自下而上"的第三方力量，在遏制环境领域政企勾结的腐败行为方面也起着至关重要的作用，如果公众参与运行有序，将在政府与企业之间筑起一道牢不可破的"防火墙"，阻遏政府设租与企业寻租的行为蔓延，进而使环境政策法规的效应最大程度得以实现。

11.5.2　当前我国公众参与环境治理面临的主要挑战

（1）公众环保参与意识不强，参与能力不足。由于环境保护存在正的"外部性"特征，造成少数人参与环境保护活动将会有多数人获益的情形，所以受"搭便车"等传统利己思想的影响，大多数公众仍然缺少主动参与环境治理的意识。我们的问卷调查表明，目前从整体上看，我国公众参与环境治理的普及率并不高，受访男性中从未参加过环保活动的占 52.01%，受访女性中从未参加过环保活动的达到 47.99%。加之存在一些地方政府在回应公众迫切关心的环境问题方面的态度不积极，措施不到位现象，也直接影响公众参与环境保护的意愿，打击公众主动开展环保活动的热情。就公众参与环境治理的能力而言，由于环境治理是一项复杂的系统工程，每一个参与者都需要具备相应的环保知识与技能，但由于我国长期以来对环境教育的重视程度不够，公众参与环境治理的基础能力还很薄弱。例如，从人－环境－社会相关的角度认识人的行为如何影响生态和环境，以及环境问题如何影响人们的生存和福利的认识程度有限，对有关环境治理的基本科学常识与科学素养不够。典型的如垃圾分类处理，很多家庭由于对垃圾分类的相关知识缺乏了解，很难按照规范的操作方式去执行，这样无疑会大大降低公众参与环境治理的效果。近年来一些重大环境群体事件的出现，暴露出来的不只是政府有关机构环境管理不到位的问题，也反映出社会广大公众对所出现的重大环境问题的科学性认识不到位。公众参与环境治理能力的不足，将会导致其在参与过程的消极被动、缺乏主见，甚至由于其不能正确理解和判断环境治理措施的合理性和必要性进而影响环境决策的效率。

（2）公众参与程度较低，末端参与为主。公众参与程度偏低主要是指基于公众对环境知识的缺乏或环境检测手段有限等原因，导致公众能参与环境保护的领域受到很大限制。例如，大多数公众只会关注其身边能直观感受的污染，如地表水的污染、有毒气体排放的污染、噪声污染等现象；而对于那些虽不能直观感受但环境破坏影响却不容忽视的现象，如地下水污染、土壤污染、放射性污染等的关注度却远远不够。环境保护公众参与的形式可分为预案参与、过程参与和末端参与，其中末端参与主要是指公众在环境政策、规划制定和开发建设项目完成之后的参与。从目前我国公众参与环境治理的事实来看，大多数居民都是在自身生活受到环境破坏影响后才通过电话、电子邮件、环境信访热线、新闻媒体或者采取联名书信的方式向环保部门进行投诉，是典型的末端参与形式。虽然公众有机会参与法律法规及规划政策的制定和修改，但公众参与决策过程多为间接、滞后的参与，往往是在决策基本完成后提出意见和建议，而且由于决策过程没有完全公开透明，公众的意见和意愿被采纳多少、如何被采纳或者为什么没有被采纳等也没有充分反馈，导致很多情况下决策过程并不能充分反映公众参与者的意愿。而相对过程参与而言，末端参与方式更加凸显了我国公众参与环境治理的被动特征。此外，我国大部分公众环境权利意识淡薄，不知道自己在环境治理中有哪些权益，也不知道如何通过合法途径来维护自己的合法权益，这也大大影响了公众参与环境治理的有效范围和深度。

（3）政府对公众参与环境治理的激励措施不够。首先，长期以来，我国行政部门"大包大揽"的管理模式，在环境治理方面的表现尤为突出。一些地方环境主管部门还未真正摆脱传统治理模式的束缚，忽视了公众参与对环境治理的重大意义，个别决策者甚至认为公众参与环境治理会对行政决策造成消极影响，降低行政决策的效率。这种管理理念上的滞后在现实生活中也表现在一些地方政府对民间环保组织的消极态度方面，如前所述，由于环境治理本来就是一项极其复杂的系统工程，充分发挥民间环保组织的力量对提高公众参与环境治理的效率至关重要，但在实际操作过程中，由于担心民间环保组织"唱反调"、不好控制等原因，一些行政机关对民间环保组织参与环境治理保持消极懈怠的态度，而民间环保组织夹缝中求生存的发展困境也限制了公众参与环境治理的有效性。其次，相关法律法规还不能充分保障公众参与环境治理的权利得到落实。新修订的《环境保护法》《环境保护公众参与办法》虽然都明确了公众具有参与环境治理的权利，但有关权利条款的界定还不够明确，有些概念表述还比较抽象，实践性可操作性不强。例如，虽然具备一定条件的社会组织被纳入了环境公益诉讼的主体，但是公众个人仍然没有诉讼资格；虽然明确了公众具有环境知情权，但对一些政府机构和企业不按照规定公开环境信息，甚至公布虚假信息误导公众的行为，法律对其制裁力度不够，个别部门甚至还制定了相关条款使公众获取环境信息的难度加大，进而降低了公众对政府和企业的信任度，这些都实质性地影响了公众的知情权与参与权。最后，从管理体制上分析，伴随着公众参与环境治理制度的出台，应该配备一支具有环境素养、熟悉相关法律法规、责任心强的管理队来对应管理公众参与事务，确保公众参与的科学化、常规化，使之参与活动具有可持续性，但目前我国环保管理系统从整体上并没有建立起比较完整的绿色服务机制来确保公众参与权能得以落实到位。

（4）公众参与环境治理的相关规制没有充分考虑区域发展差异特性，削弱了参与效果。我国幅员辽阔，城乡差距、地区差距、环境资源禀赋差距明显，各地应根据自身经济社会环境发展状况制定相应的公众参与环境治理的特色举措，才能因地制宜充分发挥公众参与的最佳效应。但事实上，目前我国在制定相关公众参与环境治理的政策法规时，并没有充分考虑地区差异因素，因此，当中央政府根据全国整体形势来制定公众参与环境治理的相关政策后，政策传达到各地方政府时，因为区域的差异性，政策实际运行中就难免出现偏差，导致公众参与的效果不佳。以城乡差距为例进一步分析，我国农村居民以农业为主，土地是发展的根基，农民身份及其对土地和自然环境依附关系，决定了农村居民对农村公共环境治理参与的积极性要远高于城市居民。但在现实世界里，农村居民相对城市居民而言，更少有机会参与地方或者国家的相关政策制定过程，参与机会主要集中在受过良好教育、收入相对较高的群体。这在客观上就带来了公众参与环境治理的一个矛盾，由于中国农村人群参与环境治理相关决策活动的机会远远低于城市居民，造成农村人口参与程度比较低。但事实上，农村居民的生产与生活与他们所处的环境状况更息息相关，国家理应创造更多的机会让农民参与到环境保护的实践活动之中。

11.5.3　推进公众参与环境治理的对策建议

（1）创新环保宣传教育，提高公众环境治理的参与意识与参与能力。公众参与环境治理意识的强弱及其参与能力的高低直接影响到其参与治理的效果，环境知识的宣传教育与普及是提高公众参与意识与参与能力的基础。为此，我们必须大力加强对公众的环保教育与宣传力度，创新教育宣传方式，全方位加强对公众参与环境治理的教育普及工作。在宣传方式上，要打破传统宣传手段的局限，充分利用信息网络时代的机遇，将环保知识与新技术结合起来，创新宣传渠道。如可以通过微博、微信、抖音、快手等自媒体应用宣传环保知识，创建公众互动交流学习环境知识的平台，让更多的社会公众在其喜闻乐见的方式中加大对环境问题的关注，激发其对参与环境治理的热情，提高其参与环境治理的主动意识。在创新宣传手段的同时，加大对公众参与环境治理宣传内容的充实与优化。一是普及最基础的环境知识教育，例如，关于日常生活垃圾分类的普及教育，关于空气、水、土壤污染知识的普及教育，关于生态文明建设的普及教育等；二是加强对公众进行环境权益与环境义务的教育，帮助其了解自己在参与环境治理过程中有哪些权利和义务，培养公众的主人翁意识，树立其强烈的社会责任感；三是加强对环境保护的重要价值进行宣传，要通过典型案例向公众披露环境破坏所带来的严重后果，增强公众参与环境治理的危机感和紧迫感。总之，只有进一步创新加强对环境保护的宣传教育工作，才能使公众充分认识到我们社会发展与进步过程中所面临的环境危机、充分认识到自身积极参与环境治理的重要性，提高参与的权利意识与责任意识。在公众环境知识得到普及与加强的基础上，公众参与环境治理的能力与素质也自然会不断提升，才会从根本上改进公众参与环境治理的广度、深度与效果。

（2）完善公众参与环境治理机制，激发公众参与环境治理的内在动力。首先，政府决策部门必须转变"大包大揽"这类落后过时的环境管理理念，正视公众参与环境治理的重要性与紧迫性问题，并积极引导公众主动参与环境治理，为政府分忧解难。例如，可以采取举报有奖措施，鼓励公众参与环境监测，降低政府环境监管成本；可以采取垃圾收费措施，鼓励居民减少垃圾投放数量；公开重大环境决策程序，鼓励公众参与决策过程等。其次，要高度重视公众的环境诉求，积极回应公众所反馈的环境投诉事件。要建立政府与公众定期沟通的机制，设立专职机构和人员对公众提出的环境诉求与举报的环境事件作出及时回应与反馈，避免无故拖延，不了了之等现象。在必要时政府还应当主动地、定期地向公民征询重大环境治理项目的意见、建议。政府对公众的回应越及时，公众及时发现和反映问题的积极性就越高，这样既能激发公众参与环境治理的积极性，也能更加精准地推动政府解决实际环境问题。最后，完善环境信息公开机制，大力拓宽信息公开的渠道，扩大信息传播范围，通过建立开放的便捷的公众获取环境信息的平台来激励公众参与环境治理的热情。

（3）充分重视环保非政府组织（NGO）的作用，培育壮大环保NGO的力量。作为公众参与环境治理的一支重要力量，环保NGO在发达国家的环境治理中占据着非常重要的角色，我国也应积极借鉴并推广这一经验。相对公众个人参与环境治理的成本高、参与意愿的不确定性而言，公民自发组织建立的环保NGO参与环境治理是推动环境保护的一条更有效的途径，环保NGO以各种方式谋求解决环境问题，如通过施加压力的方式影响政府环境决策选择、通过参与的方式影响政府决策程序、通过教育和宣传方式影响公众的观念行为等。与其他NGO相比，环保NGO的基本特征是独立于政府机构的致力于环境目标的专业性强的非营利组织，该组织一般都聚集了一大批环境问题的专家、学者和法律人士，政府在解决各种环境问题时往往请他们参与意见，从而使他们成为国家环境立法和决策中不可低估的力量。环保NGO也向许多大公司提供环境保护咨询和输送环境管理顾问，以民间团体和NGO的方式参与环境问题的管理和决策，进一步扩大和推进了公众参与环境治理的领域和深度，提升了公众参与的实效。此外，与政府部门的决策行为相比，环保NGO特有的"草根性"和"亲和性"特征，使得这一组织运作具有更高的效率及效益。更重要的是，它能够克服政府和市场的某些急功近利的做法，可以持续不懈地致力于特定问题的解决，从根本上更有利于发展的可持续性。所以，政府环境管理部门应彻底摆脱传统管理理念的束缚，不要一味地排斥与害怕民间环保组织参与环境治理对政府决策的冲击，要以一种更开放、更包容的姿态接受、引导它们，重视它们提出的合理建议和诉求，同时，要为培育壮大环保 NGO 提高必要的资金、政策与法律援助支持。只有这样，才能够真正推动公众深度参与环境决策，缓和社会矛盾，大幅提高环境治理效率。

（4）地方政府要根据本地经济社会发展特征制定地方性法规，因地制宜地推进公众参与环境治理工作。鼓励公众参与环境治理是在全国范围内需要大力推广的重要举措，但必须充分考虑区域差异特性，不能搞"一刀切"式的教条主义做法。为了最大限度发挥公众参与环境治理的作用，政府在相关政策制定上必须要做到以下三点：首先，要进一步理顺中央政府与地方政府在环境治理领域的权责关系，明确各自的权责范围，特别要避免地方政府机械被动应付中央关于环境治理的基本精神，防止中央制定的"最优政策"传导到地方就变了样的现象。其次，要充分发挥地方政府在公众参与环境治理方面的自主性，让其在地方政策的制定方面拥有更多的灵活性与自主权，实行切合各地实际的更区域特色鲜明的公众参与机制。在不违背国家相关基本政策法规的前提下，让有立法权的地方部门能结合当地的实际情况，通过出台一些地方性政策法规对公众参与环境治理进行更有针对性的决策部署，这样既可以保证环境基本大法的各项基本原则、基本精神得到贯彻，也可以让公众根据实际情况参与到当地的环境治理的工作中去，使公众参与环境治理的各方面既有法可依，又灵活自主，最终达到引导公众合理合法有序参与环境治理的目的，提高公众参与环境治理的有效性。最后，地方政府与公众之间也要做好沟通协调工作，政府制定地方性政策时要多征询当地公众意见，确保其地方特色的政策既不违背国家有关规定，也能得到当地公众的认可理解与配合支持。

第 12 章　生态文明视阈下促进环境与经济协调发展的整体构思

　　站在生态文明建设的战略高度审视，当前我国经济发展转型状况与生态环境质量演化发展趋势之间还远没有达到和谐共进之境界，经济进一步发展所面临的生态环境压力依然严峻。进入新时代，我国社会主要矛盾已经转化为人民日益增长的美好生活需要和不平衡不充分的发展之间的矛盾，生态环境治理体系如何顺应时代发展的新要求，进一步深化改革，因地制宜，创新完善，有机融入国家经济社会发展的整体战略布局之中，在促进经济高质量发展与满足人民对美好生态环境向往的需要这两个方面都提供更好的动力，意义重大，任重道远。

12.1　以生态文明思想引领新时代经济发展方式的转变

　　环境保护与转变经济发展方式是相互关联、相互促进的。一方面，只有加快经济发展方式转变，才能把过高的能源资源消耗和污染排放降下来；另一方面，节能减排和环境保护又是转变发展方式的现实有效的切入点和突破口。如果二者形成合力，就能以最小的资源和环境成本，取得最大的经济社会效益，实现经济发展与节约资源、保护环境的统一和协调。具体来说，传统发展方式的特征与生态文明的本质要求是完全背离的，当今人类社会发展所面临的严峻形势如气候变暖、资源耗竭、环境污染、生态危机等无不都是传统发展模式下累计下来的矛盾爆发的必然表现，所以，只有尽快从根本上转变传统的发展方式，才有可能摆脱我们面临的环境与生态危机，使经济社会发展朝着生态文明建设所指引的方向迈进。同时，保持良好的生态环境也是发展方式转变所要实现的基本目标之一，这意味着我们未来的发展在任何情况下都不能以牺牲良好的生态环境为代价，不兼顾环境保护的发展必然会误入歧途。只有在经济社会发展过程中真正把节约资源、保护环境放在更加突出的战略位，传统的经济发展方式才会在现实中逐步退出主体地位。基于上述分析，我们认为，必须进一步解放思想，更新观念，把经济发展与环境保护工作都统一到生态文明建设的体系中来。为此，我们必须从两个层面进行突破。一是我们迫切需要一场新的思想解放运动来为经济发展方式的转变扫除认识障碍，凝聚高质量发展共识。今天，站在新时代的新的历史起点，面临经济社会发展的新环境、新矛盾，只有把生态文明思想作为优化发展路径的根本遵循，才能彻底摆脱对传统发展路径的依赖，真正走上高质量发展之路。因此，有必要在全国范围内以深入学习贯彻习近平生态文明思想为抓手，掀起新时代推进高质量发展的一场思想解放运动。通过思想的洗礼让广大干部群众的头脑从传统发展理念的束缚中彻底摆脱出来，让"绿水青山就是金山银山""不搞大开发，共抓大保护，生态兴，则文明兴"这些总书记所倡导的生态文明理念与思想精髓深入人心，成为指导各级干部和群众在投身经济发展实践中的行动指南。以思想共识为基础，推进行动共识，夯实新时代从传统经济发展方式向高质量发展方式转变的思想基础。二是必须从根本上改革传统发展模式下的政绩考核评价机制，彻底摆脱唯 GDP 规模论成败的主要评价标准，创建一套新的高质量发展指标体系来作为考核评价各地区推进高质量发展成效的检验标准。该体系必须顺应生态文明建设的基本要求，涵盖高质量发展所涉及的关键内容如经济效益、生态环境质量、民生改善状况等。有了科学合理的指标考核体系和评价机制，才能公平评判各地区在转变传统发展方式推进高质量发展中的实际表现。同时，在新的考核机制中，除了创新指标体系外，必须同时打破传统的封闭思维及各地各自为政的狭隘思想，构建全国一盘棋的系统考核模式。譬如，经济相对落后地区为经济相对发达地区提供生态屏障所损失的发展机会成本，如何得到公正的评价和补偿，必须纳入新的系统考核评价体系。总之，只有把环保工作与经济发展方式的转变紧密结合起来，才能从源头上缓解我国经济发展国产中的生态缓解压力，不断提升环保工作的成效。

12.2　大力倡导绿色消费模式，践行资源节约与环境友好目标

在市场经济体制下，生产是受消费引领和制约的，科学合理的消费方式对促进资源节约和环境友好的生产行为起着非常重要的保障作用。所以，我国环保政策体系的制定和完善不仅要落实在生产消耗领域，同时也要贯穿于生活消费领域。为保障资源节约和环境友好目标的顺利实现，我们必须大力倡导绿色消费模式。绿色消费是在"绿色"和"消费"基础上由英国社会学家在 1972 年提出的组合概念。1987 年英国出版的《绿色消费者指南》一书中对其有明确规定，要求消费者尽量避免使用某些不必要的消费。我国 2001 年定义的绿色消费包含了三方面内容：其一，倡导消费者进行绿色选择，只消费无污染或少污染的产品或服务，尽量促进公共健康和安全；其二，绿色消费中，处理好因接受和享用产品或服务时产生的垃圾，注重保护好环境并节约资源；其三，引导消费者全面转变消费理念，在崇尚自然、追求健康和舒适生活的同时，强调环保和节约，实现可持续消费。一语概之，即要求消费者从消费内容、消费过程和消费理念各方面尽量实现公平公正、生态有机、持续和谐的消费。为此，可以从以下几个方面着手：一是倡导节约性消费理念，培养节约消费习惯。例如，可以在调研居民生活用电用水的基本情况后，设计一套完备的阶梯性电价水价定价体系，引导居民学习节水技能，甚至将生活废水有效循环利用起来；引导居民节约用电，控制家用电器的使用频率，减少电冰箱漏氟事件，保护大气臭氧层，减缓温室

气候对生活环境的破坏。引导居民节约使用土地，节约材料消耗，多使用可以循环再生的天然材料，避免一些化学材料对于环境的深层破坏。二是倡导简捷化消费方式。要通过环保教育进学校、进社区、进家庭、进企业、进乡村等多元化模式普及环保消费教育知识，号召公众学习化繁为简的生活模式，避免生活中过分讲排场、比面子等奢华消费。提倡简包装乃至无包装的 DIY 生活方式，提倡以步代车，减少碳排放，从源头上减少垃圾数量。三是倡导安全化消费目标。消费的安全性既体现在消费可以追根溯源的产品，也体现在消费中学习变废为宝的经验。前者主要是倡导大家以社区支持消费的方式来引导和保护农民留在土地上，获取尊严生活。以传承本地品种、保留完整生态链来实现保护青山绿水，维系生态平衡之根本目标。后者则要将"垃圾本只是放错地方的资源"落在实处。具体表现为引导全民践行垃圾分类、制作环保酵素、使用天然洗涤用品、选择无害消费形式等。四是建立和谐化消费制度。环保绿色消费任重道远，需要有效制度加以保障。其中引入"环保积分"的方式鼓励健康消费相当必要。比如，在超市购物中，可以鼓励减少塑料袋使用来换取积分；在自助餐中，可以用自我服务来换取积分；在垃圾处理过程中，以收集废旧电池或者可再生能源来换取积分；在社区环保培训中，以提供教育时间来换取积分等。五是以政府为主导，提供节约型消费模式的社会平台。节约型消费模式在不少国家已经发展的比较成熟和完善。借鉴国外的先进经验可知，在发展节约型消费模式的初期，政府起着至关重要的引导作用。比如，在美国，节能优先、法规保障；机构健全、人财到位；技术创新、优化结构；节能减税、引导消费；政府垂范、社会动员；加强教育、更新观念是他们实施节约性模式的基本核心要求。在德国，节约能源早就成为发展经济的一项基本国策。法律保证、政策倾斜、科研先行、技术保障是德国成功基础。同样，在日本、比利时等国，政府出资奖励购买节能家电、税收调节鼓励居民改造旧房、极力提倡建设节能交通体系等都对我国建立节约型消费模式有着显明的借鉴价值。结合我国当前多管齐下、扩大内需的国情，我们认为，作为一个法治国家，及早出台和完善相应的节约性消费和生产的法规应提上工作日程。政府首先要制定有关法律，以法制形式加以规范；进而关注消费者的消费心理，及时解决厂商和消费者的认识误区，有计划地实施节约性消费的知识教育和主题培训，引导全社会养成更主动积极的节约型消费习惯和规律，同时还要为生产和消费节约型模式的厂商和消费者提供相应的倾斜政策。六是以企业为主体，构建节约型消费模式的产品体系。要形成节约型消费模式，离不开相应的交易内容，也就是消费客体。一般来说，节约型消费模式中的产品生产和服务提供方是节约型消费模式的受益者，也是风险承担者。作为产品和服务的供给方，企业在建立节约型消费模式中的主要职责是要大力开发节约型产品，并将节约理念落实在产品设计、生产、包装、销售过程中的每个环节和细节上。比如，产品设计不仅要保证产品的核心功能满足消费者的传统需要，符合相应的技术和质量标准，更要保证其符合对社会资源节约的需要。产品生产过程中，一方面要最大限度地使用再生材料，推广替代材料，增加新型代用材料，以减少产品的用材种类的消耗；另一方面，要推进清洁生产，从源头减少资源浪费。七是以消费者为主角，细分节约型消费模式的具体方式。节约型消费模式有很多具体方式可以选择，首先是精益化消费。精益化消费是指使消费者以最高的效率和最少的代价，从产品和服务中得到所希望的全部价值。主要是要消费者要准确及时了解自己的特性需求，可以做到定点定时定量定位消费。其次是集成化消费，即可以在若干消费方案中，不断形成各种产品和服务的节约型组合，便于消费者直接进行个性化的点单消费，节约消费时间。再次是循环化消费，主要是指在消费过程中的每个环节都要考虑到再利用甚至再创造其使用价值。例如，鼓励人们参与二手市场交易，进行以旧换新、变废为宝等消费。这三大消费方式都可以采用网络化消费、精神化消费和服务化消费等渠道来实现。网络化消费主要是借用网络系统本身的特点简化消费流程，降低消费成本，开拓消费新领域；精神化消费主要是发挥金融危机下的逆流而上的特殊性质，提高文化的渗透性和普及性，实现消费者的更内在需求。服务化消费可以真正体现人本主义，注重有益多元体验，有利于稳定消费心态、提升消费质量。总之，节约型消费的结果应该是趋优化消费，即消费者通过选择相对性价比最高的商品和服务来实现效用最大化目的。从长远角度来看，更高境界的节约型消费是消费者在消费过程中同时也成为投资者和生产者，可以"DIY"或者发现新的利用空间来发展消费衍生品。

12.3 加强财政金融手段对环保工作的支持

环境保护的财政支持，一方面要体现对环保建设的资金和政策支持上，另一方面要建立能够促使环保企业自觉履行环保责任的保障措施。国内外环保发展的实践证明，以立法形式建立与完善环保建设特定财源制度，为环保建设提供资金与补偿特性相适应的稳定的专项资金来源是发挥政府在环保建设中的主导作用，促进环保事业发展的有效措施。当前的重点应是选择债券形式特别是以政府担保债券为主要筹资手段，把企业责任和政府的信用结合起来。同时，要进一步增加财政、相关金融机构对环保企业的支持。要给予环保企业足够的财政补贴，将企业降低排放以后产生的效益和财政补贴挂钩，节能减排越多补贴越多，节能减排效果越好税收越优惠。另外，还可以对企业在生产经营活动过程中使用无污染或者能减少污染的机器设备实行加速折旧制度；允许企业把污染治理费用计入成本；允许企业迁离污染限制地区，易地建设，并给予减税、免税优惠。对于环保企业特别是清洁能源、环保低碳、节能减排等高科技环保企业的商业贷款给予一定的贷款贴息政策，并给予相应的金融机构在机构准入、业务开展、税收减免等方面一定的优先权。通过财政资金支持建立环境污染责任保险补贴基金，增加再保险补贴和建立财政支持下的环境巨灾风险基金，以及增加对保险机构经营管理费用补贴和给予税收优惠来促进环境污染责任保险的发展。环保主管部门、财政部门、保险公司、金融机构等应通过协作与配合，加强补贴资金的监控和补贴的效果评价，多方位防范逆选择和道德风险，提高财政资金的使用效率。

就环保问题的金融政策而言，也主要涉及两个方面，一是金融对环保产业发展的支持；二是如何强化金融部门在环保上的责任。主要措施有以下几点：第一，引导金融资源自觉向低碳环保产业转移。过去 20 年中，气候、生物多样性、能源、粮食、水资源等危机正在加剧。尽管危机的起因不同，但却有相同的特征，即金融资本的配置不当。例如，大量资本倾注于不可持续的以化石能源为基础的高耗能、高排放的产业，低估了这些产业对环境问题的重大负面影响。因此，当前政府应当在加强对生态环保产业政策支持的同时，加强对环保产业的宣传，让金融机构要认识到，将金融资源向循环经济、生态环保、新能源新材料、清洁能源以及再生资源等产业倾斜，不仅符合国家发展战略，也是金融业自身未来发展的需要。因为，如果不从能耗高、效率低、污染重的产业撤退，一旦这些产业被淘汰，金融机构也将会面临较多的不良资产风险。第二，债权资金支持的优化。除了大力发展银行、保险等传统金融机构之外，还要重点扶持与环保经济特点相吻合的新型金融机构的发展，全方位打造现代环保金融服务体系。要抓住中国大力发展环保产业的历史性机遇，提升银行机构在环保金融领域的专业化水平。加快设立"环保发展银行"，可以考虑允许由民间资本发起设立服务环保经济的专业性银行。对于环保金融领域有特色的外资银行到中国设立机构放宽限制等。第三，鼓励间接融资向股权投资转变。应适应环保实体经济发展的需要，积极引导并将负债式融资转变为股权投资的创新机制。比如，可以吸收小额贷款公司、商业银行、融资租赁公司等为会员，并联合相关会员成立直投公司，开展环保股权投资业务，即直投公司一方面吸收相关银行或小额贷款公司的贷款；另一方面直投公司再以股权投资的方式将相关资金投到环保中小企业，将负债式融资转变为股权式融资。在此过程中，直投公司可以将相关股权抵押给相关银行或小额贷款公司，消除金融机构的放贷风险，切实消除环保中小企业在传统间接融资领域也无法融资的难题。第四，给予环保企业在上市、收购兼并等方面充分的支持。证券监管部门在加强现有上市企业环境责任监督的同时，应注重引导上市企业在业务发展过程中突出和强化环保低碳概念，并加快在全国范围内挖掘和培育低碳环保企业上市资源，允许再生资源等环保的企业在上市过程中得到更快捷、更便利的条件。第五，在制度上要求金融部门遵守国际赤道原则。赤道原则认为，项目融资在全球融资发展中至关重要，在提供资金时，尤其是在新兴市场，金融机构常常遇到环境和社会政策问题，而金融机构的特殊角色使得它们有许多机会促进融资方的环境管理和社会发展，此原则为赤道银行在全球各行业的项目融资活动提供了标准。赤道银行一般承诺：认真审查客户提出的所有项目融资请求；不直接把贷款提供给那些借款人不愿或者不能遵守赤道银行环境和社会政策与程序的项目。虽然赤道原则强调的是适用于 5000 万美元以上的项目，但其精神对我国金融机构也具有借鉴意义。因为，在我国以不惜破坏自然资源环境的项目经常存在，这就需要金融机构在进行项目贷款时，负责对项目按照赤道原则进行审核，使环境与社会可持续发展战略落到实处。第六，强化金融部门对环保的审核责任。科学的环保审核是推进绿色金融的有力保障。2007 年中国人民银行发布《关于改进和加强节能环保领域金融服务的指导意见》，2012 年初中国银监会已经颁布了《绿色信贷指引》。但由于环保部门与金融机构缺乏良好的沟通，实际执行效果较差。因此，要进一步完善监管部门、金融机构与环保部门的数据信息共享机制，提高共享信息的实效性和完整性；证券监管部门应进一步明确上市公司环境信息披露的内容与标准，建立重点环境责任企业定期信息披露制度。中国银保监会要制定发布银行业金融机构实施绿色信贷政策制度的评估体系和奖惩体系，并将评估结果作为金融机构监管评级、机构准入、业务准入和高管履职评价的重要内容。第七，强化保险机构在环境污染强制责任保险信息披露功能。2011 年10 月颁布的《国务院关于加强环境保护重点工作的意见》提出要改革创新环境保护机制，健全环境污染责任保险制度，开展环境污染强制责任保险试点。①《国家环境保护"十二五"规划》提出要健全环境污染

---

① http：//www.gov.cn/zwgk/2011 – 10/20/content_1974306.htm.

责任保险制度，研究建立重金属排放等高环境风险企业强制保险制度。[①]
我国目前已在广东、湖北、四川、江苏、上海等十多个省份试点环境污染责任保险，然而，企业投保积极性不高现象在各试点地区普遍存在。因此，国家可以要求相应的保险机构建立信息共享机制，及时对高环境风险企业的环境污染保险情况向有关部门反馈，达到对高环境风险企业强制保险的效果。

12.4　加强跨行政区域环境问题的协调治理

伴随我国经济的高速发展，环境问题逐渐凸显，特别是跨行政区域的环境问题治理起来尤为棘手。以河流污染为主的水污染是跨行政区域污染的典型代表。接连不断出现的跨行政区水污染问题，已经给资源环境有效配置、地区经济可持续发展、上下游地方政府及人民之间矛盾解决及社会稳定等问题提出了严峻挑战。总体而言，目前中国跨行政区水污染治理面临的最主要问题，是流域管理与行政区域管理间的矛盾。因此，一般性的解决跨行政区水污染治理较为可行的方案是，基于以条块结合的政府层级结构基础上的管理体制，通过机构、机制、法规等综合性改革来协调当前管理体制中流域及区域中不同部门、不同层级间的矛盾。

跨行政区污染难以妥善治理背后的实质是各地方政府经济发展规划及产业结构布局与生态环境治理之间的严重脱节。例如，如果位于上游地区的行政区采取粗放式的经济增长方式以及不计环境成本和环境代价的增长模式，必然会给下游地区带来严重的环境危害和生态灾难。流域上游地区环保理念落后、污水处理设施建设滞后的情况下，水污染导致的水事纠纷就成为必然。另外值得一提的是，一些地区在跨行政区域污染治理的过程中即使有上级政府部门（如国务院、生态环境部）出面协

---

① http://www.gov.cn/zwgk/2011-12/20/content_2024895.htm.

调、积极介入并制定协调机制、处理意见和相关政策，也不一定能够得到及时落实和有效贯彻。因为，地区间经济利益并不一致，发展目标也不完全一致。

在跨行政区域污染治理方面，发达国家有一定的经验可以借鉴。跨界合作是西方发达国家治理河流水污染实践研究的中心内容，一些国家把流域管理分为综合管理和片段管理，即流域管理与区域管理。国外流域污染治理过程中的共性在于所有流域治理机构严格按照特定法律体系或强制性协议采取流域管理与区域管理相结合的办法，强化立法、注重合作，参与管理的各机构权责明确。具有以下三种模式：

模式一：国家政府多部门合作治理，由综合流域管理机构负责管理某方面流域跨界事务的模式（欧洲莱茵河流域、美国科罗拉多河流域、英国泰晤士河流域）。国家政府部门及其下辖机构在流域治理中扮演主要角色，流域中某方面问题比较突出时，由专门流域机构经授权处理某项专门事务。

模式二：国家政府多部门合作治理，流域机构在中央政府领导下进行综合治理的模式（日本淀川流域）。国家多部门参与流域治理，在地方设有派出机构，实施中央政府的集权化管理，流域机构还承担流域的综合开发治理功能并以政府制定政策为指导实行层级化的流域治理；该模式强调法律对各政府部门以及流域治理结构的明确赋权和依法行事。

模式三：通过协商机制建立的河流协调组织（流域协调委员会）综合治理，赋权于单一流域机构进行跨行政区流域的综合治理的模式（澳大利亚墨累—达令河流域、美国特拉华河流域）。国家在流域治理的职能相对弱化，大部分权利转移到流域协调委员会中——由联邦有关机构和流域内各州政府代表共同组成，该协调组织不仅具有开发利用、规划协调等功能，有些机构还拥有制定相关法律的权利。

从目前的情况来看，我国现行跨行政区水污染治理体制特征与模式二中日本淀川河流域有些相似："多龙治水、多龙管水"的政府多头管理，各部门按照政府赋予的职能进行分工协作；国家在地方设有派出机构；在中央政府指导下，由特定流域机构负责承担流域综合治理功能，实行层级化的流域治理模式。然而，考虑到中国与国外由于经济体制、政治体制、自然环境等区别，以上三种模式的做法绝不能照抄照搬。

我国现行流域治理体制主要是通过流域水利委员会、流域水资源保护局两个层级机构，来协调部门之间、流域与区域间的矛盾。但由于流域规划制定机构——水利委员会（水利部的派出机构）不具有协调水利部门与环保部门间矛盾的权限，水资源保护局难以获得行政区的支持，作为协调结构如果缺乏强有力的制度安排，必然导致其无法有效执行流域规划、协调行政区间诸如跨行政区水污染等矛盾。由于与地方行政管理部门不能很好地衔接，导致无法协调流域内部各行政区间水资源管理工作，无法通过流域决策、综合规划等手段对地方不同流域、不同支流与河段进行分类指导。

结合国外经验和我国的国情，我们提出我国跨行政区水污染治理的改革建议：第一，在体制上，我国应设立更具有权威性的流域水资源综合管理部门（高于各行政区的层级）作为国务院派出机构，负责指导制定跨界河流域对上下游各行政区水资源治理的科学合理、有约束力的制度，不受任何流域所在地方政府机构的干涉。形成由该部门为主的、在其领导下的集成—分散的管理模式，从根本上改变流域流经的行政区域各自为政的分治现象。同时，通过建立流域与区域相结合的运行机制、明确水资源管理权责，改变我国现行水资源管理体制由"多龙治水"引发的流域管理条块分割、区域管理城乡分割、功能管理部门分割等弊端。第二，在机构设置和机制安排上，各流域应该成立有权威、有实质协调能力的流域管理局作为中央生态环境管理部门的派出机构，并在法律上明确流域管理局的管理地位，强化其在流域治理中层级协调、部门协调及区域协调中的权威性。同时，该机构的人员除本身的行政人员外，可吸纳流域流经行政区域的相关部门主要领导作为另一部分机构成员，加强政府各部门、各地方政府间的主动沟通与有效协调（包括产业布局规划），使流域与区域实现管理上的有效对接。第三，在法律保障上，应该完善流域水环境管理行政法律规章、健全法律支持体系。我国流域治理法律体系中对参与流域治理的各政府部门责权赋予尚不明确、未从制度上明确水资源管理体制中区域管理和流域管理以谁为主等关键问题，导致流域水环境管理的一些政策、法规不能得到有效执行。因此，流域治理急需进一步理顺部门职能关系，包括国家政府部门间层级关系及流域治理结构中相关行政管理部门的层级关系，同时，进一步补充完善水污染防治（制定强有力的处罚措施）的立法、执法与监督等法规内容。

12.5　加强环境治理的全球合作

12.5.1　加强国际环境合作的必要性

（1）环境问题的全球性决定了进行广泛而公平的国际合作是保护和治理全球环境的关键。从根本上说，人类环境问题是当代人类重新选择发展方向和发展模式的问题，是人类向何处去的问题。国际社会所有成员在环境危机面前只有一个选择，那就是为了人类共同利益采取必要的共同行动和措施以解决环境问题。各国不论在政治、经济、文化等制度上有何差距，都面临着共同的威胁，任何国家都不可能单独面对，只有同舟共济、精诚合作。换句话说，全球环境问题的严峻性和复杂性以及各国处理应对环境问题手段的有限性是开展国际环境合作的现实必然基础。目前诸如温室效应、臭氧层破坏、生物物种锐减、土地沙漠化、海洋环境污染等许多问题的严重程度已经威胁到了整个人类的生存，而且其形成发展的机理及其影响后果都具有高度复杂和敏感性，解决这类全球环境问题显然超越了单个国家的疆域及其能力范围所及，唯有国际社会各个组织成员，尤其是主权国家之间的通力合作才是解决这些重大国际环境问题的唯一出路。

（2）国际环境问题也是引发世界动荡不安的重要隐患因素，通过国际环境合作解决环境问题有助于国际安全和世界政治秩序的稳定。随着世界经济一体化的趋势增强，各国经济日益相互渗透和互相依赖，环境资源作为根本的物质基础，制约着各国经济的发展，制约着国际经济与贸易，通过国际环境合作保护环境资源是世界经济发展的需要。同时，世界经济的发展为国际环境合作创造了条件：各国处理环境问题的能力与经济发展同步增长，资金的流动为国际环境合作提供了物质保证，技术和情报的交流给国际环境合作引入了实质内容。

（3）加强同第三世界的联系、有效反对西方遏制是我国参与国际环境合作的现实选择。加强国际环境领域的协同治理是我国在新时代进一步密切与发展中国家关系，共同应对某些西方发达大国压力的新契机。在当前全球国际环境治理格局中，由于以美国为代表的"美国优先"理念的盛行，南北利益冲突的矛盾愈发突出。作为全球最大的发展中国家，中国在全球环境协作治理问题上无疑将始终站在发展中国家的立场，维护第三世界国家的共同利益。特别是进入 21 世纪以来，随着某些西方国家利用"中国环境威胁论""绿色壁垒"等不利言论和措施遏制中国环境合作的顺利开展，中国进一步密切与发展中国家的合作有利于打破这些西方发达国家在环境领域的霸权主义和强权政治的行径，加强第三世界的凝聚力，进而有效遏制西方国家在环境领域对发展中国家发展权利的打压。

（4）加强国际环境合作也是更好地解决中国自身环境问题并提升国际形象的迫切需要。自从中国加入 WTO 开始更深层次融入全球分工体系以后，环境问题的解决也面临着更加错综复杂的国际形势的挑战。一方面，中国国内的环境问题可能会更容易受到来自国际社会尤其是发达国家"环境侵略"的冲击而变得更加严峻；另一方面，中国环境状况的好坏也会在更大程度上影响全球环境共同治理的走势，并因此会受到来自国际社会的越来越多的压力。例如，目前我国已成为世界上碳排放最多的国家，减排压力十分巨大。因此，虽然我们将主要依靠自己的力量来解决本国的环境问题，但由于环境问题已越来越多地变成一个全球化问题，所以取得国际社会的支持并更多地参与国际环境治理的协调与合作，对于我们更有效地进行环境保护也是十分必要的。一方面有利于我们从国外引进资金和先进的环保理念及技术，提高中国在环境政策、管理方面的能力，为我国的环境保护事业提供额外的动力与支持，为对外开放和经济发展创造更宽松的外部环境；另一方面，中国对环境污染的治理，也将为解决世界环境问题提供示范和参考，为全球环境治理贡献中国智慧与中国方案，有利于提升我国的国际地位，展现我国作为一个负责任大国的良好形象。

12.5.2　加强国际环境合作的策略

鉴于我国在经济发展水平和科技实力上与发达国家的差距，我们一方面要继续努力争取发达国家的环境援助和技术转让，吸取发达国家环境管理的有益经验，广泛地开展环境领域的国际合作。另一方面，我们还应该加强同广大发展中国家的团结，共同抵制西方发达国家将自己的环境标准强加给发展中国家，从而剥夺发展中国家发展权利的不合理行为，尤其要反对它们利用环境问题设置所谓"绿色壁垒"和推行政治霸权主义的行径。事实上，以美国为首的一些西方发达国家，一方面要求发展中国家采用其苛刻的环保标准进行生产；另一方面自己却在以破坏他国的生态环境方式来"进口可持续性"，把自己达不到本国环境标准的工业迁移到名为"污染天堂"的发展中国家，甚至把大量有毒废料和"洋垃圾"以低廉的价格卖给发展中国家以达到"出口污染"的环境侵略方式来维持自己的环境质量。我们认为，目前我国的环境保护工作与国际社会的协调合作要重点把握好以下方面的内容：第一，我们应积极参与全球重大环境问题，如气候变化、温室气体减排等方面的协商谈判工作，既维护在世界重大问题上勇于负责任的大国形象，也争取在协商合作过程中的主动地位，争做规则的制定者而不是规则的被动接受者。积极推动全球性和区域性重大环境问题的谈判协商工作，并在达成全球共识的重大环境问题协议框架内，严格遵守有关承诺，为保护好全人类共同的地球家园承担应尽的环境责任和义务。第二，我们也应该认清我国仍处于发展中国家行列的现实国情，坚决采取有理、有利、有节的斗争，反对某些发达国家的"环境侵略"，维护自身正当的环境权益与发展权益，避免承担超越本国发展水平的环境义务，确保作为一个发展中大国的长远发展利益，坚持走符合我国国情的科学发展之路。第三，加强国际环境法的立法与实施。国际社会日益走向法治社会，国际法的效力也日益得到加强，然而国际环境法作为国际法的新分支和国际环境合作的法律基础，其在我国目前的效力发挥并不使人满意。国际环境立法规范中多数具有建议性质并缺乏可操作性的实施机制，而且它的实施并不像国内法那样有着国家强制力的坚强后盾作为保障。鉴于此，国家环境立法应该更加具体细密，以强调责任的追究使之更加具有可实施性。第四，以"一带一路"建设为契机，全面深化与世界各国之间的环境交流合作。国际环境合作的成效很大程度上取决于发达国家与发展中国家之间矛盾与利益的协调与平衡程度，只有得到有效沟通，治理全球环境的"共同但有区别"的责任和技术资金的援助计划才会真正落到实处。因此，在当前发达国家、在国际环境合作领域占主导领先地位的情势下，我国作为世界上最大的发展中国家，应充分利用好我们的国际影响力，一方面要主导与广大发展中国家尤其是"一带一路"沿线发展中国家之间的平等互利友好交流合作；另一方面也要主动创造与沿线发达国家的谈判合作机会，争取多渠道利用国际资金并广泛借鉴发达国家的先进管理经验。只有把两类国家方面的关系都协调处理好，我们才能从国际合作中获得更多的正能量，才能更有利于解决我们目前所面临的极其复杂的环境问题。

12.6　完善生态补偿机制，动员各方力量参与生态环境治理，建立我国环保领域的最广泛的统一战线

生态补偿机制的核心要义在于平衡生态环境治理中的各方利益冲突，充分保障在生态环境治理过程中各参与主体的利益关切，有利于形成全社会生态环境治理的合力。生态经济系统的复杂性也决定了生态补

偿机制有效推广实施的难度和复杂性特征，因此，生态补偿机制的设计必须广泛吸收包括生态经济学、环境科学、工程技术科学、管理科学等多学科的成果，充分体现人与自然的关系、人与人的关系以及经济发展与生态功能维护之间的关系等多重利益关系之间的相互协调统一。一是要遵循人与自然和谐共处的原则。实施生态补偿的目的并不只是促进人类社会经济的增长，人与自然是相互依存的关系，如果生态补偿机制的构建不摆正人与自然的关系，只追求经济的增长，结果仍然不可能实现人类的可持续发展。二是要秉承利益相关者共赢的原则。生态补偿机制要在分析生态资源消耗和生态环境破坏深层原因的基础上，通过机制创新将核心聚焦于实现各个不同利益主体之间的利益平衡，强调在生态环境治理过程中彼此权力与责任的对等、风险与收益的对称、发展权与环境权的统一。三是要注重社会影响原则。随着生态补偿项目的广泛实施，其费用和效益如何在社会成员中分配和分担将直接影响到生态补偿的效率、公平以及社会可接受性。因此，必须充分考虑各补偿主体的不同诉求，防止因补偿不合理引发严重的社会群体性对立现象，要让生态补偿促进社会稳定的效应得到最大限度的发挥。四是尊重经济发展实际的原则。构建生态补偿机制不能脱离社会经济发展现实，要因地制宜，注重与各地经济发展阶段与发展水平相适应，不能超越人力物力财力等方面的约束而追求不切实际的过高的补偿目标。在上述几个原则的基础上稳步推广我国的生态补偿政策还要注重以下三个方面的内容设计：①确立好生态补偿政策的有效性标准。即生态补偿政策能在多大程度上实现经济增长外部性问题的内部化，包括在资源合理利用、污染削减、生态环境治理、改善生态环境和提高生态服务能力等目标上能否取得成功。生态补偿政策的效果应在构建生态补偿机制前进行预估，然后在此基础上构建有效的机制。②补偿的公平性标准。要尽可能在不同利益相关者之间实现公平分配生态资源收益和公平分担生态治理成本，充分彰显环境正义的价值。而且生态补偿的公平内涵不仅包括在当代人之间的代内分配公平，也要注重当代人与下一代人之间的代际公平，保证资源的可持续性开发利用。③经济效率标准。生态补偿机制的设计应考虑成本与收益核算原则，尽可能以最小的社会成本实现最大的生态经济收益，从生态补偿政策的审批、实施、监督、评价等所有环节全面考虑，将成本与收益核算原则贯彻其中，仔细评价生态补偿所产生的广泛的经济影响。但由于资源环境本身具备生态性和经济性的双重特点，所以生态补偿制度的建立应本着兼顾生态效益和经济效益的双重价值标准。④适用性标准。实施生态补偿的方法与方式应多样化，能够适应市场、技术、社会经济以及生态环境等方面的变化，针对不同的生态补偿实践，可以灵活地选择最有效的生态补偿方法。同时，因为生态资源分布与消耗具有典型的地区间不平衡性特征，不同类型的生态补偿也具有不同的特征和前提，因此在制定生态补偿机制的时候必须考虑适用性问题，不能搞"一刀切"式的教条式政策推广应用。⑤可操作性标准。生态补偿机制的构建如果过于复杂，可能会导致实施和管理难以进行，并会影响生态补偿的最终效果。因此必须考虑实施的交易成本大小、实施所需的信息是否适中、实施后是否便于管理和操作等方面的内容。⑥灵活性标准。由于生态补偿机制在实践过程中所涉及的问题十分复杂，牵涉面广，不确定性因素多，理论上的最优方案必须根据实际情况的变化能及时做出合理修正，以提高其运行效率，实现预期的生态补偿和环境治理效果。因此，补偿机制的调整是否灵活及时也是必须要考量的重要标准。

在加大全国范围内生态补偿机制建设、减少生态环境治理过程中的利益矛盾冲突、激发生态环境治理活力的同时，我们也需要加大对生态环保领域的教育宣传力度，广泛动员社会各界力量积极参与生态环境治理，构筑我国环境保护事业实现可持续发展的坚实社会基础。当前，尤其要特别重视公众参与生态环境治理的积极引导工作，只有公众的普遍参与，才能使政府主导下的生态环境治理效果与效率得以充分实现。因为公众不只是对生态环境利益主张的诉求者，也是建设维护好生态环境的潜在主力军，更是相对独立于企业政府之外的预防监督生态环境重大事件发生的一种强大的第三方力量。但是，目前我国公众参与环保工作的潜力还远远没有被充分挖掘。究其原因，除了公众的环境保护意识还需要进一步加强外，缺少有效的激励机制恐怕是公众对环保工作比较

"漠视"或者"表现消极"的重要原因。为了激发公众参与环境保护的活力，一方面有必要建立并大力推广类似"见义勇为"基金的"环保奖励基金"，以此来对为环境保护做出积极贡献的个人或集体行为进行物质激励。激励范围主要针对环境保护的监管，如对重要污染源主体的污染行为的及时监控，以及对重大环境事件的及时发现和环境执法不力行为的及时举报等。为避免"奖励基金"对环保领域国家财政资金的"挤出效应"，奖励基金的来源渠道可以采取非财政预算方式筹集。一是参照"红十字"基金运作模式，广泛发动社会募集行动来筹措。二是鼓励由有雄厚经济基础的企业或者团体发起设立"环保奖励基金"，这也可以提升基金设立人的社会形象，实现企业发展与环境保护的"双赢"。因此，专项环保奖励基金的建立和推广，不仅能充实环保激励体系，也为公众积极参与环境保护提供了重要平台。另一方面也可以参照体育彩票和福利彩票的方式发行环保彩票，既保障环保资金来源的稳定性，也广泛宣传了环保事业，大大有利于发展壮大环保产业，推动环保产业在促进经济发展中的地位不断提高。当然，激发公众参与环保活力的另一个重要因素是教育。为此，在注重物质激励的同时，也必须充分发挥和强化教育在环保中的重要意义，注重在精神层面对公众环境保护行为进行激励。因为要使建立在市场机制基础上的经济激励手段在环境保护中的效应最大限度得以发挥，强调在与这些制度设计密切相关的一些意识形态理念或者价值观方面的"共识"是十分必要的，例如，对生态环境功能价值的共识、对"生态文明理念"的共识、对环境"公平正义"的共识等，这些共识的达成无疑需要通过教育来实现。而目前恰恰是有关上述领域的教育还普遍没有得到应有的重视，无论是面对公众的环保常识性教育还是面对政府管理者的环保专业技术领域方面的教育都普遍不够。教育功能的缺位将无法使应有的"共识"形成"常识"，进而加大政策执行成本，影响政策效率。所以，教育的激励功能必须作为我国环境保护激励体系的重要组成部分，并不断得到加强。为此，我们建议在中小学义务教育阶段增加对环境知识的普及，编写通俗易懂的环保科普类教材进入课堂，从娃娃开始重视环保意识到培养。同时，充分发挥高校的教育功能，在全国范围内普及推广生态文明建设理念和价值观。重点是鼓励高校组织高水平师资到校外有针对性地宣讲"生态文明建设""生态环境功能"，以及传统发展方式转变等新思想、新理念，使社会公众都能转变思想观念，变革生活方式和行为方式，自觉投身"两型社会"和"生态文明"的建设之中，使生态环境保护工作在新时代能得到最广泛的群众支持，形成最广泛的统一战线。

参 考 文 献

［1］埃莉诺·奥斯特罗姆．公共事物的治理之道［M］．余逊达，陈旭东，译．上海：上海三联书店，2000．

［2］蔡苑乔，吴蕃藐．日本环境法律体系概览［J］．广东科技，2010，19（9）：15－17．

［3］曹光辉，汪锋，张宗益，邹畅，我国经济增长与环境污染关系研究［J］．中国人口·资源与环境，2006，16（1）：25－29．

［4］陈佳瑛，朱勤．家庭模式对碳排放影响的宏观实证分析［J］．中国人口科学，2009（5）：68－78．

［5］丹尼斯·米都斯，等．增长的极限：罗马俱乐部关于人类困境的报告［M］．李宝恒，译．长春：吉林人民出版社，1997．

［6］邓翔，瞿小松，路征．欧盟生态创新政策及对我国的经验启示［J］．甘肃社会科学，2014，1（1）：194－198．

［7］恩格斯．自然辩证法［M］．北京：人民出版社，2004．

［8］傅京燕．环境规制对贸易模式的影响及其政策协调［D］．广州：暨南大学，2006．

［9］郭妍，张立光．环境规制对工业企业 R&D 投入影响的实证研究［J］．中国人口·资源与环境，2014，24（171S3）：104－107．

［10］国家环境保护局．中国环境保护 21 世纪议程［M］．北京：中国环境科学出版社，1995．

［11］国家环境保护总局政策法规司．走向市场经济的中国环境政策全书［M］．北京：化学工业出版社，2002．

[12] 洪银兴, 等. 可持续发展经济学 [M]. 北京: 商务印书馆, 2000.

[13] 黄秀蓉. 美、日海洋生态补偿的典型实证及经验分析 [J]. 宏观经济研究, 2016 (8): 149 - 159.

[14] 江建平, 刘小川. 德国辅佐经济和谐发展的公共财政政策及其借鉴 [J]. 江海学刊, 2006 (4): 79 - 83.

[15] 江珂, 卢现祥. 环境规制与技术创新: 基于中国1997 - 2007年省际面板数据分析 [J]. 科研管理, 2011, 32 (7): 60 - 66.

[16] 蒋伏心, 王竹君, 白俊红. 环境规制对技术创新影响的双重效应: 基于江苏制造业动态面板数据的实证研究 [J]. 中国工业经济, 2013 (7): 44 - 55.

[17] 蒋为. 环境规制是否影响了中国制造业企业研发创新?: 基于微观数据的实证研究 [J]. 财经研究, 2015 (2): 76 - 87.

[18] 颉茂华, 王瑾, 刘冬梅. 环境规制、技术创新与企业经营绩效 [J]. 南开管理评论, 2014 (6): 106 - 113.

[19] 景维民, 张璐. 环境管制、对外开放与中国工业的绿色技术进步 [J]. 经济研究, 2014 (9): 34 - 47.

[20] 匡远凤, 彭代彦. 中国环境生产效率与环境全要素生产率分析 [J]. 经济研究, 2012 (7).

[21] 蕾切尔·卡逊. 寂静的春天 [M]. 吕瑞兰, 李长生, 译. 长春: 吉林人民出版社, 1997.

[22] 李国璋, 江金荣, 周彩云. 转型时期的中国环境污染影响因素分析 [J]. 山西财经大学学报, 2009 (12).

[23] 李嘉图. 政治经济学及赋税原理 [M]. 郭大力, 王亚南, 译. 北京: 商务印书馆, 1972.

[24] 李培林. 中国社会结构转型: 经济体制改革的社会学分析 [M]. 哈尔滨: 黑龙江人民出版社, 1995.

[25] 李鹏. 实施可持续发展战略, 确保环境保护目标实现 [M] // 国家环境保护局. 第四次全国环境保护会议文件汇编. 北京: 中国环境

科学出版社，1996.

[26] 李蔚军. 美、日、英三国环境治理比较研究及其对中国的启示：体制、政策与行动 [D]. 上海：复旦大学，2008.

[27] 李小平，卢现祥，陶小琴. 环境规制强度是否影响了中国工业行业的贸易比较优势 [J]. 世界经济，2012（4）：62-78.

[28] 李月. 生态马克思主义述评 [D]. 沈阳：辽宁大学，2013.

[29] 厉以宁，章铮. 环境经济学 [M]. 北京：中国计划出版社，1995.

[30] 刘瑞翔，安同良. 资源环境约束下中国经济增长绩效变化趋势与因素分析：基于一种新型生产率指数构建与分解方法的研究 [J]. 经济研究，2012（11）：34-47.

[31] 马尔萨斯. 人口论 [M]. 北京：商务印书馆，1959.

[32] 马克思恩格斯全集：第 21 卷 [M]. 北京：人民出版社，1979.

[33] 马克思恩格斯全集：第 39 卷 [M]. 北京：人民出版社，1979.

[34] 马克思恩格斯全集：第 42 卷 [M]. 北京：人民出版社，1979.

[35] 马克思恩格斯选集：第 4 卷 [M]. 北京：人民出版社，1979.

[36] 马克思. 资本论：第 3 卷 [M]. 北京：人民出版社，2004.

[37] 彭水军，包群. 中国经济增长与环境污染：基于广义脉冲响应函数法的实证研究 [J]. 中国工业经济，2006（5）：15-23.

[38] 任胜钢，胡兴，袁宝龙. 中国制造业环境规制对技术创新影响的阶段性差异与行业异质性研究 [J]. 科技进步与对策，2016（12）：59-66.

[39] 沙丽塔娜提，张波，樊勇，贾尔恒·阿哈提. 德国环境税的经验及其对中国的借鉴意义 [J]. 新疆环境保护，2014，36（4）：13-18.

［40］沈能．环境效率、行业异质性与最优规制强度：中国工业行业面板数据的非线性检验［J］．中国工业经济，2012（3）：56－68.

［41］世界环境与发展委员会．我国共同的未来［M］．王之佳，柯金良，等译．长春：吉林人民出版社，1997.

［42］陶长琪，琚泽霞．金融发展视角下环境规制对技术创新的门槛效应：基于价值链理论的两阶段分析［J］．研究与发展管理，2016，28（1）：95－102.

［43］特里·伊格尔顿．马克思为什么是对的［M］．北京：新星出版社，2012.

［44］田华峰．环境污染的国际政治经济学：经济全球化中的环保困境［J］．世界经济与政治论坛，2001（3）：45－48.

［45］涂正革．环境、资源与工业增长的协调性［J］．经济研究，2008（2）：93－105.

［46］王锋正，郭晓川．环境规制强度、行业异质性与R&D效率：源自中国污染密集型与清洁生产型行业的实证比较［J］．研究与发展管理，2016（1）：103－111.

［47］王立猛，何康林．基于STIRPAT模型分析中国环境压力的时间差异：以1952－2003年能源消费为例［J］．自然资源学报，2006（6）：862－869.

［48］Vogel，刘慎如．德国的环境政策：基础、手段、新途径［J］．世界环境，1995（2）：8－10.

［49］威廉·配第．赋税论（中译本）［M］．陈东野，译．北京：商务印书馆，1962.

［50］温家宝．2013年国务院政府工作报告［EB/OL］．http：//www. gov. cn/test/2013－03－/19/content_2357136. htm.

［51］温家宝．2012年中国政府工作报告［EB/OL］．http：//www. ccnt. gov. cn/xxfbnew－2011/xwzx/lmsj/201203/t20120316_233571. html.

［52］吴军，笪凤媛，张建华．环境管制与中国区域生产率增长［J］．统计研究，2010（1）：83－89.

[53] 夏凌. 德国环境法的法典化项目及其新发展 [J]. 甘肃政法学院学报, 2010 (3): 110 – 115.

[54] 许和连, 邓玉萍. 外商直接投资导致了中国的环境污染吗?: 基于中国省际面板数据的空间计量研究 [J]. 管理世界, 2012 (2): 30 – 43.

[55] 杨俊, 邵汉华, 胡军. 中国环境效率评价及其影响因素实证研究 [J]. 中国人口·资源与环境, 2010 (2): 49 – 55.

[56] 衣保中, 闫德文. 日本农业现代化过程中的环境问题及其对策 [J]. 日本学论坛, 2006 (2): 22 – 23.

[57] 于峰, 齐建国. 开放经济下环境污染的分解分析: 基于1990 ~ 2003 年间我国各省市的面板数据 [J]. 统计研究, 2007 (1): 47 – 53.

[58] 俞雅乖, 张芳芳. 环境保护中政府规制对企业绩效的影响: 基于波特假说的分析 [J]. 生态经济 (中文版), 2016, 32 (1): 99 – 101.

[59] 袁晓玲, 张宝山, 杨万平. 基于环境污染的中国全要素能源效率研究 [J]. 中国工业经济, 2009 (2): 76 – 86.

[60] 约翰·穆勒. 政治经济学原理 [M]. 陈岱孙, 等译. 北京: 商务印书馆, 1991.

[61] 曾义, 冯展斌, 张茜. 地理位置、环境规制与企业创新转型 [J]. 财经研究, 2016 (9): 87 – 98.

[62] 詹姆斯·奥康纳. 自然的理由 [M]. 唐正东, 臧佩洪, 译. 南京: 南京大学出版, 2003.

[63] 张江雪, 蔡宁, 毛建素, 杨陈. 自主创新、技术引进与中国工业绿色增长: 基于行业异质性的实证研究 [J]. 科学学研究, 2015 (2): 185 – 194, 271.

[64] 张然. 中国2020 年单位 GDP 碳排放比05 年下降40% – 45% [EB/OL]. http://finance. sina. com. cn/roll/20091126/18037021890. shtml, 2009 – 11 – 26.

[65] 张诗雨. 发达国家的城市治理范式: 国外城市治理经验研究

之三［J］. 中国发展观察，2015（4）：76 – 82.

［66］赵细康. 环境保护与产业国际竞争力理论与实证分析［M］. 北京：中国社会科学出版社，2003.

［67］中华人民共和国国民经济和社会发展第十二个五年规划纲要（全文）［EB/OL］. http：//www. china. com. cn/policy/txt/2011 – 03/16/content_22156007. htm.

［68］朱勤，彭希哲，陆志明，于娟. 人口与消费对碳排放的分析模型与实证［J］. 中国人口·资源与环境，2010（2）：98 – 102.

［69］邹骥. 环境经济一体化政策研究［M］. 北京：北京出版社，2000.

［70］Adar Z, Griffin J M. Uncertainty and the Choice of Pollution Control Instruments［J］. Journal of Environmental Economic Management，1976（3）：178 – 188.

［71］Aidt T, Dutta J. Policy Compromises：Corruption and Regulation in a Dynamic Democracy［R］. University of Cambridge，2001.

［72］Aiken D V, Färe R, Grosskopf S. Pollution Abatement and Productivity Growth：Evidence from Germany，Japan，the Netherlands，and the United States［J］. Environmental and Resource Economics，2009，44（1）：11 – 28.

［73］Alexi T. Accounting for Population in an EKC for Water Pollution［J］. Journal of Environmental Protection，2013（4）：15 – 18.

［74］Anderson R C, et al. Cost Savings from the Use of Market Incentives for Pollution Control［C］// Kosobud R, Zimmerman J. Market-Based Approaches to Environmental Policy. New York：Van Nostrand Reinhold，1997.

［75］Anderson R. The U. S. Experience with Economic Incentives in Environmental Pollution Control Policy［R］. Washington, D. C. ：Environmental Law Institute，1997.

［76］Arrow K, Fisher A. Environmental Prservation Uncertainty and Irreversibility [J]. Quarterly Journal of Economics, 1974: 312 – 319.

[77] Atkinson A B, Stern N H. Pigou, Taxation and Public Goods [J]. Review of Economic Studies, 1974, 41 (1): 119 – 128.

[78] Ayres R U, Kneese A V. Production, Consumption and Externalities [J]. American Economic Review, 1969 (59): 282 – 297.

[79] Barkin D. State Control of the Environment: Politics and Degradation in Mexico [J]. Capitalism Nature Socialism, 1991, 2 (1) 86 – 108.

[80] Barthold T A. Issues in the Design of Environmental Excise Taxes [J]. Journal of Economic Perspectives, 1994, 8 (1): 133 – 151.

[81] Baumol W J, Oates W E. The Theory of Environmental Policy [M]. New York, Sydney: Cambridge University Press, 1988.

[82] Baumol W J. On Taxation and the Control of Externalities [J]. American Economic Review, 1972, 62 (3): 22 – 44.

[83] Becker G S. A Theory of Competition Among Pressure Groups for Political Influence [J]. Quarterly Journal of Economics, 1983, 98 (3).

[84] Ben-Zion U, Eytan Z. On Money, Votes and Policy in a Democratic Society [J]. Public Choice, 1974, 17 (1): 1 – 10.

[85] Biglaiser G, Horowitz J K, Quiggin J. Dynamic Pollution Regulation [J]. Journal of Regulatory Economics, 1995 (8): 33 – 44.

[86] Billiet C M, Rousseau S, Proost S. Law & Economics and the Choice of Environmental Policy Instruments [R]. Final Report, 2002.

[87] Blackman A, Harrington W. The Use of Economic Incentives in Developing Countries: Lessons from International Experience with Industrial Air pollution [R]. Washington D. C. : Resources for the Future, 1999.

[88] Bohm P, Russell C S. Comparative Analysis of Alternative Policy Instruments [C] //Kneese A V, Sweeney J L. Handbook of Natural Resource and Energy Economics. North Holland, 1985: 395 – 459.

[89] Boserup E. Population and Technological Change: A Study of Long-Term Trends [M]. Chicago: University of Chicago Press, 1980.

［90］ Boyer M M, Laffont J-J. Towards a Political theory of the Emergence of Environmental Incentive Regulation ［J］. Rand Journal of Economics, 1999, 30 (1): 137 – 157.

［91］ Buchanan J M, Tullock G. Polluters' Profits and Political Response: Direct controles Versus Taxes ［J］. American Economic Review, 1975, 65 (1): 139 – 147.

［92］ Campos J E L. Legislative Institutions, Lobbying and The Endogenous Choice of Regulatory Instruments: a Political Economy Approach to Instrument Choice ［J］. Journal of Law Economics and Organization, 1989, 5 (1) : 333 – 353.

［93］ Cecere G, Corrocher N, Gossart C D, et al. Lock-in and Path Dependence: an Evolutionary Approach to Eco-innovations ［J］. Journal of Evolutionary Economics, 2014, 24 (5): 1037 – 1065.

［94］ Chung Y, Fare R, Grosskopf S. Productivity and Undesirable Outputs: a Directional Distance Function Approach ［J］. Journal of Environmental Management, 1997, (51): 229 – 240.

［95］ Cole M A, Elliott R, Shimamoto K. Why the Grass is not Always Greener: the Competing Effects of Environmental Regulations and Factor Intensities on US Specialization ［J］. Ecological Economics, 2005, 54 (1): 95 – 109.

［96］ Commoner Barry. Making Peace with the Planet ［M］. New York: The New Press, 1992.

［97］ Daily G C, Ehrlich R E. Population, Sustainability and Earth's Carrying Capacity ［J］. Bio Science, 1992 (42): 761 – 771.

［98］ Dalton M G, O'Neill B, Prskawetz A. , et al. Population Aging and Future Carbon Emissions in the United States ［J］. Energy Economics, 2008 (30): 642 – 675.

［99］ Dean T J, Brown R L. Pollution Regulation as a Barrier to New Firm Entry: Initial Evidence and Implications for Future Research ［J］. Academy of Management Journal, 1995, 38 (1): 288 – 303.

[100] Dijkstra R B. A Two-stage Rent-seeking Contest for Instrument Choice and Revenue Division, Applied to Environmental Policy [J]. European Journal of Political Economy, 1998 (14): 281 – 301.

[101] Ehrlich P R, Ehrlich A H. The Population Explosion [M]. New York: Simon and Schuster, 1990.

[102] Ehrlich P R. The Population Bomb [M]. New York: Ballantine, 1968.

[103] Fare R, Grosskopf S, Pasurka C. Accounting for Air Pollution Emissionsin Measures of State Manufacturing Productivity Growth [M]. Journal of Political Economy, 2011 (91): 654 – 674.

[104] Glachant M. The Need for Adaptability in EU Environmental Policy Design and Implementation [J]. European Environment, 2001, 11 (5): 239 – 249.

[105] Gorz A . Ecology as Politics [M]. Boston: South End Press, 1980.

[106] Gray W B, Shadbegian R J. Environmental Regulation, Investment Timing, and Technology Choice [J]. The Journal of Industrial Economics, 1998, 46 (2): 235 – 256.

[107] Harrison, K. and Antweiler, W. , Incentives for pollution abatement: regulation, regulatory threats, and non-governmental pressures. Journal of Policy Analysis and Management, 2003, 22 (3).

[108] Hicks J R S. The Theory of Wages [M]. Macmillan, 1932.

[109] Hughes J S, Magat W A, Ricks W E . The Economic Consequences of the OSHA Cotton Dust Standards: An Analysis of Stock Price Behavior [J]. The Journal of Law and Economics, 1986, 29 (1): 29 – 59.

[110] Jaffe A B, Newell R G, Stavins R N. Environmental Policy and Technological Change [J]. Environmental and Resource Economics, 2002 (22): 41 – 69.

[111] Keyfitz N. Population and Development within the Ecosphere:

One View of the Literature [R]. Population Index, 1991 (57): 5 - 22.

[112] Kumar S. Environmentally Sensitive Productivity Growth: A Global AnalysisUsing Malmquist-Luenberger Index [J]. Ecological Economics, 2006 (56): 280 - 293.

[113] Leit A. Corruption and the Environmental Kuznets Curve: Empirical evidence for Sulfur [J]. Ecological Economics, 2010 (2): 11 - 25.

[114] Leiter A, Parolini A, Winner H. Environmental Regulation and Investment: Evidence from European Industry Data [J]. Ecological Economics, 2011 (70): 759 - 770.

[115] Maloney M T, McCormick R E. A Positive Theory of Environmental Quality Regulation [J]. The Journal of Law and Economics, 1982, 25 (1): 99 - 123.

[116] Mitchell W C, Munger M C. Economic Models of Interest Groups: A Introductory Surver. American Journal of Political Science , 1991, 35 (2): 512 - 546.

[117] Palmer K, Oates W E, Portney P R. Tightening Environmental Standards: The Benefit-cost or the No-Cost Paradigm? [J]. Journal of Economic Perspectives, 1995, 9 (4): 119 - 132.

[118] Pashigian B P. The Effect of Environmental Regulation on Optimal Plant Size and Factor Shares [J]. Journal of Law & Economics, 1984, 27 (1): 1 - 28.

[119] Porter M E. American's Green Strategy [J]. Scientific American, 1991, 4 (264): 168.

[120] Porter M E, Claas V D L. Toward a New Conception of the Environment-competitiveness Relationship [J]. Journal of Economic Perspectives, 1995, 9 (4): 97 - 118.

[121] Ridker R G. Population, Resources and The Environment [M]. Washington, D. C. : U. S. Government Printing Office, 1972.

[122] Simon J L. Environmental Disruption or Environmental Improve-

ment [M]. Princeton, New Jersey: Princeton University Press, 1981.

[123] Solow R K. Technical Change and the Aggregate Production Function [J]. Review of Economic Review, 1957 (39): 312 – 320.

[124] Swati S, Soumyendra K. The Relevance of Environmental Kuznets Curve (EKC) in a Framework of Broad-based Environmental Degradation and Modified Measure of Growth-a Pooled Data Analysis [J]. International Journal of Sustainable Development & World Ecology, 2013, 20 (4): 201 – 219.

[125] Thompson A. Water Abundance and an EKC for Water Pollution [J]. Economic Letters, 2012, 117 (2): 423 – 425.

[126] Wagner M. On the Relationship between Environmental Management, Environmental Innovation and Patenting: Evidence from German Manufacturing Firms [J]. Research Policy, 2007, 36 (10): 1587 – 1602.

后　　记

　　本书的写作缘起于我 2014 年完成的国家社科基金课题"科学发展观视角下我国环保政策的政治经济学分析",但正式结题后并没有立即将研究成果结集出版成书,主要是出于以下两个原因:一是由于当初申报该课题的时候是以系列论文和研究报告的方式申请结题,所以,在出书的时间选择上没有十分的紧迫感。二是总觉得结题报告的内容与专著相比似乎还略显单薄,如果马上以专著的方式公开出版成为学术成果,可能无法消除自己内心的一份忐忑。因为我认为公开出版是一件非常严肃的事情,不只是要能经受起学术界同行的专业审视要求,更重要的是要能接受广大公众读者的"批评"考验。虽然课题研究已经通过了结题验收,算是通过了来自专家同行们的专业评审,但是,为了尽量减少公开出版发行后来自公众读者的可能的"不满",或者尽可能多的获得来自大家的"点赞",我自然有内在的动力把已经完成的结题报告去做得更加的尽善尽美一些。这样一来,在出版时间并没有硬性约束的条件下我觉得尽可能对研究内容进行进一步的补充完善后再出版是一种更加理性的行为选择。然而,我却低估了自己的惰性对当初的这种理性的影响。在"十年磨一剑""板凳要坐十年冷"这些学者们所遵循的传统学术理念的自我安慰之下,我对本书的修改完善工作虽然一直没有间断,但是却没想到,一直以来植根于自我内心深处的思维惰性却像是突然得到了理性的"大赦"一样,开始摆脱理性的束缚用其专属的"拖延症"方式一点一点地侵噬着曾经设想好的理想写作计划,这一拖,离我完成自己第一个国家社科基金项目就是过去了几年的时间。在这期间,我于 2017 年又成功申请了与之相关的国家社科基金重点项目的课题研究,眼看着新的研究项目又到了要申请结题的阶段，我想，再不对上一个项目的研究做一个"完美"的了结，恐怕就要留下终身的遗憾了。在这样的情势下，我很庆幸自己的理性开始反转战胜惰性，本书的修改补充完善工作进程得以加快，效率开始提升，直到此刻，我终于可以再次短暂的放纵一下久违了的"惰性"一回，开始比较随心惬意地撰写本书的后记，算是对成书历程的一次回顾总结吧。当然，我想除了对上述写作的"苦难"心路历程的描述外，需要补充交代的重要问题还有以下三点：（1）关于本书书名问题的解释。由于在本书的后期写作过程中，党的十八大已经召开，生态文明建设已经开始成为继科学发展观之后指导我国经济发展与生态环境保护协调推进的新的战略方针；十九大之后，生态文明建设的重大意义和地位更加突出，顺应这一时代发展趋势，本书在原研究内容的基础上对整个内容体系重新做了较大篇幅的补充、修正和深化完善工作，所以，正式出版成书之际，就将书名定为"生态文明视阈下中国环保政策的政治经济学分析"，一方面体现了对原研究主体工作的继承与发展，另一方面也是为了更好地体现学术理论研究工作对时代发展变化的关切。（2）关于本书的作者署名问题说明。由于本书主要是在本人主持的几个课题研究成果的基础上又经过本人比较大幅度的修正补充而定稿，所以课题组成员对本书的贡献也是必须加以特别说明的，主要体现在两个方面，一是在课题研究期间，我与课题组成员合作发表的一些论文成果被吸收到本书的内容体系。二是在课题研究期间，课题组部分成员独立发表的一些研究成果也有少量内容被纳入了研究报告和本书的内容体系。但考虑到课题组成员数量较多，他们集体加总完成的内容占本书的比例也比较小，所以，在本书的封面署名中就使用了"等"的方式来署名，主要目的是告诉读者本书不是完全意义上的独立撰写成果。在此，特别在本书的后记中对所有人员为完成本书做出的具体贡献，说明如下：第1~5章（聂国卿），第6章（聂国卿、尹向飞），第7章（聂国卿、郭晓东），第8章（郭晓东、聂国卿），第9章（邓柏盛、聂国卿），第10~11章（聂国卿），第12章（聂国卿、李喜梅、陶开宇）。（3）本书最终得以顺利公开出版，还要特别感谢湖南工商大学学术出版基金、国家社科基金一般项目（结题号 20140241）、国家社科基金重点项目（批准号 17AJY010）、湖南省社科基金重点项目（14ZDB07）和湖南省软科学重点项目（2007ZK2016）资金的资助，本书主要综合了上述项目研究的最终成果和阶段性研究成果而成。

　　最后，我还要补充感谢为本书的出版发行做出直接贡献的经济科学出版社的编辑和做出其他间接贡献的我的家人、学生和单位主要领导及学术同仁。我期待本书的公开出版发行无论在传播学术思想还是提供政府环境决策参考方面都能产生积极的影响，并以此来作为对各位为本书做出贡献的人在未来的最好的回馈。

作者

2019 年于长沙